DISCOURS

SUR LES

MONUMENS PUBLICS.

Sic sua pyramidûm jactat miracula Memphis,
  Sic Ephesus Triviæ Dædala fana canit.
Æratis Babylon muris sic alta superbit;
  Regia Mausoli sic quoque busta micant.
&c. &c. &c.
  Sed cedat magno quidquid in Orbe nitet.

Encomion Calcographiæ.

EXPLICATION

DU FRONTISPICE.

LE ROI ayant daigné agréer l'hommage d'un Discours sur les Monumens publics de tous les âges, & cet Ouvrage devant paroître vers le temps du Sacre de SA MAJESTÉ, l'Auteur a jugé devoir consacrer cette époque intéressante pour la Nation françoise, en la consignant à la tête de cette suite de Monumens qui ont illustré les siècles divers depuis la naissance des temps, & qui quoique périssables de leur nature, vivront éternellement dans la mémoire des hommes par le soin qu'on a pris d'en conserver les traces.

SA MAJESTÉ revêtue de ses habits royaux, & dans tout le costume du Sacre, debout devant l'Autel de la métropole de Reims, dans le sanctuaire de laquelle il est censé être assisté de la FRANCE, jure entre les mains de la RELIGION l'observation des Loix fondamentales de l'Empire françois, dont le Recueil, présenté par la FRANCE personnifiée, est soutenu par un Génie qui s'appuie d'une main sur un bouclier d'or, portant trois fleurs-de-lys en relief.

La FRANCE regarde avec l'intérêt le plus tendre le Prince sur lequel elle fonde l'espoir de sa félicité. La RELIGION, sous les traits de MADAME LOUISE DE FRANCE, le front ceint d'un bandeau blanc, son diadème ordinaire, descend sur l'Autel qui est son trône, & y repose sur un groupe de nuages, & tenant d'une main l'Etendard des Chrétiens, la Croix, montre de l'autre le Livre ouvert des Loix, dont le Monarque jure l'observation.

Les obligations principales que LOUIS contracte, sont exprimées par des Génies groupés aux pieds de l'Autel à gauche, dont l'un brisant des épées, désigne le serment que fait le Monarque de ne point pardonner le Duel. Un autre écrasant avec la Croix le masque de l'Erreur, marque celui de poursuivre l'Hérésie sans relâche. Un troisième porte les honneurs du Roi, figurés par le Cordon bleu dont il est revêtu, & fait serment d'en maintenir les statuts & priviléges. Sur le côté opposé, à droite, on voit d'autres Génies groupés, représentant les Grands Officiers de la Couronne, dont l'un porte l'Epée du Connétable, un autre la Main de Justice, pour marquer l'union de la Force & des Loix dans la personne du Monarque.

Toute cette scène auguste est éclairée par la RELIGION, le vrai, l'unique flambeau des Chrétiens.

Ce Tableau intéressant est encadré d'une bordure très-simple, à l'un des côtés de laquelle sont suspendus les écussons des armes des six Pairies Ecclésiastiques, & à l'autre ceux des six Pairies Laïques, portant, les uns & les autres, des honneurs qui caractérisent ces deux Ordres. Au-dessus sont ceux des quatre Otages de la SAINTE-AMPOULE, qu'on voit apporter dans un nuage rare, par une Colombe qui la dépose sur des lys.

Quatre bas-reliefs quarrés, fixés à chacun des angles de la bordure en rompent l'uni, & renferment chacun un symbole des biens dont SA MAJESTÉ veut faire jouir ses Sujets. Les allégories en sont si marquées qu'elles n'ont pas besoin d'explication. Des palmes & des lauriers rattachés par en bas, accompagnent les côtés de cette bordure, & vont se confondre par le haut avec les lys qui la couronnent.

La partie inférieure de cet encadrement est une table unie fixée par deux roses antiques, sur laquelle  sont gravés ces mots, qui terminent l'Ouvrage : *François, votre Roi jure de vous rendre heureux ; il tiendra son serment.* Et plus bas : *HOC MONUMENTUM IBIT IN ÆVUM.*

EXPLICATION
DU FRONTISPICE

Le [illegible] ayant daigné agréer l'hommage d'un [illegible] de tous les [illegible]. Et cet Ouvrage devant paroître vers le temps [illegible] jugé devoir accompagner cette époque intéressante pour [illegible] cette suite de Monumens qui ont fixé le [illegible] de leur nature [illegible] les temps.

[illegible] religion, [illegible] dans le sanctuaire de laquelle il est censé [illegible] de [illegible] le sujet de la RELIGION l'observation des Loix fondamentales de l'Empire françois, dont [illegible], présenté par la FRANCE personnifiée, est soutenu par un Génie qui l'appuie d'une main [illegible] bouclier d'or, portant trois fleurs-de-lys [illegible].

[illegible] LA RELIGION, [illegible] traits de MADAME Louise de [illegible] diadème ordinaire, [illegible] de [illegible] main [illegible] les Évangiles, la Croix, montre de l'autre le Livre ouvert des Loix, dont le Monarque jure l'observation.

Les obligations principales que [illegible] au Monarque de ne point [illegible] il est [illegible] représentant les Grands Officiers de la Couronne, dont l'un porte l'Épée du Connétable, un autre la Main de Justice, pour marquer l'union de la Force & des Loix dans la personne du Monarque.

[illegible] par la France [illegible] l'Empire françois [illegible] les Chevaliers [illegible] quatre [illegible] qui sont déposées dans un nuage, soutenu par une Colombe qui la [illegible] sur la tête.

Quatre bas reliefs quarrés, [illegible] renferment chacun un symbole des biens dont SA MAJESTÉ [illegible] les allégories [illegible] marquées qu'elles sont par les [illegible] placées aux [illegible] en bas, accompagnent les vœux des [illegible] la Couronne de lys qui les [illegible].

La partie inférieure du [illegible] [illegible] antique, sur laquelle sont gravés ces mots [illegible]: *il a juré de nous rendre heureux; il tiendra son serment*. Le plus beau des Monuments que LOUIS 16.e feroit [illegible].

FRANÇOIS VOTRE ROI JURE DE VOUS RENDRE HEUREUX
IL TIENDRA SON SERMENT.
Tiré de l'Ouvrage
HOC MONUMENTUM MERET IN ÆVUM
INVENTE ABBAS DE LUBERSAC

DISCOURS

SUR LES

MONUMENS PUBLICS

DE TOUS LES ÂGES

ET DE TOUS LES PEUPLES CONNUS,

SUIVI

D'une Defcription de Monument projeté à la gloire
de LOUIS XVI & de la FRANCE.

TERMINÉ

Par quelques Obfervations fur les principaux Monumens modernes
de la ville de Paris , & plufieurs Projets de décoration
& d'utilité publique pour cette Capitale.

DÉDIÉ AU ROI.

Par M.^r l'Abbé *DE LUBERSAC , Vicaire général de Narbonne ,*
Abbé de Noirlac & Prieur de Brive.

A PARIS,

DE L'IMPRIMERIE DE CLOUSIER,

Rue Saint-Jacques , vis-à-vis les Mathurins.

M. DCC. LXXV.

AU ROI,

SIRE,

LORSQU'UN Souverain , qui compte à
peine quatre luſtres révolus , s'annonce à ſes
Peuples , comme autrefois le jeune roi d'Iſraël ,
favoriſé de l'eſprit de ſageſſe , il n'eſt aucun
de ſes ſujets qui ne s'empreſſe de lui élever

dans son cœur des monumens d'amour & de reconnoissance ; mais c'est trop peu pour ceux qui sentent vivement : ils veulent répandre au-dehors les sentimens dont ils sont , pour ainsi dire , surchargés ; & c'est cette espèce de plénitude qui a donné l'être au Monument que j'ose consacrer en ce jour à la gloire du Salomon qui nous gouverne , & déposer dans ses mains sacrées les tristes débris des ouvrages de l'homme depuis l'époque première de sa création ; même ceux qu'on voit maintenant dispersés sur la surface de la Terre , dont la ruine future & assurée annonce également celle des générations qui les élevèrent ou à leur propre orgueil ou à l'honneur de leurs Dieux.

Vos premières années, SIRE, furent toutes consacrées à vous pénétrer des grands principes de la religion sainte de vos Pères , & à vous rendre familiers les premiers élémens que les Lettres & l'Histoire du Monde peuvent seuls procurer pour apprendre le grand art de gouverner *sagement des peuples. Dans ce cours d'études si nobles, si intéressantes, si nécessaires même pour les Rois, V OTRE M AJESTÉ n'a pu qu'être étonnée en voyant l'immensité de Monumens qui ont illustré les Empires d'Assyrie, d'Egype, de la Grèce & de Rome; mais lorsqu'Elle s'est fixée sur ses propres Etats, & qu'Elle a parcouru l'Histoire de cette longue suite de Souverains ses ancêtres, son ame alors a dû nécessairement s'agrandir en considérant surtout que les deux derniers règnes ont seuls produit dans tous les genres autant & d'aussi grandes merveilles, que cent règnes accumulés en ont pu montrer dans les Empires les plus célèbres de l'Antiquité.*

Que V OTRE M AJESTÉ daigne maintenant porter ses regards sur sa Capitale, Elle n'y verra de tous côtés que des Monumens élevés à la gloire de ces Maîtres bienfaisans dont le Ciel favorisa la France; & si jamais sa tendresse pour ses peuples, ou leurs besoins l'appellent dans ses provinces ; Elle y trouvera également multipliés dans les Places publiques de ses principales villes , & gravés à jamais sur l'airain & sur le marbre , les mêmes caractères de vénération & de sensibilité pour ces grands Princes.

La valeur de Clovis , la grandeur d'ame de Charlemagne , la piété & le saint zèle de Louis IX , la sagesse de Charles V , la tendresse de Louis XII pour ses peuples qui lui donnèrent le plus beau des titres, celui de leur père ; l'amour de François I.er pour les Arts & les Sciences , la clémence & la loyauté du grand Henri , la splendeur & la majesté du règne de Louis XIV , la modération & la bonté soutenues du feu Roi votre aïeul si justement surnommé le Bien - aimé. Voilà, SIRE , les fondemens durables sur lesquels est établie la science de régner ; voilà quels sont les préceptes consacrés dans les immortels Ecrits de Louis Dauphin de France votre

augufte père : & voilà enfin les vertus dont
VOTRE MAJESTÉ nous a montré l'heureux
affemblage en montant au trône. Vos Peuples
en éprouvent déjà les heureux effets ; & que
n'ont-ils pas lieu d'attendre d'un Prince qui
ne marque que le defir d'ajouter toujours à leur
félicité !

Je ne fuis aujourd'hui que l'interprète &
l'organe des fentimens d'admiration & de
refpect, dont tous les cœurs François font
pénétrés pour votre augufte Perfonne ; & c'eft
de la profeffion tranquille où le fort m'a placé,
que j'entends de toutes parts ce concert de
bénédictions célébrer le beau jour qui vous
donna l'Empire des Lys pour le bonheur de
la Nation foumife à vos loix. De tels cris
d'allégreffe m'ont feuls infpiré le noble projet
d'exprimer leur reconnoiffance en confacrant à
votre gloire & à celle de la Nation que vous
gouvernez, un Monument digne de leur amour.

Bientôt, SIRE, les caractères de votre

amé feront empreints fur le bronze, tels peut-
être qu'on les voit rendus fur ces toiles.[a] Daignez
les fixer un inftant, vous y reconnoîtrez vos
auguftes traits.

Ce fecond tribut, que j'ofe encore offrir
à VOTRE MAJESTÉ, émane néceffairement
du premier; trop heureux, fans doute, fi
Elle veut bien l'agréer avec la même bonté
que Louis le Grand reçut ceux du même
genre que lui confacrèrent le Maréchal Duc
de la Feuillade[b] & Titon du Tillet[c]. Mon
entreprife, SIRE, eft bien au-deffus de la
leur; je mets en action vos vertus magnanimes,
& je les montrerai à vos Peuples environnans
votre image. Les jours fortunés d'un fi beau
printemps nous annoncent, fans doute, une
fuite nombreufe d'autres faifons tempérées &
fertiles.

---

[a] Le Monument de l'Auteur eft peint fur deux toiles de huit pieds de haut,
tel qu'on en voit le fimple trait gravé à la fin de cet Ouvrage.

[b] Le Monument de la Place des Victoires.

[c] Le Parnaffe François placé à la Bibliothèque du Roi.

Faſſe le Ciel qu'une ſi belle tige , qui nous couvre de ſon ombre & nous enrichit de ſes fruits, conſerve ſa fraîcheur auſſi long-temps que l'Obéliſque fixé ſur les rochers de l'Immortalité, & deſtiné à porter l'image ſacrée de LOUIS-AUGUSTE LE BIENFAISANT.

Je ſuis avec le plus profond reſpect,

SIRE,

DE VOTRE MAJESTÉ,

Le très-humble, très-obéiſſant &
très-fidèle ſerviteur & ſujet,
L'Abbé DE LUBERSAC.

AVERTISSEMENT.

AVERTISSEMENT.

L'AMOUR du Prince & de la Patrie m'ont inspiré
cet Ouvrage. Je sens qu'un sentiment si noble méri-
teroit un plus digne organe pour être bien exprimé;
mais j'ai cru qu'il suppléeroit à mon insuffisance, ou
qu'il la feroit excuser, en supposant qu'une illusion
si précieuse & si chère à mon cœur me l'eût déguisée.
J'attends donc quelqu'indulgence de mes Lecteurs en
faveur du motif qui m'a fait prendre la plume.

Je ne suis point le seul Citoyen qui ait formé le
projet de célébrer les vertus que notre Auguste &
jeune Monarque a annoncées en montant au Trône,
& qui ait voulu les consacrer à la postérité. Les
Poëtes les ont chantées, les Artistes les ont montrées
aux peuples sous d'ingénieuses allégories. Ces témoignages de leur amour ont été mis sous les yeux du
Souverain, & il y a paru sensible; mais parmi les
Monumens divers du zèle patriotique, j'ai peut-être
eu le premier le mérite d'en avoir imaginé un d'une
espèce, dont certainement le pareil n'exista jamais:
Monument qui n'anticipe ni sur le temps ni sur la
reconnoissance des peuples; car je n'y ai mis que ce
qui est, & ce qui s'est fait jusqu'à présent, & j'y laisse
place pour y mettre ce qui se fera par la suite.

*

On peut donc, si l'on veut, regarder ce *Monument* comme un éloge; mais un éloge justifié par les faits, devient une justice. Il n'est, ni ne peut être suspect de flatterie : j'en appelle à la description placée à la fin du Discours qui suit, & à l'examen du projet lui-même, esquissé simplement au premier trait sur ses deux faces principales, & dont les deux planches sont jointes à la description que j'en fais.

L'objet de cet Avertissement est de faire voir à mes Lecteurs, le but & le plan de cet Ouvrage : je vais tâcher de remplir cette double obligation, après leur avoir rendu un compte succinct des moyens par lesquels je suis parvenu à esquisser le grand tableau que je m'étois proposé d'exécuter.

Depuis assez long - temps je m'occupois de la recherche des Monumens de l'antiquité, & pour parvenir plus sûrement à ce but, j'ai voyagé, pour juger par mes propres yeux, des Monumens dont on a parlé avant moi, & de ceux que je pourrois découvrir par moi-même. J'ai engagé des gens qui voyageoient en Italie, en Espagne & dans les autres Cours de l'Europe pour leur instruction, à s'occuper de cet objet si intéressant; & j'ai non-seulement entretenu avec eux des correspondances très-coûteuses, mais même je les ai étendues jusque dans l'Asie & l'Amérique,

Mes porte-feuilles étoient garnis d'une collection

affez confidérable de Mémoires & d'Obfervations
fur cette partie fi riche, lorfque l'heureufe circonftance de l'avènement de notre jeune Monarque au
Trône, & les vertus qu'il annonçoit en y montant,
m'infpirèrent l'idée du *Monument* que j'ai confacré
à fa gloire & à celle de la Nation qu'il gouverne.
Cette idée, conçue, méditée, développée, donna lieu
à fon tour au Difcours que je préfente au Public,
après en avoir fait hommage à mon Souverain.

Mon but a été de faire voir, que parmi tous les
Monumens actuellement exiftans, & ceux dont les
Anciens nous ont laiffé des defcriptions, je n'en ai
trouvé aucun de l'efpèce de celui que j'ai d'abord
fait exécuter en petit modèle de ronde-boffe, & que
j'ai fait rendre enfuite en deux grands tableaux qui
en repréfentent les deux faces principales, ni même
rien qui en approche, c'eft-à-dire, aucun qui forme
un enfemble compofé de divers groupes, dont le
caractère & l'intention variés en chacun d'eux, fe
rapportent cependant tous à une action principale.

Quant au plan de mon Ouvrage il fera facile à
faifir, en ce que mes recherches fur les Monumens
publics étant néceffairement liées à des époques,
elles n'ont eu befoin que d'être mifes en ordre pour
former une fuite intéreffante, & qui fera, pour ainfi
dire, une hiftoire abrégée des Arts & de leurs
progrès ; travail dont on ne peut comprendre les

difficultés, ni apercevoir la liaison que par des recherches semblables à celles que j'ai faites, les matériaux s'en trouvant épars dans une immensité d'Auteurs Grecs & Latins, ou dans un nombre infini de porte-feuilles de gravures & de dessins.

Diodore de Sicile, Hérodote, Strabon, Ctésias, Pausanias, Fabricius, Denys d'Halicarnasse, Pline, Sextus Rufus, Publius Victor, Falconnet, Belon, Martini, le P. Duhalde, le comte de Caylus, l'abbé de Guasco, les marbres d'Arundel, les Mémoires de l'Académie des Inscriptions, & une infinité d'autres Ouvrages François, Anglois, Allemands, Espagnols & Italiens, sont les sources où j'ai puisé, & les guides que j'ai suivis dans les recherches que j'ai faites par moi-même, ou que j'ai fait faire.

La matière s'est étendue à mesure que je les ai poussées, & sa richesse m'a engagé à en composer un édifice régulier, qui, quoiqu'exécuté en petit, représente cependant ce que les génies de tous les âges ont produit de plus intéressant.

J'ai voulu donner en quelque sorte une nouvelle vie à ce corps mutilé par l'injure des temps, par l'ignorance, par la superstition & la barbarie de ces hordes féroces qui ont saccagé, à différentes reprises, le centre & le midi de l'Europe.

Pour mettre en ordre les matériaux précieux que j'ai rassemblés, il a fallu d'abord remonter jusqu'aux

premiers

premiers âges du Monde, afin de découvrir l'origine des Arts, suivre l'ordre des siècles; & par ce moyen on a pu facilement en observer la marche & les progrès, en marquer les époques brillantes, en fixer les révolutions, les chutes & la renaissance, & même calculer jusqu'à l'influence du physique & du moral sur les productions du génie, après avoir cherché avec soin dans les Monumens qui nous restent, l'intention de ceux qui les ont imaginés ou fait exécuter.

Telle est la vaste carrière dans laquelle je me suis trouvé engagé sans en prévoir le terme. Cependant le résultat de ce travail immense ne peut être que l'esquisse d'un tableau infiniment plus grand, parce que je me suis trouvé circonscrit par le temps & les bornes que doit avoir un simple Discours, & j'avoue que sans les secours de tous les genres qui m'ont été fournis par feu M. *Capperonnier*, Garde de la Bibliothèque du Roi; M. *Joly*, Garde des Estampes; *Dom Pater*, Bibliothécaire de l'abbaye Saint-Germain-des-Prés & autres, il m'eût été impossible de remplir, en aussi peu de temps que je l'ai fait, la tâche que je m'étois imposée.

Je dois donc à l'honnêteté & aux lumières de ces Savans, aussi affables que profonds, des marques authentiques de ma reconnoissance; & c'est avec un plaisir infini que je publie les services que j'en ai reçus en cette occasion.

**

J'ai encore eu pour objet, outre la satisfaction de mon goût particulier, de me rendre utile à ceux qui pourroient en avoir pour le même genre de travail, & j'espère que le mien pourra leur être de quelque utilité pour arriver plus sûrement & plus promptement au but qu'ils se proposent.

Ceux qui n'aiment pas les grandes lectures, ou qui n'ont pas le loisir de se livrer à des recherches longues & pénibles, y trouveront les matières toutes disposées. J'indique enfin à ceux qui voudront des explications plus amples, les sources où j'ai puisé, auxquelles ils pourront, ainsi que moi, avoir recours.

La rapidité de la narration & la multitude des objets, ne m'ayant pas permis de donner à beaucoup d'entr'eux l'étendue nécessaire, j'y ai suppléé par quelques Observations particulières, que j'ai placées à la fin de mon Ouvrage, du moins pour ce qui concerne les Monumens modernes de la Capitale, élevés sous les deux plus beaux règnes de la France; ceux de Louis XIV & Louis XV, sur lesquels j'ai cru pouvoir hasarder mon jugement, parce que chacun ayant sa manière de voir & de sentir, personne n'est obligé de souscrire au jugement de ceux qui l'ont précédé. En expliquant ma façon de penser, je n'ai point prétendu faire de mon jugement propre la règle de celui d'autrui; mais si mes observations ont quelque justesse, elles empêcheront les gens superficiels de se prévenir & de juger sur parole, comme on le fait trop ordinairement, ou ils rectifieront les erreurs dans lesquelles ils auroient pu tomber.

Au reste, j'ai très-peu hasardé de jugemens, & j'ai fait ces Observations plutôt pour donner l'historique de la plupart des Monumens intéressans, que par toute autre raison. Il en est en effet plusieurs dans le nombre qui méritent bien qu'on en développe l'origine, & qu'on en suive les progrès. Tels sont la Bibliothèque du Roi, le Cabinet des Estampes & celui des Médailles, qui contiennent chacun dans leur espèce les plus précieux trésors qu'il y ait dans l'Univers. Le Collége Royal de France, qui plus qu'aucun autre établissement de ce genre, a contribué aux progrès des Sciences & des Lettres dans le royaume; l'Imprimerie Royale, la Monnoie des Médailles aux galeries du Louvre, l'Hôtel des Monnoies, le Jardin du Roi & son Cabinet d'Histoire naturelle; collection la plus riche & la plus précieuse qu'on connoisse, & qu'on doit, pour ainsi dire, toute entière aux lumières & au zèle du Pline françois qui fait tant d'honneur à son siècle, à la Philosophie & aux Lettres, monumens sur lesquels nous avons donné à la suite du Discours, des notices assez amples, & qui, avec les Académies diverses, illustrent & illustreront à jamais, non-seulement leurs promoteurs, mais les Souverains qui, par leurs largeſſes & la protection conſtante qu'ils daignent leur accorder, les ſoutiennent, & leur donnent chaque jour un nouvel éclat en contribuant par leurs bienfaits à les amener à toute la perfection dont ils peuvent être ſuſceptibles.

J'ai enfin réuni à ces Obſervations, quelques idées ſur les embelliſſemens qu'on pourroit faire dans pluſieurs emplacemens ſuſceptibles de décoration, & ſur des établiſſemens d'utilité publique qui m'ont paru eſſentiels, & dont je crois avoir aſſez bien prouvé non-ſeulement l'utilité, mais même la néceſſité. Entr'autres projets, l'on verra la deſcription d'une Place publique en face du périſtile du Louvre, dont les plans nous ont été fournis par le ſieur *le Noir le Romain*, Architecte. C'eſt tout ce que je crois devoir dire ſur cet Ouvrage, qui eſt ſuivi de la deſcription d'un *Monument* que j'ai projeté à la gloire du Monarque ſous l'empire duquel nous avons le bonheur de vivre & celle de la France; deſcription qui précède les Obſervations qui le terminent.

DISCOURS

DISCOURS
SUR LES MONUMENS
DE TOUS LES ÂGES.

UAND on médite avec attention sur ce composé incompréhensible de deux substances inalliables par essence, & miraculeusement unies, *l'Homme*, on découvre d'abord qu'il s'aime d'un amour nécessaire. Ce sentiment, si naturel & si conforme aux vues de son auteur, est le vrai, le premier mobile de son activité, & le principe de cette inquiétude qui le porte vers tous les objets dont il attend quelques sensations agréables. Il est la source de nos désirs, de nos besoins; c'est lui qui les varie & les multiplie à l'infini, qui en forme autant de liens qui serrent celui de la société, par un commerce perpétuel de services réciproques entre les individus qui la composent.

C'est de ce principe si fécond pour le bien, quand il se renferme dans ses justes bornes, & si funeste quand il les excède, que dérivent tous les biens & les maux de la société. C'est lui qui a donné naissance aux arts de nécessité, d'utilité, d'agrément. C'est lui qui a élevé peu à peu les esprits aux

I.^{ers} ÂGES
DU MONDE.

A

ſpéculations abſtraites du Calcul, de la Géométrie, de l'Aſtronomie, de la Métaphyſique. C'eſt auſſi de ce principe mal entendu ou mal appliqué, que ſont nées la licence dans les opinions, les abus du pouvoir, les vexations, les injuſtices qui ont d'abord révolté & enſuite dépravé les hommes; qui, en iſolant les intérêts particuliers de l'intérêt général, a enfin ouvert la porte à ce déluge de crimes & de miſères, dont la Terre fut toujours, pour ainſi dire, inondée.

Après avoir jeté ce coup-d'œil rapide ſur les effets heureux & malheureux de l'amour de ſoi, conſidérons maintenant ce qu'il a fait faire dans tous les temps aux hommes, ſur-tout ce qu'il leur a fait inventer & exécuter, ſoit que les Monumens qui nous reſtent, aient eu pour objet l'utilité publique, ou ſimplement la ſatisfaction de l'amour propre de leurs auteurs.

L'hiſtoire des temps antérieurs au déluge, fournit peu d'objets à notre curioſité, & de matières à nos recherches. Moïſe a ſupprimé tous les détails, & n'a rapporté que les faits dont il nous importoit le plus d'être inſtruits; le reſte eſt pour nous d'une impénétrable obſcurité, &, quel que fût l'état du genre humain avant cette cataſtrophe affreuſe, il doit peu nous intéreſſer. Si les ravages qu'elle opéra ſur notre planète, en ont altéré le fond & la face, la diſperſion des enfans de Noë n'a pas fait de moindres changemens dans les arts qui exiſtèrent avant le déluge. La mémoire des connoiſſances antérieures à ce terrible fléau, & que la conſ-truction de l'Arche ſuppoſe, ayant été, ſinon totalement perdue, du moins extrêmement altérée & obſcurcie par la diſperſion de la poſtérité de ce patriarche. Il eſt conſtant que ce qui s'en conſerva fut le partage des nations qui ſe fixèrent les premières dans le pays ou les environs du pays où l'Arche s'arrêta. On n'en ſauroit douter, lorſqu'on voit toutes les découvertes utiles fortir des régions habitées par les premières familles, & être le centre commun d'où elles fe répandirent enfuite de proche en proche dans toutes les parties de l'Univers qui purent avoir entre elles quelque communication.

En effet, tous les peuples qui font reftés ifolés, comme tous les navigateurs anciens & modernes nous l'apprennent chaque jour, ont été trouvés tels que l'Antiquité nous péint ceux des premiers âges du Monde.

Le genre humain, reprodüit par un petit nombre d'individus échappés au naufrage général qui venoit de l'engloutir, fe multiplie fi prodigieufement dans le cours de cent vingt ans, que l'efpace qui le contient, va bientôt ceffer de fuffire à fes befoins. Déjà le père commun a marqué à chacun de fes trois fils le partage de leur poftérité : quel Monarque eut jamais un fi riche héritage à partager! Noë difpofe du globe entier en fouverain abfolu.

Vers la naiffance de Phaleg, c'eft-à-dire, cent cinquante ans environ après le déluge [a], la néceffité de pourvoir à leur fubfiftance, obligeoit déjà les nouveaux habitans de la Terre à s'éloigner les uns des autres. La crainte de fe perdre fans retour, les engagea à prendre des précautions capables de prévenir ce qu'ils regardoient comme le plus grand des malheurs pour eux.

ASSYRIE.

[a] *Samuel Bochart in Phaleg.*

Dans cette vue, ils réfolurent de bâtir une ville & une tour dont la hauteur & la folidité fuffent un fignal durable qui les ramenât à ce centre dont ils ne vouloient point s'écarter [b]. Car d'imaginer, comme l'ont penfé plufieurs auteurs, qu'ils prétendiffent fe fouftraire par-là aux vengeances du Seigneur, cela ne paroît nullement probable.

[b] *Genef. cap. II, v. 4.*

Quoi qu'il en foit de leurs motifs, fur lefquels l'Écriture

garde le plus profond filence, la Providence qui jugeoit leur féparation néceffaire, rompit le lien qui les uniffoit. Ils parloient tous un même langage, *Terra erat labii unius:* Dieu confond ce langage; la diverfité des langues en opère une pareille dans les idées, dans les fentimens; tant il y a de rapport entre l'expreffion de la voix, du cœur & de l'efprit! On fe fépare, & bientôt on fe méconnoît. Glorifiez-vous maintenant, Savans de la terre, de l'avantage d'en poff…der plufieurs; mais confidérez que cette diverfité fut une fource de divifions entre les malheureux habitans de la terre, qui, nés d'un père commun, fe méconnurent bientôt, au point de fe déchirer entre eux comme les bêtes les plus féroces.

Ce monument de leur féparation, & le premier connu du monde, devient le centre de la première peuplade & le fiége du premier empire; les Livres faints nous font garans de cette vérité. Moïfe dit que Nembrod fonda la première Puiffance de la terre. C'étoit un chaffeur renommé qui dut, fans doute, fon élévation à fon courage & à fa force, qualités qui de tout temps en ont impofé, & en impofent encore à ceux que la Nature a le moins avantagés de ce côté.

La Terre étant hériffée de forêts fombres, repaires d'animaux carnaffiers; l'homme, continuellement expofé à leurs attaques, dut accorder un haut degré d'eftime à celui qui, par des chaffes utiles à toute fa contrée, le délivroit de fes ennemis. Bientôt ce chaffeur raffemble autour de lui l'élite de la jeuneffe des habitans de Sennaar; ils s'accoutument l'un à donner des ordres, les autres à obéir au commandement, & le chaffeur devient un Monarque puiffant.

Les forêts s'abattent, la Terre prend une face plus riante; ces retraites obfcures deviennent des plaines fertiles pour l'homme, des pâturages pour les animaux, dont il a fu façonner

au

au joug diverfes efpèces, & les affocier à fes travaux. Il détruit
ou écarte les bêtes féroces en pliant à fon ufage les métaux
même les plus inflexibles. Les Arts, dont les principes fon-
damentaux s'étoient confervés, augmentent en nombre & en
perfection; & du befoin fatisfait, on paffe bientôt aux commodités, & prefque auffi rapidement aux recherches du luxe.

L'autorité politique s'établit peu à peu fur les conventions
tacites, qui furent la bafe des premières fociétés; conventions
qui dûrent leur origine aux fentimens d'équité gravés par le
Créateur dans tous les cœurs, & qui appellent les remords,
lorfque nous fermons l'oreille à leur voix, ou que nous agiffons
contre leurs falutaires impreffions.

Le Monarque bâtit des villes pour affurer fa puiffance,
fixer & unir entre eux fes nouveaux fujets. Ce n'eft point
ce Tyran farouche & fuperbe que nous peint Jofeph *.
L'Écriture ne dit point que la violence ait fondé l'autorité
de Nembrod. C'eft un homme de courage, que la reconnoiffance & l'eftime de fes concitoyens appellent à l'honneur
de les gouverner; comme à une date bien poftérieure, les
Mèdes en proie à tous les défordres de l'anarchie, forcent
Dejocès leur arbitre à devenir leur Roi.

Le premier fruit de l'établiffement des fociétés fixes &
policées, eft la perfection des Arts connus, ou l'invention
de nouveaux. La néceffité, le premier maître de l'homme,
l'excite, l'expérience l'éclaire, fes fautes même l'inftruifent.
On franchit les montagnes & les précipices, on traverfe les
fleuves rapides, & bientôt les mers même ne feront plus
un obftacle pour fa curiofité ou fon ambition.

On forme des enceintes autour des villes pour affurer le
repos de leurs habitans contre toute efpèce d'attaques; on
bâtit dans les plaines de la Chaldée des maifons pour les

I.ᵉʳˢ ÂGES
DU MONDE.

ASSYRIE.

* *Jofeph.
Antiq. lib. I,
cap. 4.*

B

particuliers, des palais pour les Rois, des temples pour les Dieux; tandis que le plus grand nombre des habitans de la terre, errant de déferts en déferts, en proie à toutes les misères imaginables, perd la trace des Arts les plus fimples & même jufqu'à la connoiffance & à l'ufage du feu. Tandis que les habitans des plaines fertiles de Sennaar font réunis dans des habitations commodes, le refte des hommes trouve à peine des abris dans les troncs des arbres, ou les cavités des rochers, qu'ils font fouvent dans la néceffité de difputer aux animaux, bien moins à plaindre qu'eux. A peine du gland & des racines les fuftentent, lorfque leurs frères s'engraiffent des dons d'une terre fertile : l'excès du befoin eft tel que fouvent les hommes fe mangent entre eux; de-là l'antropophagie, qui n'a pu ceffer que quand les peuples ont pu s'affûrer leur fubfiftance par d'autres moyens.

Il y a lieu de croire qu'avant le déluge on connut l'art de bâtir, puifque Moïfe rapporte à Caïn la fondation d'Énochia, la première ville connue, & à Tubalcaïn l'art de forger les métaux. Ces connoiffances fe confervèrent dans la Méfopotamie. On moula & l'on cuifit les briques qui fervirent à la conftruction de la tour de Babel. Les mêmes matériaux fervirent inconteftablement à former l'enceinte de Babylone & les maifons de fes habitans, ainfi que les deux autres villes que bâtit Nembrod dans la Chaldée, & Ninive avec deux autres villes qu'Affur fonda dans une contrée peu éloignée de la première *. L'art de tailler la pierre doit être à peu-près de même date.

Si nous en croyons les hiftoriens des premiers empires de Babylone & d'Affyrie, l'Architecture y étoit arrivée rapidement à un haut point de perfection. Plufieurs auteurs donnent à Nembrod pour fucceffeur immédiat Ninus;

enfuite Sémiramis, à laquelle on attribue toutes les merveilles que l'Antiquité raconte de Babylone; mais il y a lieu de croire que ces Auteurs fe trompent. Selon le Syncelle, Nembrod & fes fuccefleurs de fon fang, ont dû régner à Babylone deux cents foixante-treize ans. Une famille Arabe s'empara enfuite du Trône & l'occupa deux cents quinze ans. Le dernier Roi de cette race, nommé Nabonaddus, ayant été vaincu par Ninus, ce Conquérant réunit le trône de Babylone à celui d'Aflyrie, & c'eft vraiment à cette époque que Babylone commence à fe montrer avec toute la fplendeur qu'Hérodote, Ctéfias, Bérofe ont tant exaltée, & non à des temps fi près du déluge, où les productions des Arts fe fentoient des ruines de l'ancien monde, dont tout atteftoit encore le défordre & les malheurs.

Ninus meurt après un règne de vingt-cinq ans de victoires & de conquêtes, laiffant fon fils Ninias en trop bas âge pour régir fes États; mais l'empire d'Aflyrie paffa dans les mains de Sémiramis fa veuve & n'y perdit rien; elle ajouta même à fon luftre, & l'éclat de fon règne égala, s'il ne furpaffa, celui des Monarques les plus fameux. C'eft au règne de cette célèbre Princeffe qu'il faut rapporter ces fabriques immenfes dont l'Antiquité a tant parlé, ces murs de briques fi hauts, fi épais que deux chars attelés chacun de quatre chevaux de front, pouvoient y rouler fans fe nuire, fi folides enfin par l'enduit de bitume qui en uniffoit les matériaux, qu'ils étoient, pour ainfi parler, imperméables à toute efpèce de fluide, & par conféquent indeftructibles par les feuls efforts du temps. C'eft cette même Sémiramis qui fit élever ces palais magnifiques, ces jardins en terraffes, ce temple confacré à Bélus ou Baal, qu'un peuple idolâtre de la mémoire de fon fondateur avoit divinifé *.

I.^{ers} ÂGES DU MONDE.

ASSYRIE.

* *Val. Max.* l. IX, c. 3.

Nous abandonnons à l'imagination vive & féconde de Kirker, le faste d'érudition qu'il a étalée dans son traité *de turri Babel,* & ces modèles d'édifices, qui sont bien au-dessus de la perfection où arriva l'architecture en Grèce dans ses plus beaux jours. Diodore de Sicile dit seulement qu'il existoit encore de son temps une partie de la ville & de la tour de Babel *(a).* Strabon dit en termes exprès, qu'on trouvoit de son temps dans les campagnes de Baby-Ione, des ruines immenses, & qu'on n'y pouvoit faire un pas sans y rencontrer des vestiges d'anciens monumens.

Des Voyageurs modernes, le Père Philippe Carme-déchaussé & le célèbre Pietro della Vallé les ont en vain cherchées ; toutes les perquisitions de ce dernier ne l'ont conduit qu'à nous donner ses conjectures sur le lieu où il présume que fut bâtie la fameuse tour de Babel. Il insinue qu'un Tertre, élevé au milieu des campagnes de la Méso-potamie, sur lequel on découvre quelques ruines, s'est formé des débris de cette tour ; il fonde sa conjecture sur quelques briques qu'il en fit tirer, & qu'il apporta à Rome ; briques d'argile mêlées avec une espece de paille dure qui tient du roseau, & qui se trouvoient enduites de bitume : il la fortifie de la tradition du pays, où l'on donne encore à ce Tertre le nom de *Babel ;* mais les preuves nous paroissent trop foibles pour y donner quelque créance. Un fait constant, c'est que le temps a si bien dévoré tout ce qui étoit de cette ville, dont la grandeur & la magnificence sont attestées

---

(a) **Cet** Auteur parle sans doute de la même tour dont Hérodote nous a donné la description. Tour quarrée, au sommet de laquelle on montoit par une rampe extérieure, dont la pente étoit très-aisée. La gravure qu'on en a faite, d'après la description d'Hérodote, *livre Ier* lui donne environ quatre-vingts toises de hauteur ; c'est-à-dire, environ quatre cents quatre-vingts pieds.

par

par tant d'Hiftoriens, qu'il n'eft pas poffible de reconnoître même le lieu où elle fut située.

Ce fut dans la même contrée qu'on bâtit depuis le bourg de Ctefiphon, qui ne fit par la fuite qu'une même ville avec Séleucie ; raifon pour laquelle les Arabes l'appelèrent *Médaïn,* & les Grecs, *Dipolis,* comme qui diroit ville double: Pline dit que cette ville devint la capitale du royaume de Babylone *. C'eft près de cette dernière ville qu'on voit encore les reftes d'un temple dont on a fait honneur à Nabuchodonofor; les Arabes l'appellent *Ayvan Efra,* & les Turcs *Solyman Pac* ou *l'arc de Solyman.* Cet édifice, bâti de briques jointes avec du bitume, eft vafte; l'entrée en eft tournée vers l'orient; la porte, au lieu d'être comme les nôtres, eft cintrée à la hauteur même du bâtiment : ce qui lui a fait donner le nom *d'arc.*

Les Juifs qui habitent dans ces contrées, fuperftitieux ou fripons, ou plutôt l'un & l'autre, comme ils le font communément par-tout, montrent aux étrangers, dans les environs de ce temple, le prétendu tombeau du prophète Daniel & les ruines fuppofées de la foffe aux lions, où il fut jeté par les ordres de Nabuchodonofor.

On ne connoît de la haute Afie que Perfepolis *(b)* où les rois de Perfe avoient un palais magnifique qu'Alexandre,

I.^{ers} ÂGES
DU MONDE.

ASSYRIE.

* *Plin. l. VI,*
cap. 16.

PERSE.

(b) Quelques pierres gravées d'une manière large & grande, des têtes du plus beau caractère, que le voyageur *Bruyn* a fait deffiner d'après de très-beaux reliefs originaux qu'il a trouvés fur les ruines de Perfepolis, atteftent que les arts y ont été cultivés avec le plus grand fuccès.

L'auftère bienféance qui profcrivoit dans ce pays les nudités, empêcha les Artiftes d'étudier l'objet le plus fublime de l'art, le deffin du nu. On ne s'y attacha qu'au jet des draperies, fans donner d'idée du nu comme les Grecs.

La religion des Perfes fut auffi très-défavorable à l'art; on y regardoit comme une profanation abominable, de repréfenter la Divinité fous une forme

C

à la suite d'une débauche, fit réduire en cendres par les conseils de la courtisane Thaïs, & sans égard aux représentations d'Épheftion, atrocité dont il se repentit lorsqu'il fut revenu de son ivresse ; mais d'autres monumens, d'autant plus intéressans qu'il en subsiste encore plusieurs & de très-bien conservés, nous appellent en Égypte.

Ces masses hiéroglyphiques, dont le sommet se terminoit en pointe, que les Grecs appellent ὀβελοὶ ou ὀβελίσκοι, les Latins *aguglíæ*, les Arabes *messaleth Pharaun*, aiguilles de Pharaon, dénomination commune à tous les rois d'Égypte, que les Égyptiens eux-mêmes appeloient en leur langue *doigts du Soleil*, ne furent point des monumens élevés par la flatterie à l'orgueil des Souverains. Leur inventeur *Thot*, que les Grecs appellent *Hermès*, & les Latins *Mercure*, y consacra, dit-on, à l'utilité publique, les découvertes faites jusqu'à lui dans les sciences & les arts, avec les siennes propres, ainsi que les mystères les plus sublimes de la Nature & de son Auteur.

Cham, fort instruit des faits antérieurs au déluge, rempli de l'orgueil de se rendre célèbre dans la postérité, crut

---

humaine : le ciel visible & le feu étoient les objets de leurs adorations. Ce qui nous reste de l'architecture des Perses, montre qu'ils donnoient dans l'excès des ornemens, ce qui faisoit perdre à leurs bâtimens beaucoup de la grandeur majestueuse qu'ils avoient d'ailleurs. On ne peut rien assurer sur l'antiquité des pagodes ou temples des Gentils qui habitent la péninsule du Gange. Un des monumens les plus curieux de ce genre, qui subsiste encore, est la fameuse pagode de Chalambrom ou de Chilambaran, dont le frontispice a de vingt à vingt-deux toises de hauteur. Au caractère des ornemens & des figures qui la décorent, on ne peut pas raisonnablement la supposer très-ancienne. Une des singularités de cet édifice si éloigné du bon goût d'architecture & du nôtre, sont deux piliers avec leur frise & leur corniche sciés dans le même bloc, unis entre eux par une chaîne de pierres prises aussi dans le même bloc, & les deux piliers, opposés l'un à l'autre, sont séparés entre eux de toute la largeur de l'intérieur de l'édifice, c'est-à-dire, d'environ quatre toises.

pouvoir ufurper les titres des Sages du premier âge, parce qu'il avoit une partie de leurs connoiffances ; mais il en abufa pour fon intérêt particulier en les dénaturant. Thot, quoique de fa race, entreprit de rétablir les principes du vrai culte tranfmis par les Patriarches de générations en générations, & les grava fur des obélifques, pour les perpétuer & les conferver dans leur pureté originelle. Retenu cependant par les préjugés de fon temps, il les enveloppa d'emblèmes, & fe fervit pour les tranfmettre aux Sages de fon pays, de caractères myftérieux qui par la fuite donnèrent malheureufement lieu à de fauffes interprétations, qui furent après lui une fource d'égaremens pour les gens inattentifs & fuperficiels.

Quant aux préceptes moraux plus à la portée du vulgaire, il adopta pour les tranfmettre une manière plus claire ; c'eft-à-dire, une écriture ufuelle, dont il refte encore des monumens ; mais cette haute fageffe des premiers Égyptiens, à laquelle les Livres facrés rendent eux-mêmes témoignage, qui précéda la naiffance de Moïfe, qui, fous l'adminiftration de Jofeph, fils de Jacob, fut dans toute fa force, dégénéra infenfiblement dans d'abominables fuperftitions, comme une eau limpide à fa fource, fe charge dans un long cours de mille impuretés, & fe dénature au point de devenir auffi méconnoiffable que dangereufe.

La matière de ces obélifques eft une forte de marbre de diverfes couleurs, qui ne le cède en rien au porphyre, mais plus difficile à traiter, vu fon exceffive dureté ; qualité qui dut le faire préférer pour l'objet que fe propofoit l'inventeur.

Les gens qui cherchent du myftère à tout, donnent d'autres raifons de cette préférence ; ces monumens, difent-ils, étoient confacrés au Soleil, dont le domaine s'étend fur tous les élémens. Le fond de la couleur de cette pierre eft le rouge qui y domine, emblème du feu, principe de la vie & de l'activité de la Nature. Le fond eft mêlé de particules criftallines ou *micacées*, dont la tranfparence eft le fymbole de la diaphanéité de l'air ; il eft femé de taches bleues & noires, dont les premières défignent l'eau, & les autres par leur opacité, l'élément groffier de la terre. Elle étoit encore parfemée de petites particules d'or : *lapis Thebaïcus guttis interftinctus aureis* *, qui, felon eux, font l'emblème du Soleil. Mais, fans nous arrêter à des conjectures qui n'ont de fondement que dans l'imagination des gens qui les ont mifes en avant, nous pafferons à la différence, qui confifte ou dans leurs diverfes hauteurs, leurs proportions, les caractères qui y font gravés, ou en ce qu'ils n'en portent aucun.

On trouve encore en Égypte de ces fortes de monumens qui n'ont pas plus de dix à douze pieds de hauteur ; on en voit à Rome qui en ont de vingt à trente, de foixante & dix à quatre-vingts & jufqu'à cent quarante. Il y en a d'Ifaèdres dont les côtés font égaux, d'autres dont la bafe eft un parallélogramme. Les gens à conjectures croient encore avoir trouvé des raifons de cette différence, & prétendent que les obélifques à côtés égaux furent confacrés aux Dieux, & les autres érigés à la gloire des Monarques qui fe rendirent célèbres ; mais ce qu'il y a de plus probable en cela, c'eft que cette différence vint fimplement de celle des longueurs & épaiffeurs des blocs détachés de leur matrice. Quant aux différences effentielles, elles confiftent, comme on l'a vu ci-deffus, dans les caractères qui y furent gravés, qui ne devant point exprimer les mêmes chofes, dûrent être ou

différens

différens ou différemment ordonnés : comme il eſt prouvé
par la ſimple inſpection de ces Monumens.

I.ᶜʳˢ ÂGES
DU MONDE.

ÉGYPTIENS.

Ces ſortes de pyramides furent tronquées à leur ſommet,
& terminées par une autre petite pyramide nommée le
pyramidion ; parce que ſi l'on eût voulu les évider dans la
proportion de leur baſe, il eût fallu leur donner une hauteur
infinie ; au lieu qu'on adopta la proportion décuple, de ſorte
qu'un obéliſque de quatre pieds de baſe eut quarante pieds
de hauteur. Celui de dix pieds en eut cent juſqu'au *pyramidion ,* dont la hauteur fut fixée à la longueur d'un des
côtés de la baſe pour les obéliſques Iſaèdres, & à celle du
plus grand côté de cette même baſe pour ceux dont les
faces étoient inégales. La différence de la largeur de l'obéliſque, de ſa baſe à ſon ſommet, le *pyramidion* non
compris, étoit de deux tiers ; le ſommet fut donc le tiers
de la baſe.

Ceux que les empereurs Romains firent venir à Rome,
ſont diviſés en trois claſſes, dont quatre de la première ;
ſavoir, l'obéliſque du Vatican, celui de Saint-Jean-de-Latran,
le Flaminien & celui du champ de Mars. Ceux de la
ſeconde ſont l'obéliſque Pamphile, le Barbarin ou Veranus,
l'Eſquilinus & le Saluſtianus. Enfin, ceux de la troiſième
claſſe ou les plus petits, ſont le Mahutæus, celui de Médicis,
le Scaurocelius, & un quatrième tronqué placé devant le
collége Romain. Nous parlerons de chacun d'eux à l'article
de Rome, comme faiſant actuellement partie des monumens
de cette ville encore ſi célèbre, quoiqu'infiniment déchue
de ſa ſplendeur antique.

Les obéliſques de la ſeconde & de la troiſième claſſe,
ſont plus intéreſſans pour les Philoſophes que les grands, en
ce que plus près des premiers temps de l'Égypte, ils furent

D

réellement & uniquement deſtinés à ſervir de dépôt aux vérités du premier ordre, dont la trace s'étoit obſcurcie ou perdue dans preſque tous les eſprits ; vérités qui ne paſsèrent aux Sages qu'avec la connoiſſance de l'écriture ſymbolique, dont leur inventeur ſe ſervit pour les perpétuer : mais ſi dès les premiers temps elles furent à la portée de peu de gens, au lieu de les dégager peu-à-peu des ſuperſtitions dans leſquelles la nation Égyptienne fut plus enſévelie qu'aucune autre de la Terre, leurs prêtres intéreſſés ſans doute à conſerver des erreurs qui leur profitoient, les laiſsèrent invétérer au point que la vérité n'a pu percer l'enveloppe épaiſſe qui l'obſcurcit depuis que ce peuple ſubſiſte.

Au reſte, lorſqu'on a eu le malheur de perdre la notion ſi ſimple & ſi naturelle d'un Étre unique, agent univerſel & ſuprême, la ſuperſtition ſe fait bientôt une foule de divinités locales & tutélaires pour y ſuppléer. Une pierre de figure bizarre, les plantes les plus communes, l'animal utile comme le plus dangereux, le reptile le plus dégoûtant & le plus vil inſecte, deviennent des objets de culte *(c)* ; auſſi, quoique chaque nôme de l'Égypte eût ſa divinité propre, dont les caractères reconnus étoient expoſés au lieu le plus éminent des temples pour être diſtingués des autres, la ſuperſtition n'en voulut déſobliger aucune de celles qu'on adoroit ailleurs, & leurs caractères furent prodigués dans les temples, ſur les monumens publics, & même juſque dans les tombeaux.

Après le culte divin, on ſait qu'un des points capitaux de la religion Égyptienne fut le ſoin de la ſépulture des morts. Soit qu'on le faſſe dériver de la croyance où l'on étoit,

---

(c) O ſanctas gentes, dit ironiquement Juvenal, *quibus hæc naſcuntur in hortis numina !*

dit-on, en Égypte, que l'union de l'ame avec le corps
fubfiftoit tant que ce dernier n'étoit point décompofé, ou de
toute autre fource; il eft certain que nulle part on n'eut un
tel refpect pour eux. Ces maffes énormes, qu'on appelle les
pyramides d'Égypte, ne furent élevées que pour être les
tombeaux des Souverains. Les gens d'un ordre fupérieur
faifoient creufer des cryptes ou des fouterrains, où les corps
après avoir été lavés, embaumés & bien entourés de ban-
delettes, étoient dépofés dans des cercueils découverts, de
bois de ficomore ou de pierres creufées de même forme que
le corps, & rangées fur des bancs débordant de deux pieds
le vif du roc duquel ils étoient taillés; ce roc étoit de la
blancheur de l'albâtre, mais d'une qualité plus tendre; ces
excavations fe faifoient à trente ou quarante pieds de profondeur, & par la quantité des pièces qui y étoient creufées,
ils formoient de vrais labyrinthes, qui n'avoient d'autre entrée
qu'une forte de puits quarré de même profondeur que le
crypte où il conduifoit: la muraille à laquelle étoit adoffé
le cercueil, étoit chargée de hiéroglyphes qui exprimoient
pour l'ordinaire l'éloge funèbre du défunt. Les enfans étoient
dépofés fur de petits focles de pierres au milieu de
ces caveaux.

Outre ces fouterrains, les Égyptiens en avoient d'efpèces
différentes, deftinés à y célébrer les myftères de leur religion;
ces lieux étoient de la plus grande obfcurité. A certains
jours le Pontife, revêtu des mêmes habits que la Divinité
principale, y defcendoit avec fes Prêtres vêtus comme les
Divinités fecondaires. On voyoit dans ces fouterrains une
pifcine deftinée à purifier les Profélites avant leur initiation,
ou aux expiations; c'étoit par l'obfcurité & le profond filence
qui y régnoient, que les Prêtres préparoient ces Initiés à la

connoiſſance d'un Être ſuprême dont la nature étoit incompréhenſible ; après quoi ils les mettoient au fait des myſtères cachés ſous les divers emblèmes peints ou gravés ſur les murs de ces ſombres retraites.

Quant aux pyramides qui ont le plus illuſtré l'Égypte, les plus remarquables furent celles qu'on éleva près de Memphis ſur des hauteurs arides & peu fréquentées ; la plus haute, dont chaque côté de la baſe a trois cents vingt-quatre pas, eſt formée de deux cents cinquante aſſiſes de pierres de taille d'une longueur énorme, dont chacune a quarante - cinq pouces de hauteur, ce qui fait neuf cents trente-ſept pieds ſix pouces d'élévation de la baſe au ſommet, qui ne finit pas tout-à-fait en pointe, mais qui ſe termine par un plateau, dont la ſurface peut contenir facilement cinquante hommes debout. Les deux autres, quoique très-hautes, le ſont beaucoup moins que celle dont nous venons de donner les dimenſions.

Outre ces trois principales, on en voit une centaine d'autres éparſes dans ces déſerts de ſable, & dont aucune n'eſt ſenſiblement dégradée. Bellon, qui nous a donné une relation exacte de ces monumens, s'accorde en tous points à ce qu'en ont écrit Marc Grimani, évêque d'Aquilée, puis Cardinal, & le Prince Radzwill. Ce dernier, qui a décrit ces lieux, dit qu'on voit encore aux environs des pyramides des reſtes de l'ancienne Memphis, mais que le ſable couvre actuellement preſque toute l'étendue qu'occupa jadis cette ville célèbre.

De dix - ſept pyramides qu'on diſtingue des trois dont on vient de parler, celle bâtie aux frais de la courtiſane Rhodope, mérite une attention particulière des amateurs de l'Antiquité, par l'élégance de ſa conſtruction & le choix des matériaux. Outre pluſieurs pièces qui ſe trouvent dans

ſon

fon intérieur, on remarque deux falles vaftes au centre de
cette pyramide l’une fur l’autre, qui renfermoient plufieurs
tombeaux, qu’on croit être des rois d’Égypte; de plus un
très-bel efcalier qui monte de fa bafe à fon fommet.

Ces Monumens divers, ainfi que le nombre prodigieux
de canaux creufés dans toute l’Égypte, l’élévation extraordinaire des chauffées qui les bordoient, fur lefquelles habitoient
les Égyptiens, & qui dans les inondations du Nil donnoient
le fpeélacle d’une infinité de villes & de villages, s’élevant
pour ainfi dire du fein des mers, le fameux lac Moeris,
deftiné à fervir de réfervoir dans les grandes féchereffes,
fignalèrent également dans l’Antiquité, la puiffance & l’efprit
de prévoyance des Souverains de ce pays fertile.

De tels travaux ont-ils été faits par les Ifraëlites dans une
captivité de quatre-vingt-fix ans, comme l’ont penfé plufieurs
Auteurs! C’eft un point de difcuffion que nous abandonnons
aux Savans. Ce qui paroît étonnant, c’eft que, quoique ces
pyramides aient été élevées fur des montagnes d’un roc vif,
les matériaux employés à leur conftruélion, n’ont point
été tirés de ces montagnes ni des environs, & l’on ne
conçoit guère d’où l’on a pu extraire ces amas immenfes
de pierres énormes, ni comment on a pu les faire parvenir à ces hauteurs; puifqu’il s’en faut beaucoup que le
Nil dans fes plus grandes crûes ne parvienne à ces étonnantes
fabriques.

Entre autres merveilles de ce pays, le voyageur Buratini
cite une efpèce de chapelle confacrée à Minerve, & faite
d’une feule pierre, dont la longueur extérieure eft de
quarante-deux pieds, la largeur de vingt-huit, la hauteur de
feize; la longueur intérieure de trente-huit, la largeur de
vingt-quatre, & la hauteur de dix, le comble légèrement

E

incliné non compris, d'où l'on peut inférer l'épaiſſeur des murs & le poids du total.

Ce qu'il y a de plus ſingulier, c'eſt que cette maſſe énorme fut amenée d'Élephantine à Saïs, à une diſtance de vingt journées. Deux mille hommes choiſis employèrent, dit - on, trois ans entiers à la conduire à ſa deſtination; ce qui ſe fit ſous le règne de Rameſsès Miaun.

Juſqu'ici nous n'avons vu que des fabriques d'un travail immenſe, mais qui n'annoncent pas le goût des proportions recherchées; paſſons aux Monumens qui uniſſent la magnificence & le goût à la grandeur.

Hérodote met au premier rang le tombeau d'Oſymandias ou Smendis, contemporain de David. Sur un labyrinthe ſouterrain s'élevoit au milieu d'un portique circulaire, un édifice de ſtructure ronde, ſurmonté d'un dôme magnifique, dont le rez - de - chauſſée, décoré à l'extérieur de colonnes & de figures coloſſales, renfermoit le tombeau de ce Prince, avec cette inſcription ; *je ſuis le roi Oſymandias, ſi quelqu'un veut ſavoir qui je ſuis & où je repoſe, qu'il ſurpaſſe les ouvrages que j'ai faits.* A l'étage ſupérieur étoit la bibliothèque des rois d'Égypte, dont l'entrée portoit cette autre inſcription, *remèdes de l'ame.* C'eſt ſous cet édifice qu'étoit un labyrinthe immenſe, dont la conſtruction auſſi ingénieuſe que magnifique, faiſoit l'admiration de l'Antiquité. Les Grecs, dont le goût étoit auſſi ſûr que fin, en jugèrent ſans doute ainſi, puiſqu'ils en conſtruiſirent à Lemnos & dans l'iſle de Crète à l'imitation de ceux des Égyptiens.

Mais quelque admirable que fut la conſtruction du précédent, Hérodote nous parle d'un autre labyrinthe double, qu'il met beaucoup au-deſſus de ce dernier. Il fut conſtruit, dit-il, ſur les bords du lac Moeris près de la ville

de Crocodilopolis ; &, felon lui, la principale deftination de
cet édifice fut de fervir de tombeau à fon fondateur ; il fut
commencé vers l'an du monde 3316. C'eft fans doute à
ces travaux, qui femblent furpaffer les forces humaines, que
fait allufion le paffage d'Ifaïe : *deperdent aquas ne influant*
in mare, adeo ut fluvius ficcetur & exarefcat, & retro
abjicientes flumina, exhaurient & ficcabunt rivos ductos
aggeribus. C'eft ainfi que l'entend Tremellius d'après Hérodote, lorfqu'il dit ; « les rois d'Égypte feront violence à la
Nature de toutes fortes de manières en excédant de travaux «
leurs fujets malheureux, en détournant les eaux au point de «
deffécher le Nil pour pouvoir creufer le lac Moeris, élever «
leurs pyramides & conftruire leurs labyrinthes ; le tout fans «
autre motif que de fatisfaire leur orgueil & leurs caprices «
par un abus cruel de leur pouvoir. »

Hérodote nous dit encore qu'il vit dans le plus grand
détail le labyrinthe fupérieur, mais que les Prêtres lui
refusèrent l'entrée de celui qui étoit au-deffous. C'étoit dans
ce labyrinthe fupérieur que les Prêtres & les Grands du
royaume traitoient des affaires de la religion & du gouvernement. Dans le labyrinthe fouterrain étoient dépofés les
corps des Souverains & des Princes, avec ce qu'ils avoient
eu de plus précieux, ou ce qu'ils avoient affectionné le
plus de leur vivant. C'étoit fûrement par le motif de ce
refpect religieux qu'ils avoient pour les morts, & plus
particulièrement encore pour les manes de leurs Souverains,
qu'ils en interdifoient l'accès à tout étranger.

Les monumens Phéniciens font de la plus grande rareté ;
il eft étonnant qu'une Nation, à qui les Grecs dûrent les
premières notions de l'écriture & des arts, les ait fi
peu cultivés.

I.^{ers} ÂGES
DU MONDE.

ÉGYPTIENS.

Si l'on demande actuellement quel fut l'objet des fondateurs de ces ouvrages immenses, dont rien avant eux n'offroit de modèles aux Souverains de l'Égypte, & qui n'ont point eu d'imitateurs dans les siècles qui ont suivi, Pline résout ou plutôt tranche la question en disant; que les monarques Égyptiens n'en eurent point d'autre que de faire parade de leur puissance & de leurs richesses, afin de se rendre célèbres dans les siècles à venir. Nous oserons trouver la décision de ce grand homme un peu tranchante pour un Philosophe; nous pensons au contraire que ces Monumens purent avoir un double objet, tous deux dignes d'éloges.

L'Égypte, de l'aveu de tous les écrivains de l'Antiquité, fut le pays le plus fertile de l'Univers. On sait que la population naît pour l'ordinaire de l'abondance, & qu'elle est toujours en raison des subsistances, à moins que des vices moraux ou physiques ne s'y opposent. On sait aussi que la population étoit prodigieuse en Égypte. Il falloit donc occuper un peuple immense, dont l'oisiveté eût pu être funeste à l'État; il falloit entretenir dans les esprits l'heureuse impression de la plus grande soumission à l'autorité, ou l'inspirer. Il falloit fortifier dans les esprits le dogme de l'immortalité, si utile au gouvernement des peuples & aux progrès des arts; & s'il entra dans les vues des Souverains de l'Égypte de donner à la postérité la plus reculée, une haute idée du génie & de la puissance de leur nation déjà si supérieure à ses contemporains, ce projet n'a rien en soi que de très-louable, & nous ne voyons pas qu'on puisse les en blâmer.

JÉRUSALEM.

Nous venons de parcourir les principaux monumens de l'antiquité payenne chez les Chaldéens & les Égyptiens; il est temps de passer au Monument le plus auguste & le plus

saint

ſaint qui ait exiſté dans l'Antiquité : il eſt aiſé de s'apercevoir *que nous voulons parler du temple conſacré au Dieu*
vivant dans la plus ſainte des cités, l'ancienne Jéruſalem.

Il n'eſt perſonne, pour peu de connoiſſance qu'on ait des
Écritures ſaintes, qui ne ſache que Dieu donnant à Sinaï
les préceptes de ſa loi à Moïſe, lui preſcrivit en même
temps les règles du culte qu'il exigeoit de ſon peuple; avec
les rites religieux, il lui donna les dimenſions de l'Arche
& du Tabernacle, eſpèce de temple portatif qui tint lieu
pendant quatre cents quatre-vingt-huit ans de celui qu'il
voulut lui être conſacré par la ſuite.

L'Éternel avoit révélé à ſon ſerviteur David, que la ville
de Jéruſalem étoit le lieu qu'il s'étoit choiſi pour y élever
ſon temple *; il s'agiſſoit d'en chaſſer les Jébuſéens : le
Dieu des armées donne à ce Prince la force d'en triompher.
Bien éloigné de témoigner ſur l'arche du Seigneur la même
indifférence que ſon prédéceſſeur : David, en montant ſur
le trône, réſolut de tirer de la maiſon d'Abinadab, l'Arche
qui y étoit en dépôt depuis ſoixante-dix ans, & de la placer
ſous une riche tente qu'il avoit fait préparer à cet effet ſur
la montagne de Sion ; mais Oza, frappé de mort dans le
trajet pour avoir porté ſur l'Arche ſainte une main téméraire,
ſuſpendit pour quelque temps encore l'effet de cette ſainte
réſolution; & David ayant compris que le malheur d'Oza
n'étoit venu que faute d'avoir eu aſſez de miniſtres pour
une telle ſolennité, il en convoqua un grand nombre. Ce
précieux gage de l'alliance du Seigneur avec ſon peuple,
fut amené à Jéruſalem avec la pompe requiſe, & cette ville
fut dès-lors ſanctifiée par une préſence plus particulière de
ſon ſouverain Seigneur.

Les mains de David, teintes du ſang des ennemis d'Iſraël,

** Elegit in
habitationem
ſibi.*

F

ne furent pas jugées affez pures pour élever un temple au Dieu de toute pureté & de toute fainteté. Cet honneur étoit réfervé au fage & pacifique Salomon; mais David voulut du moins coopérer à ce faint œuvre en raffemblant de fon vivant les matériaux de cet édifice, dont la magnificence devoit répondre à l'idée que fa foi vive lui avoit fait concevoir de la majefté du Dieu vivant. Il en laiffa même le plan & le modèle à fon fils, afin que rien n'en retardât l'exécution. Salomon fut à peine affis fur le trône de Juda, qu'il travailla à l'exécution de ce grand deffein. On bâtit le temple fur le modèle du Tabernacle ; mais tout y fut infiniment plus grand & plus riche.

Sur un très-vafte emplacement, fut faite une première enceinte quarrée de bâtimens, pour loger tous les miniftres inférieurs du temple; entre cette enceinte & la feconde, étoit un efpace confidérable appelé le *parvis des Gentils.* La feconde enceinte formoit un portique quarré; c'étoit fous ces vaftes galeries que s'affembloit le Peuple élu, pour prier : on l'appeloit le *parvis des Ifraëlites.* La troifième enceinte laiffoit entre elle & le temple proprement dit, un efpace qu'on appeloit le *parvis des Prêtres.* L'édifice, confacré pour fervir de temple, comprenoit le veftibule, le Saint & le Saint des Saints. Dans le veftibule étoit la mer d'airain qui fervoit aux Prêtres pour fe purifier avant & après le facrifice. Le Saint renfermoit le Chandelier d'or à fept branches, la Table des pains de propofition & l'Autel d'or, fur lequel on offroit les parfums. Le Sanctuaire ne renfermoit que l'Arche d'alliance avec les Tables de la Loi. Ce lieu avoit été magnifiquement orné par le Tyrien Hiram, & de palmiers en reliefs, de Chérubins revêtus de lames d'or; tout l'intérieur du temple étoit décoré d'ornemens précieux & d'un goût exquis.

Lorſque Salomon eut mit la dernière main à ce grand ouvrage, il en fit la dédicace avec toute la ſolennité & la magnificence qu'exigeoit la majeſté de l'Être ſuprême auquel il étoit conſacré. La Divinité ſembla s'y plaire, & manifeſta ſa préſence auguſte par des ſignes éclatans & ſenſibles: *ignis deſcendit de cœlo & devoravit holocauſta & victimas, & majeſtas domini implevit domum.* Ce gage de la protection du Seigneur remplit d'une ſainte terreur le Monarque, les Prêtres & le peuple.

Cet édifice ſacré, le premier & l'unique temple où Dieu voulût alors être adoré en eſprit & en vérité, ſubſiſta quatre cents ſeize ans; mais dans cet intervalle il fut pillé par Setack roi d'Égypte, appelé en Judée par Roboam la cinquième année de ſon règne. Il en enleva tous les vaſes que Salomon avoit fait faire d'or pur, & l'on fut obligé de les remplacer par des vaſes d'airain, trente-ſix ans après la conſécration du temple.

Achaz le pilla une ſeconde fois. L'impie Manaſſé le profana en y plaçant les dieux des Gentils; enfin en punition des abominations qui s'y commettoient par les Prêtres & le peuple, Dieu s'en retira & l'abandonna à la vengeance de Nabuchodonoſor qui le renverſa de fond en comble.

Il ſortit de ſes ruines après la captivité de Babylone; mais bien au-deſſous de ce qu'il étoit dans ſon premier état. Dieu le livra enſuite aux profanations de l'impie Antiochus qui y plaça la ſtatue de Jupiter Olympien, & abolit le ſacrifice perpétuel. Purifié par le zèle de Judas Machabée, le culte y fut rétabli, & ſubſiſta ainſi juſqu'au temps d'Hérode le Grand.

Comme le ſecond temple tomboit en ruines, ce Prince le fit rétablir ou reſtaurer avec beaucoup plus de magnificence;

Ce fut cet édifice rétabli que Tite renverfa l'an foixante-dix de l'Ére chrétienne. Il en avoit été bâti un autre à Gazirim dans la province de Samarie, par Manaffès fils du Grand-Prêtre Jaddus, chaffé de Jérufalem pour fes crimes. Le fils de ce Pontife rompit la communion, & éleva autel contre autel. Ce temple, plus célèbre par le fchifme qu'il occafionna que par fa conftruction, fut détruit par Jean Hircan, de la race Affamonéenne, l'an du monde 3874.

La Judée ne fe diftingua jamais par aucun autre monument célèbre; la peinture & la fculpture, févèrement profcrites par la religion de ce pays, excluoient toute efpèce de magnificence dans les édifices, foit publics, foit particuliers. Le feul art d'ornement qui nous foit venu des Hébreux, eft la marqueterie, d'où eft forti le genre de peinture qu'on appelle *mofaïque*. L'Écriture nous dit que Nabuchodonofor emmena mille ouvriers de ce genre de Jérufalem à Babylone, lors de fa première incurfion dans la Paleftine *.

Nous ne quitterons point l'Orient fans parler de Palmyre. Cette ville, dont Salomon fut le fondateur, indique par ce titre, un rapport fi prochain avec la Judée, que nous croyons devoir lier le peu que nous avons à en dire, à l'article de la Paleftine.

Cette ville fut bâtie dans un défert de la Syrie fur les confins de l'Arabie déferte, & à une journée environ des rives de l'Euphrate. Son premier nom fut Thamor; l'immenfité de fes ruines, les veftiges récemment découverts d'une infinité d'édifices confidérables, atteftent fa grandeur & fa magnificence paffées.

Les Sarafins, qui s'en rendirent maîtres par la fuite, lui redonnèrent fon premier nom de Thamor, & elle fera toujours intéreffante par la puiffance d'Odenat fon fouverain,

&

& plus encore par le courage héroïque de la reine Zénobie.
On y découvre chaque jour de précieux reftes des plus
beaux monumens de l'architecture Grecque dans toute fa
pureté, & d'infcriptions curieufes écrites dans la langue qu'on
parla jadis en ce pays *(d)*.

Des rapports finguliers entre les Égyptiens & les Chinois,
que la connoiffance des mœurs, des coutumes, de la légiflation, de la police & même de la religion, nous découvrent
tous les jours, nous engagent à terminer par ces derniers,
l'article des monumens de l'Orient.

Depuis que la découverte de la route des Indes par le
cap de Bonne-efpérance, a fait entrer les Européens en
commerce avec toutes les nations orientales, & particulièrement avec les Chinois par les Miffionnaires, ces rapports
ont induit à penfer que cette nation devenue fi célèbre,
pourroit bien devoir fon origine aux Égyptiens. Quelques
auteurs n'en font aucun doute; mais notre objet n'étant que
de parler de *Monumens,* nous ne les fuivrons pas dans le
détail des raifons qu'ils allèguent pour fonder leurs affertions
ou leurs conjectures.

Cette nation fi policée, fi fage, ne paroît avoir dirigé
fes vues que vers le bien général. Auffi les Monumens qu'on
y trouve, femblent n'avoir été confacrés qu'à fes Dieux ou
à l'utilité publique; ils font en grand nombre, mais peu
variés dans leurs efpèces. Ce font pour la plupart des montagnes taillées, des temples, des ponts d'une conftruction
fingulière & hardie, d'immenfes canaux qui font en plus

I.^{ers} ÂGES
DU MONDE.

CHINE.

(d) M. l'abbé Barthélemi, de l'Académie des Infcriptions, a donné un
alphabet Palmyrénien, & l'explication de plufieurs Infcriptions trouvées dans
les ruines de cette ville.

G

grand nombre, & plus confidérables en longueur qu'en aucun autre pays du monde.

Les plus remarquables du premier genre font deux montagnes voifines de la province de Chiamfi, dont les fommets font taillés de forte qu'ils repréfentent l'un un dragon, l'autre un tigre en action de combattre; on obfervera que les Chinois emploient cette figure dans tous les ornemens qu'ils font : les temples, les grands édifices en font chargés, & jufqu'à leurs drapeaux portent tous cette figure.

Dans la même province il fe trouve une montagne à fept fommets, qui font taillés en colonnes tronquées, & difpofés de forte qu'ils ont la figure de la conftellation que nous appelons la *Grande Ourfe*; ils la connoiffent auffi fous un nom, qui dans leur langue fignifie la même chofe.

Dans celle de Fokien on en voit une immenfe, dont le fommet repréfente l'idole *Fé* affis les jambes croifées fous lui & fes bras croifés également fur la poitrine. Ce coloffe-montagne eft pour le moins tel que celui que l'architecte Dinocratus, au rapport de Vitruve, propofoit à Alexandre de faire du mont Athos.

L'édifice le plus remarquable eft une tour pyramidale octogone à neuf étages, dans la même province de Fokien; cette tour qui, felon le Père Martini, a neuf cents coudées de haut, eft terminée à fon fommet par une idole accroupie, de cuivre doré. Or en évaluant la coudée à quinze pouces, cette tour auroit, felon le Miffionnaire, onze cents vingt-cinq pieds de hauteur, ce qui eft prodigieux. On a gravé ce monument, & l'échelle ne donne pourtant que deux cents pieds; cette évaluation eft bien plus raifonnable : il eft tout revêtu au-dehors de très-belle porcelaine, & l'intérieur l'eft d'un marbre très-noir, d'un poli admirable. On monte d'un étage à l'autre par un efcalier en vis, dont la rampe eft de fer doré : c'eft le feul édifice de ce genre qui mérite une attention particulière.

Le nombre des ponts eft très-confidérable, & répond à celui des canaux qui traverfent en tous fens ce vafte Empire. Entre les plus remarquables, font celui de la province de Logang, celui de la province de Quicheu d'une feule pièce de rocher ; un troifième pour la communication directe de Siganfu & Hauchung ; un quatrième proche de Chogan dans la province de Xamfi fur le fleuve *Fi.* Chacun d'eux eft remarquable à plus d'un titre, foit par la longueur, la hautcur, la hardicffe, la fingularité, ou la difficulté de l'exécution.

La fameufe muraille imaginée pour arrêter les incurfions des Tartares, & qui n'a jamais été qu'un foible obftacle pour eux, eft l'un des plus grands monumens de la Terre, & des mieux confervés. On ne peut concevoir comment cette prodigieufe entreprife a pu être terminée dans l'efpace de cinq ans feulement, & que cette muraille puiffe être telle qu'on la voit après vingt fiècles.

Dans le nombre infini de canaux, nous ne parlerons que du canal *Jun,* dont les éclufes font faites avec un tel art, que de l'une à l'autre rien ne fe perd de l'eau néceffaire pour faire traverfer tout l'Empire aux vaiffeaux Chinois de quelque grandeur qu'ils foient.

Quant aux palais des Empereurs, aux Tribunaux fupérieurs, aux hôtels des Mandarins, rien ne les diftingue des maifons des particuliers, que le plus ou le moins de terrain qu'ils occupent, la décoration intérieure & les effets précieux qu'ils renferment.

S'il exista anciennement dans la haute Asie d'autres monumens qui dussent avoir place dans ce Discours, le temps, la barbarie des peuples qui l'habitent, les ravages des guerres en ont tellement fait perdre la trace, qu'on n'en retrouve plus rien. Nous n'avons garde de nous égarer dans de vaines recherches, lorsque tout nous appelle dans le pays qu'on peut regarder comme leur véritable patrie, qui en produisit le plus dans tous les genres, & où ils furent portés à une perfection à laquelle tous nos efforts n'ont encore pu nous faire atteindre, quoique nous en ayons sous les yeux les plus parfaits modèles.

A peine les Lettres ou plutôt une simple écriture usuelle & quelques notions grossières des arts, furent apportées dans la Grèce, qu'ils s'élevèrent rapidement à la perfection; semblables à ces plantes qui n'attendent pour fructifier qu'un terroir qui leur soit propre.

Le ciel de cet heureux pays, la douce température du climat, la fertilité du sol, la forme du gouvernement, les récompenses décernées au courage & à la vertu, la noblesse & la sublimité des conceptions inspirées par la liberté, le cas qu'on faisoit des artistes & de leurs productions, la manière d'adjuger les Prix à ceux qui excellèrent, l'emploi des arts, tout enfin dans cette région favorisée des plus douces influences du ciel, concourut à élever les arts au plus haut degré possible ; &, quoique nés dans ce pays beaucoup plus tard que dans l'Assyrie & l'Égypte, ils y furent, à proprement parler, originaux. La preuve en résulte de l'extrême simplicité des premiers essais qui ne furent d'abord que des pierres taillées en gaines, surmontées d'une tête que les Grecs appelèrent *Ermai*, Ε῎ρμαι ; il ne paroît nullement probable qu'ils aient rien appris des Égyptiens,

puisqu'il

puifqu'il eft démontré que l'art exiftoit chez eux avant que l'entrée de l'Égypte eût été permife à aucun étranger. S'ils ont appris quelque chofe des Orientaux, ce fut tout au plus des Phéniciens, que le génie commerçant mettoit en relation avec tous les peuples connus dans cette haute Antiquité.

La Nature a fait la Grèce de la température la plus égale ; plus gaie, plus douce, plus agréable que par-tout ailleurs, les formes qu'elle y produit, font de la plus grande beauté : le fol n'y engendre que des plantes généreufes & bienfai-fantes ; ces qualités réunies donnent aux créatures humaines le degré le plus parfait de fineffe & de régularité. Les Artiftes nourris dans la contemplation des belles formes, ne purent donc par l'influence du climat même, que tendre & arriver promptement à la perfection.

La liberté affife fur le trône des Rois qui gouvernoient leurs fujets plutôt en pères qu'en maîtres *(e)*, favorifa ce goût. La liberté indéfinie qui fuccéda à cet État dans l'Attique, éleva encore les idées des Artiftes de ce pays. Les honneurs décernés aux vainqueurs dans quelque genre que ce fût, leur fournirent autant d'occafions de faire preuve de leurs talens. Exercés de bonne heure à méditer, à fentir, les Grecs étoient à vingt ans des êtres penfans, des hommes confommés dans les genres auxquels ils s'étoient appliqués ; au lieu que notre éducation molle & délicate, notre goût

---

(e) Homère appelle Agamemnon *Pafteur du peuple*, pour faire connoître la tendreffe de ce Prince pour fes fujets, & le foin qu'il avoit de leur bien-être. S'il y eut des tyrans à Samos, à Syracufe, ce mot ne comportoit pas la même idée que nous y avons attachée ; il ne fignifioit qu'une puiffance ufurpée, mais qui n'opprimoit pas ; comme nous avons vu dans les temps modernes Côme de Médicis devenir maître de Florence, & mériter de fes concitoyens le titre de *Père de la patrie*, qui lui fut décerné par un decret public après fa mort : c'eft-à-dire, à l'époque où d'ordinaire la juftice éteint l'encens que la flatterie brûle à l'orgueil.

H

pour la frivolité, fait qu'on ne voit, pour ainſi dire, chez nous que de vieux enfans.

La conſidération attachée au talent, fut ſur-tout le plus puiſſant motif pour animer les Artiſtes, qui n'étoient pas traités en ouvriers dans un pays où l'on ſentoit tout le prix du génie dans les arts. Un Artiſte pouvoit prétendre à la même conſidération qu'un Philoſophe. Éſope & Socrate leur faiſoient cet honneur de les regarder comme de vrais Sages, & s'honoroient aſſez eux-mêmes pour préférer leur ſociété à toute autre.

Marc-Aurèle, cet Empereur philoſophe, n'a point rougi de publier qu'il avoit obligation au peintre Diognète des connoiſſances & des vertus qu'on vouloit bien trouver en lui.

L'orgueil d'un particulier riche & inſolent, comme ſont en général les prétendus connoiſſeurs, ne mettoit pas le prix aux chef-d'œuvres des Arts. Les plus ſages & les plus éclairés d'entre les Grecs, jugeoient & couronnoient les talens. Ce n'étoient pas les noms, c'étoient les ouvrages qu'on y jugeoit. L'Artiſte inconnu pouvoit comme le plus célèbre ſe mettre ſur la ligne des Phydias & des Praxitèles, des Appelles & des Zeuxis, & quelquefois l'emporta ſur eux. Leurs juges n'étoient pas de cette claſſe que nous appelons *Amateurs (f)* pour donner un titre à l'ignorance; car la jeuneſſe la plus diſtinguée fréquentoit également le Portique & les ateliers.

(f) On n'entend parler ici que de ces gens qui, avec les connoiſſances les plus ſuperficielles dans les arts, jugent hardiment les productions des Artiſtes, & ſouvent les découragent par leurs injuſtes critiques. On doit ſingulièrement honorer ceux qui, comme le feu comte de Caylus, avec de profondes connoiſſances & le goût le plus éclairé, cherchent dans les ouvrages des Artiſtes de leur temps ce qu'ils ont de bon, leur donnent les conſeils les plus utiles, les encouragent & les protègent.

Tout ce qui mérita quelque reconnoissance de la part du
Public, de quelque genre qu'il fût, devint assuré de l'obtenir.
L'Architecte qui conduisit l'aqueduc de Samos, le Char-
pentier qui y construisit le plus grand vaisseau, le Tailleur
de pierre qui se distingua le premier dans la manière de
tailler le fust des colonnes, deux Tisserans qui firent le
manteau de Pallas, un Lancier qui excella par la justesse
des balances qu'il faisoit, le Sellier qui fabriqua le bouclier
de cuir d'Ajax, un homme enfin qui trouva le secret de
tailler les pierres de manière à s'en servir comme de tuiles,
virent leurs noms consacrés au temple de Mémoire.

L'art statuaire & celui de la peinture, n'eurent pour objet
que les Dieux, les Héros & les actions utiles à la patrie, &
non des poupées & des magots. La simplicité, la propreté
régnoient chez les citoyens de quelqu'ordre qu'ils fussent :
les Législateurs ou les Libérateurs de la patrie n'étoient pas
autrement logés que le simple particulier *(g)* ; mais les
chef-d'œuvres des arts ornoient les places, les portiques, les
rues, les ports, les temples, les tribunaux. Tout ce qui étoit
public devenoit sacré pour les Grecs, & rien n'étoit épargné
pour l'embellir.

Le Pyrée, le Pécyle, le Ceramique, le Prytanée, le
Portique, le Lycée, les places & les chemins publics
offroient à chaque pas les statues des dieux & des héros, ou
les tombeaux des grands hommes. Pénétrée de repentir de
son injustice à l'égard de Thémistocle, Athènes fait revenir

(g) La modestie extérieure dut être l'apanage particulier des personnages
les plus distingués dans une République jalouse de sa liberté au point de
s'offenser de l'excès de la vertu, & de le punir par l'exil. Thémistocle,
Aristide & tant d'autres en font la preuve. Quelque puissant que fût un citoyen,
il n'eût osé blesser les yeux de ses compatriotes par des bâtimens, dont l'éclat
eût exposé leur auteur à la jalousie publique.

2.me ÂGE
DU MONDE.

GRÈCE.

* *Pauf. Attic.
lib. I, cap. 1.*

fon corps de Magnéfie, & confacre à ce grand homme, au Pyrée qu'il avoit fait bâtir, un tombeau magnifique qu'on y voyoit encore du temps de Paufanias *.

L'architecture n'atteignit pas fitôt que la peinture & la fculpture, la perfection où elle arriva par la fuite; la raifon en eft fimple. La contemplation de l'homme dans les objets de la Nature, fuffifoit pour établir les règles de ces arts; au lieu que l'architecture avoit tout à faire pour les fonder. Elles ne pouvoient être que la fuite d'une multitude de comparaifons & de rapports, dont l'enfemble devoit réunir tous les fuffrages pour former & fixer l'art.

Ni l'Afie, ni l'Égypte ne purent prétendre à la gloire d'avoir trouvé ni connu les véritables beautés de l'architecture; le génie de ces nations tourné vers le gigantefque, s'occupa plus de la grandeur énorme des édifices, que de la nobleffe & de la grâce des proportions. On peut s'en convaincre autant par ce qui nous refte des monumens de l'Orient, que par les defcriptions que nous trouvons dans les auteurs de ceux qui n'exiftent plus.

C'eft le génie des Grecs qui a enfanté les compofitions fuperbes qui réuniffent l'élégance à la fublimité; ce font eux qu'on doit regarder comme les inventeurs de l'architecture: ils l'ont entièrement créée. Selon Vitruve, ils imaginèrent d'abord de donner à leurs colonnes la même proportion qui fe trouve entre le pied de l'homme & le refte de fon corps, regardant le pied comme la fixième partie de fa hauteur totale, & en conféquence ils donnèrent à la colonne fix fois la longueur de fon diamètre; enfuite pour mettre plus d'élégance dans leurs compofitions, ils prirent pour modèle le corps de la femme, & donnèrent aux colonnes huit fois la longueur de leur diamètre: ils y firent des canelures pour

imiter

imiter les vêtemens, des volutes aux chapiteaux pour
repréfenter les boucles des cheveux, & ils y ajoutèrent une
bafe faite en manière de cordes entortillées pour être comme
la chauffure de ces colonnes. Ion fut l'inventeur de cet
ordre d'architecture qui fut appelé *Ionique* de fon nom;
comme Dorus fils d'Hellen donna, dit - on, le fien à
l'ordre *Dorique*.

On feroit infini fi l'on entreprenoit feulement de faire un
fimple catalogue des productions de l'Art chez les Grecs,
& des monumens que l'efpoir, la crainte, la reconnoiffance,
l'amour, l'amitié, la flatterie, élevèrent dans les différens
temps de la Grèce, aux Dieux, ou aux hommes célèbres
ou puiffans; ceux qui ont rapport à quelques faits hiftoriques
& connus qu'ils confirment & conftatent, ainfi que les
monumens allégoriques, comme étoient la lionne de bronze
fans langue, faite à Athènes par Iphicrate & placée à côté
d'une ftatue de Vénus, monument qui faifoit allufion à une
courtifane qui portoit le nom de Lionne & qui aima mieux
fe couper la langue que de révéler aux partifans d'Hyppias,
fils de Pififtrate, les complices du meurtre d'Hipparque;
le cheval & l'écuyer que fit faire Darius pour rappeler à la
poftérité la manière dont il parvint à l'empire des Perfes;
l'âne d'airain que firent faire les Ambraciotes en mémoire
de celui qui leur fit découvrir une embuche des Moloffes,
ainfi que quantité d'autres du même genre.

Nous nous bornerons donc à rappeler dans ce Difcours
les monumens qui ont fait dans la Grèce la gloire de leurs
auteurs & l'admiration de la poftérité.

Tels furent les labyrinthes fauffement attribués à Dédale,
& qui furent conftruits par Satyrus dans les îles de Lemnos
& de Crète à l'imitation de ceux des Égyptiens. Le temple

2.me ÂGE
DU MONDE.

GRÈCE.

I

fameux confacré à Diane dans la ville d'Éphèfe *(h)* ; cet édifice qu'on mit au rang des merveilles du monde, fut bâti fur les deffins de l'architecte Ctéfiphon ; il fut conftruit dans un lieu marécageux pour le mettre à l'abri des fecouffes des tremblemens de terre, fréquens dans ces contrées ; mais pour que cette maffe énorme ne s'affaiffât point dans un terrain fangeux, on dit que l'Architecte, après en avoir fait creufer les fondemens, y fit mettre du charbon pilé qu'il fit couvrir de peaux de moutons garnies de leur laine *. Nous ne voyons pas que ceux qui font venus après lui, aient fait ufage de cette invention, plus fimple & moins coûteufe que les pilotis. Nous verrons cependant dans le cours de cet Ouvrage un autre exemple de charbon pilé, mêlé avec de l'argile & mis au fond des fondations d'un vafte édifice pour lui donner la folidité néceffaire.

** Diog. Laër. l. I, fig. 1 0 3.*

Pauf. l. VIII, cap. 1 4.

Cet édifice avoit quatre cents vingt-cinq pieds de long & deux cents vingt de large ; les voûtes étoient portées dans l'intérieur par cent vingt-fept colonnes dont trente-fix étoient ornées de fculptures exquifes. Pline dit qu'on employa deux cents vingt ans à conftruire ce fameux édifice ; que les plus habiles artiftes de l'Afie y furent employés. Hérodote qui en parle avec éloge le met cependant bien au-deffous des ouvrages de l'Égypte. Sur quoi nous obferverons, ou que l'Architecture étoit encore, du temps d'Hérodote, fort au-deffous de la perfection où elle arriva dans la Grèce, ou que cet Hiftorien fut plus affecté de l'immenfité des fabriques Égyptiennes que des proportions de la belle architecture.

(h) Les célèbres Étienne, ces Imprimeurs fi favans, nous difent que la ville d'Éphèfe fut d'abord bâtie dans un enfoncement ; mais qu'ayant été fubmergée plufieurs fois, Lyfimachus la fit rebâtir dans un lieu plus élevé, & lui donna le nom d'*Arfinoë*, qui étoit celui de fa femme : mais après la mort de l'un & de l'autre, cette ville reprit fon premier nom.

Pour fuivre avec ordre les monumens des Grecs dans les colonies qu'ils fondèrent dans l'Afie mineure, nous parlerons ici de ce monument célèbre confacré par l'amour conjugal à la mémoire d'un époux chéri; le tombeau élevé à Maufole, roi de Carie, par Artémife, qui a donné le nom de *Maufolée* à tous les grands monumens de ce genre *(i)*.

Entre une infinité de ftatues coloffales de diverfes matières, on cite celle d'airain confacrée à Jupiter par les Éléens après avoir terminé leurs longues querelles avec les Arcadiens[a]; elle avoit vingt-fept coudées de hauteur : celle confacrée à Hercule & à Minerve dans le temple de ce Dieu à Delphes, par Trafibule fils de Lycus, après l'expulfion des trente tyrans qui opprimoient Athènes fa patrie. Ces deux ftatues étoient l'ouvrage d'Alcamènes[b]. On en pourroit citer une infinité d'autres du même genre; mais on ne peut paffer fous filence la plus célèbre de toutes, celle d'Apollon, coloffe d'airain de foixante-dix coudées de hauteur, ouvrage de Carès élève du célèbre Lyfippe; cette ftatue portoit dans fa main un vafe qui fervoit de phare aux vaiffeaux qui paffoient dans l'obfcurité de la nuit près de l'ifle de Rhodes; elle donnoit paffage entre fes jambes aux plus gros vaiffeaux de ce temps. Un tremblement de terre la renverfa au bout de cinquante-fix ans.

Lyfippe fit auffi un coloffe à Tarente, colonie Grecque fur les côtes de l'Italie, qui avoit quarante coudées de hauteur. Lucullus en fit venir un d'Apollonie, ville d'Épire, haut de trente coudées, qu'il fit placer au Capitole. Les Auteurs de

2.me ÂGE
DU MONDE.

GRÈCE.

[a] *Pauf. Elia. lib. V, c. 24.*

[b] *Paufanias Bœot. lib. IX, cap. 11.*

(i) Il n'eft point étonnant que les arts aient commencé plus tôt dans les colonies Grecques de l'Afie mineure, que dans la Grèce proprement dite. Ils fe trouvoient établis plus près du berceau des arts que leurs métropoles; ils ont dû par conféquent les connoître plus tôt, & par une fuite néceffaire arriver auffi avant elles à une certaine perfection.

l'hiſtoire de Néron parlent d'une ſtatue coloſſale d'or pur, faite par les ordres de ce Prince.

Nous avons encore en ſtatues antiques de ce genre, l'Apollon, le gladiateur du palais Borghèſe, l'Hercule dit Farnèſe, qui réuniſſent aux grandes formes les détails les plus convenables & les plus recherchés. Tout ce qui peut y être y eſt & ſe trouve enveloppé dans le plus bel enſemble; tel eſt le ſublime de l'art. Les ſtatues ſont du plus grand ſtyle & ſont viſiblement des plus beaux temps de l'art chez les Grecs.

Nous verrons à l'article de l'Italie, que ſous les Empereurs il s'y fit beaucoup d'ouvrages de cette nature, & que les Romains ſuivirent de près les Grecs en tous les genres d'arts, ſauf les beautés de ſtyle particulières aux deux nations.

Entre les monumens par leſquels Athènes ſe diſtingua des autres villes de la Grèce, les Auteurs exhaltent le port que fit conſtruire Thémiſtocle pendant qu'il fut à la tête du gouvernement, & qu'on appela le *Pyrée.* Ce port contenoit à l'aiſe quatre cents vaiſſeaux, & il réuniſſoit à la commodité, la plus grande ſûreté, étant renfermé dans une enceinte de murs de deux mille pas, qui ſe joignoit aux murs de la ville.

Près de ce port étoit un portique immenſe qui ſervoit de marché aux habitans des quartiers les plus proches de la mer. Ceux de la partie oppoſée avoient de même le leur. Au plus haut de cette ville étoit le *Prytanée,* édifice plus auguſte par les objets qui l'avoient fait conſtruire que par ſa conſtruction même. Il étoit le lieu où s'aſſembloient les chefs de l'État pour délibérer des grandes affaires de la république. Il ſervoit encore d'aſile à tous ceux qui avoient

rendu

rendu des services importans à la patrie, ils y étoient entretenus de tout aux frais de l'État, & le prix qu'on attachoit à cette diftinction faifoit que chacun travailloit à l'envi pour la mériter. Il étoit enfin le grenier public, où l'on tenoit en réferve de quoi fuppléer aux mauvaifes récoltes.

Le Pécyle fut un portique célèbre par les belles peintures dont il étoit décoré.

Le Céramique étoit un quartier d'Athènes à la droite duquel étoit un autre portique très-vafte appelé le *Portique du Roi,* parce que l'Archonte, premier magiftrat de la République, y tenoit fon tribunal; celui-ci étoit orné d'une infinité de ftatues, entre lefquelles on diftinguoit deux groupes de terre cuite de la plus grande expreffion. L'un repréfentoit Théfée précipitant Sciron dans les flots ; & l'autre, l'Aurore enlevant Céphale.

Derrière ce monument, en étoit un autre où l'on avoit repréfenté les douze grands dieux de la Grèce, & cette efpèce de galerie fe trouvoit terminée par un grand tableau repréfentant Théfée au milieu du peuple d'Athènes, auquel il remet la puiffance fouveraine; on y voyoit auffi repréfentés le fervice qu'Athènes rendit aux Spartiates à Mantinée, le fiége de Cadmée, la défaite des Lacédémoniens à Leuctres, l'irruption des Béotiens dans le Péloponèfe, & autres fujets peints par l'Athénien Euphranor.

Suidas dit que hors des murs d'Athènes il y avoit auffi un vafte efpace appelé de même *Céramique,* où ceux qui avoient été tués au fervice de la patrie étoient inhumés aux frais de la République qui honoroit le lieu de leur fépulture, d'une tombe, fur laquelle on gravoit une infcription qui faifoit connoître le perfonnage & l'action, ou les actions qui lui avoient mérité cette diftinction.

K

Parmi les édifices de marque à Athènes, l'Antiquité met au premier rang le temple de Jupiter Olympien, le feul, dit-on, qui fût digne de la majefté du Père des dieux. Ce temple, commencé fous Pififtrate étoit refté imparfait [a]. Il eft affez fingulier qu'il ait dû fa perfection au roi de Syrie, Antiochus le grand, qui le fit achever par un architecte Romain; ce qui ne l'eft pas moins, c'eft que la plupart des édifices de ce genre dans les diverfes parties de la Grèce, furent élevés aux frais des Puiffances étrangères, des rois d'Égypte, de Syrie & autres. Le fameux temple de Délos confacré à Apollon, fut également conftruit aux frais d'un autre roi de Syrie.

Une fingularité plus remarquable encore, eft que, des quatre plus fameux temples dont la Grèce pût fe glorifier au jugement de Vitruve, ceux de Jupiter à Olympie, de Diane à Éphèfe, de Minerve à Athènes, ainfi que celui de Théfée; le premier fe trouvoit d'ordre Ionique, les trois autres d'ordre Dorique, & le Corinthien n'y fut employé que du temps des Romains, au temple de Jupiter Olympien, dont nous venons de parler.

Ce fut dans la Béotie qu'on confacra à Apollon ce temple fameux par les oracles qui s'y rendoient. On dit qu'Agamèdes & Tryfiphonius firent le périftile avec cinq pierres feulement [b]; que devoit-ce être qu'un pareil ouvrage, fi on doit le juger autrement que par la fingularité!

Élis, dans le Péloponèfe près d'Olympie & de la mer Ionienne, devint célèbre par les jeux qui s'y donnoient tous les quatre ans. Ce fut près de cette ville que Cloétas conftruifit la fameufe carrière de ces jeux folennels, & donna à l'enceinte où fe trouvoient les chars, les chevaux & leurs conducteurs, la forme d'une proue de vaiffeau avec deux portes latérales, & une troisième à la pointe de cette enceinte qui donnoit accès dans la carrière, & dont le ceintre étoit couronné par un Dauphin d'airain.

2.me ÂGE
DU MONDE.

GRÈCE.

Dans le pourtour de cette enceinte étoient des espèces de loges ou remises où l'on plaçoit les chevaux & les. chars, & dont l'entrée n'étoit fermée que par de simples cordes. Au milieu se trouvoit un autel de briques, sur lequel on voyoit un grand aigle qui, par le jeu d'une machine, agitoit ses ailes comme s'il eût été prêt à s'envoler. C'étoit à ce signal qu'on lâchoit les cordes pour donner passage aux chars. Ils se rangeoient alors sur une même ligne pour partir tous ensemble. Les côtés de la carrière n'étoient fermés que par un mur de gazon où s'asseyoient les Juges & les spectateurs. A l'extrémité du stade étoit un vaste espace quarré, au milieu duquel on avoit élevé une sorte d'autel sur lequel on voyoit la statue d'Hippodamie en attitude de couronner les vainqueurs *.

* *Pauf. Eliac.*
l. VI, c. 21.

Dans Olympie, on éleva à Jupiter un des plus beaux temples qui aient illustré la Grèce ; Libon, architecte d'Olympie le construisit : on y plaça la statue de Jupiter, le chef-d'œuvre de Phidias. Tout ce temple, orné à l'extérieur de colonnes, dont le fust partoit du socle pour joindre le comble qui étoit supporté par des aigles, fut couvert de marbre de Pentèle, scié en tuiles, invention qui mérita à son auteur Bizès, de l'isle de Naxe, l'honneur d'une statue qui a fait passer son nom à la postérité *(k)*. Aux extrémités du comble, l'on voyoit de grands vases

---

(k) Quelques Auteurs prétendent que cette espèce de marbre se tiroit d'un village de Syrie près d'Antioche, appelé *Pentelé.* D'autres disent que ce marbre, nommé *Lapis Pentelicus,* étoit très-commun aux environs d'Athènes, & qu'on trouvoit dans cette ville dix statues de ce marbre contre une de marbre Parien. Voyez *Conf. Carioph. de Marmoribus,* page 32.

2.me ÂGE
DU MONDE.

GRÈCE.

dorés, & le comble étoit couronné par une ftatue de la Victoire aufïi dorée, ayant à fes pieds un bouclier fur lequel étoit repréfentée en relief la tête de la Gorgone-Médufe. Le Conful Mummius après avoir terminé la guerre d'Achaïe & pris Corinthe, fit fufpendre autour de ce temple vingt-un boucliers ; l'intérieur fut décoré de groupes & de ftatues du travail le plus exquis ; il ne nous eft pas poffible d'entrer dans le détail de tous ces objets.

Nous ne pafferons pas fous filence les monumens confacrés aux Sciences ; tels furent le Lycée où Ariftote enfeignoit la philofophie à un auditoire toujours nombreux ; l'Académie où Platon répétoit à fes difciples les leçons qu'il avoit reçues du plus fage des hommes & du plus grand moralifte de l'Antiquité, le divin Socrate ; ni ces Gymnafes fameux, où toute la jeuneffe de la Grèce fe formoit à tous les exercices qui peuvent rendre l'homme fain, robufte & adroit, & qui font pour lui autant de motifs de confiance & de courage dans les occafions où ces qualités étoient néceffaires au fervice de la patrie.

Si entre les monumens matériels dont la politique & la religion tirèrent de fi grands avantages dans les républiques de la Grèce, nous ne citons que le théâtre d'Athènes dont il ne refte plus de veftiges, il en eft d'un autre genre qui ont bravé les outrages du temps ; les chef-d'œuvres de la penfée, qui ont immortalifé le génie, le goût & l'urbanité Attique, refpirent encore dans les écrits des grands hommes de cette nation célèbre, que nous poffédons, & qui vivront tant que les Lettres feront en honneur.

ITALIE.
ROME
ancienne.

Les Romains, vainqueurs de ces Grecs fi célèbres qui furent toujours leurs modèles & leurs maîtres dans la carrière des arts, viennent ici naturellement continuer la chaîne des

monumens

monumens publics, & ce font les efforts de l'induftrie, de la magnificence de ces nouveaux maîtres du Monde, que nous allons retracer.

Quand on confidère d'où Rome partit pour arriver au plus haut période de la grandeur & de la puiffance, on ne peut trop s'étonner que cette ville, qui fut dans fon principe un repaire de brigands, un afile ouvert à tous les crimes, en un mot le foyer de l'incendie qui a fucceffivement embrafé toutes les parties de l'Univers connu, foit devenue le centre des vertus les plus rares, du fublime héroïfme & la fouveraine du Monde.

Dans l'efpace de deux cents quatre ans que les Romains furent gouvernés par des rois, refferrés dans une ville fans territoire, pauvre par conféquent, qui fous Romulus n'eut qu'une enceinte de murailles affez foibles [a], environnés de nations jaloufes & ennemies qu'il falloit toujours combattre ou craindre, ils s'occupèrent peu des arts, enfans de l'abondance & de la paix.

Numa, ce Philofophe Roi, Légiflateur & Pontife, avoit défendu de repréfenter la Divinité fous aucune forme fenfible [b]. Varron nous apprend que cent foixante-dix ans même après la mort de ce Prince, on ne voyoit encore dans aucun temple de Rome ni images ni ftatues [c]; fi on en mit par la fuite, comme il y en eut en effet, elles n'y furent point un objet de culte, mais de pure décoration, jufqu'au temps où les Romains accordèrent, pour ainfi dire, le droit de cité à toutes les divinités des pays qu'ils conquirent.

Il y a lieu de croire que fi le gouvernement monarchique s'étoit confervé à Rome, le goût des arts s'y feroit formé & foutenu par le voifinage de l'Étrurie & de la grande Grèce, où ils avoient déjà fait de grands progrès; mais la

L

[a] *Dion. Hal.
Ant. lib. X.
Plutar. in vit.
Solin. cap. II.
Enni. Annal.
lib. II.*

[b] *Plut. in Num.
lib. XXVI.*

[c] *Varro apud
Aug. de civit.
Dei, lib. IV,
cap. 36.*

simplicité des mœurs, leur auftérité même jointe à l'ambition de s'agrandir, qui fut le fentiment dominant des Romains dans les premiers temps de la République, furent autant d'obftacles à la tranquillité néceffaire à la naiffance & à la perfection des arts.

Un peuple de foldats, qui ne connoiffoit d'autres fentimens que l'amour de la gloire ou de la patrie, & d'autre fupériorité que celle des armes, étoit peu fufceptible de ces combinaifons, de ces opérations fines de l'efprit, de cette adreffe de la main qu'exigent les arts de goût; auffi le plus grand honneur qu'on décernât aux héros des premiers temps, étoit une colonne fur laquelle leurs noms étoient infcrits, & lorfqu'on commença à faire ufage des ftatues, on en fixa la hauteur à trois pieds, ce qui circonfcrivoit les reffources de l'art dans une fphère bien étroite.

Lorfque cet ufage prévalut dans les temples, elles furent proportionnées à leur conftruction. A en juger par celui de la Fortune qui fut bâti en un an, & par les ruines qui reftent des anciens temples de Rome, les édifices facrés ainfi que les ftatues, n'eurent ni grandeur ni majefté.

Toutes celles qu'on vit à Rome avant qu'elle n'eût porté fes armes dans la Grèce, étoient des ouvrages d'artiftes Étrufques. Le grand Apollon de bronze fait après la victoire de Spurius Carvillus fur les Samnites, l'an 461 de Rome, & qui fut placé depuis dans le temple d'Augufte, étoit de la main d'un Artifte de l'Étrurie. On avoit antérieurement à cette époque, érigé deux ftatues équeftres aux Confuls Lucius Furius Camillus & Caius Mœnius après la défaite des Latins l'an 417 de Rome; mais Tite-Live, d'après lequel nous rapportons ce fait, ne dit ni par qui, ni de quelle matière elles furent faites *.

Jufqu'à la feconde guerre Punique, fi les Romains eurent chez eux quelques productions des arts, ils les dûrent abfolument aux Étrufques; mais, dans le cours même de cette guerre, on voit naître le goût des arts, & quelques illuftres Romains les cultiver. Quintus Fabius, homme très-docte & grand Jurifconfulte, fut furnommé *Pictor*, de fon goût pour la peinture *. Dans cette guerre même, où les Romains furent obligés de raffembler toutes leurs reffources pour réfifter à la fortune d'Annibal, ils commencèrent à connoître les chef-d'œuvres de la Grèce, & le goût des arts fut le fruit de cette connoiffance.

Après la prife de Syracufe, la plus confidérable des villes de la grande Grèce, par Marcellus, dont le fiége dura trois ans, & l'an du Monde 3792; ce Conful en fit enlever & tranfporter à Rome tous les ouvrages Grecs qu'il y trouva. Ce furent les premiers qu'on y vit.

Quintus Fulvius Flaccus en fit autant après la prife de Capoue, & l'on commença à orner le Capitole & les temples, des productions de l'art enlevées à l'une & à l'autre ville.

Enfuite les Édiles firent appliquer le produit des amendes à l'achat de ftatues de bronze, pour en décorer les édifices publics. Lucius Sternicius employa le butin fait en Efpagne, à ériger dans le marché aux bœufs deux arcs de triomphe, qui furent ornés de ftatues dorées. Ces édifices fuperbes, qu'on appela depuis *Bafiliques*, n'exiftoient pas encore à Rome dans ces temps-là.

Les guerres contre Philippe roi de Macédoine, contre Antiochus roi de Syrie, contre les Étoliens, enrichirent Rome d'une infinité de ftatues & de peintures. Après la prife d'Ambracia, les Ambraciotes fe plaignirent que leur vainqueur Marcus Fulvius Flaccus ne leur avoit pas laiffé

2.me ÂGE DU MONDE.

ITALIE.
ROME
ancienne.

* *Cicero in Brut.*

2.me ÂGE
DU MONDE.

ITALIE.

R O M E
ancienne.

une feule divinité qu'ils puffent adorer. Auffi orna-t-il fon triomphe de deux cents quatre-vingts ftatues de bronze & de deux cents trente ftatues de marbre, avec une infinité de vafes bien plus précieux par le travail que par la matière; on voyoit parmi ce riche butin dix boucliers d'argent & un d'or avec cent quatorze couronnes de ce même métal.

Ce Conful fit plus; il amena à Rome des artiftes Grecs pour orner les places où devoient fe donner les jeux au peuple Romain, quand il y feroit de retour. Ce fut à ces mêmes jeux qu'on vit pour la première fois des Lutteurs dans l'arène. Ce même Fulvius, étant Cenfeur l'an de Rome 573, fit enlever la couverture de marbre du temple de Junon Lacinia à Cortone, pour en couvrir celui qu'il avoit fait vœu d'ériger à la Fortune équeftre[a], & ce fut lui qui commença à embellir Rome de grands édifices.

Le Préteur Caius Lucretius, après la guerre contre Perfée roi de Macédoine, fit enlever de ce pays tout ce qui s'y trouva de ftatues, & les fit tranfporter à Antium. Paul Émile, vainqueur de ce Monarque, étant allé à Délos où Perfée faifoit faire des bafes pour fes ftatues, les fit enlever pour y placer les fiennes.

Un an avant la guerre contre Antiochus le Grand, on érigea fur le comble du temple de Jupiter, un Quadrige doré, furmonté de douze boucliers de même. Scipion l'*Africain*, qui s'étoit offert pour être le Lieutenant de fon frère Lucius Cornelius dans la guerre contre Antiochus excitée par Annibal, fit élever avant fon départ, un arc de triomphe à la montée du Capitole, qu'il orna de fept ftatues dorées, & fit placer auprès de ce monument, deux chevaux de bronze dorés, avec deux baffins de marbre[b].

Avant la victoire des Romains fur Antiochus, les Dieux de

de

[a] *Livius, lib. XLII.*

[b] *Livius, lib. XXXVII. V. Max. l. V, cap. 5. Juftin. l. XXXI, c. 9.*

de Rome n'avoient été jufqu'alors que d'argile ou de bois; mais cette victoire les ayant rendus maîtres de toute l'Afie jufqu'au mont Taurus, les richeffes de tous les genres pafsèrent en Italie, & avec elles le goût du luxe & de la volupté Afiatique; alors les images d'argile & de bois devinrent des objets de mépris. Parmi les richeffes immenfes qui ornèrent le triomphe de Lucius Scipion, il y eut en vafes cifelés, d'un travail immenfe, quatorze cents vingt-quatre livres d'argent & mille vingt-quatre d'or.

Le pillage de quelques villes de la Grèce auroit pu fe réparer par l'abondance des richeffes de l'art, qui fe trouvoient dans ce pays; mais continuellement expofés à la rapacité de leurs vainqueurs, les artiftes Grecs furent totalement découragés. Æmilius Scaurus fit emporter de Sycione à Rome, tout ce qu'il y trouva de rare & de précieux en fculpture & peinture, pour orner le fameux théâtre qu'il fe propofoit de bâtir à Rome, & qu'il y fit conftruire en effet. La déprédation fut portée au point, qu'on trouva le moyen d'enlever même les peintures à frefque en fciant les murs & en les tranfportant tous entiers. Si quelques-unes furent préfervées de ce pillage, ce fut feulement par la crainte de ne pouvoir les enlever fans les détruire; c'eft ainfi que fous l'empereur Caligula furent préfervées l'Atalante & l'Hélène de Lanuvium *(1)*.

Sylla parut vouloir anéantir l'art par la prife d'Athènes, dont il ruina le Pyrée, avec tous les édifices qui fervoient à la marine, ainfi qu'une partie des plus beaux édifices où il

______

(1) On a fait dans nos temps modernes la même opération dans l'églife de Saint-Pierre de Rome, d'où l'on a enlevé des mofaïques en fciant le mur, lefquelles ont été tranfportées aux Chartreux de cette ville. On avoit enlevé par le même procédé, les peintures Étrufques qui fe trouvoient fur les murs du temple de Cérès.

M

ne laissa presque rien de ces modèles de perfection, dont la contemplation continuelle échauffoit l'imagination des Artistes, & entretenoit la vie de l'art. Athènes ne fut alors que le squelette d'elle-même, *semirutæ urbis cadaver.* Le même Sylla en fit enlever le Jupiter Olympien, la Minerve d'Alcamènes, & une infinité d'autres statues qu'il fit transporter à Rome avec la bibliothèque d'Appellion. Thèbes, Sparte, Mycènes, avoient été dépouillées de même, & n'étoient pour ainsi dire plus. Ce Général, d'un naturel dur & féroce, pilla les trois temples les plus fameux de la Grèce; celui d'Esculape à Épidaure, d'Apollon à Delphes, & de Jupiter à Élis. La grande Grèce & la Sicile étoient dans un pareil état de désolation sous la préture de Verrès, & telle fut la malheureuse condition de ces colonies Grecques jadis si florissantes, qu'elles perdirent même jusqu'à l'usage de leur propre langue.

Les Romains sentirent enfin que pour leur intérêt même, il importoit infiniment de ne point éteindre le feu sacré qui avoit produit dans la Grèce & ses diverses colonies, tant de chef-d'œuvres; & lorsque les édifices de Rome, tant civils que sacrés, furent pleins des précieuses dépouilles des diverses contrées de ce beau pays, ils s'appliquèrent à protéger les arts dans leur vraie patrie. Les maisons les plus distinguées de Rome employèrent les artistes Grecs dans leur propre pays. Ciceron y fit faire les statues dont il orna son *Tusculum,* & son ami Atticus étoit chargé de ce soin à Athènes. Verrès, ce Préteur qui fit tant de mal à la Sicile, occupa, pendant un temps considérable, une infinité d'artistes Grecs à tourner & à ciseler des vases d'or d'un travail exquis.

Le luxe, qui de sa nature tend à se répandre, gagnoit

de la capitale les provinces de l'Empire, dont les Gouverneurs étoient autorifés à fe faire dédier les temples & les édifices qu'ils y faifoient conftruire. Pompée en avoit dans toutes les provinces, & cet abus augmenta encore fous les Empereurs.

Appius fit conftruire à fes frais, à Éleufis ville de l'Attique, un fuperbe portique qu'il fit décorer de ftatues. Hérodes le Grand bâtit à Céfarée un temple à Augufte, où il fit placer la ftatue de cet Empereur & celle de la déeffe *Roma*, toutes deux de la plus grande proportion; mais l'art y gagna, & s'entretint par l'abus même qu'on en faifoit.

Sous l'empire de Jules Céfar il ne fe foutint que par le luxe des particuliers; mais après la bataille d'*Actium*, Augufte fe vengea fur toute la Grèce, de la partialité qu'elle avoit marquée pour Antoine fon concurrent, & les arts en deuil abandonnèrent leur patrie dévaftée, pour venir fe réfugier fous la protection du feul maître que reconnût alors le Monde, qui après les avoir chaffés de leur pays, les accueillit & les protégea dans le fien.

Jufqu'ici nous n'avons vu aucun monument des arts chez les Romains qui leur appartinffent. Tout ce qui décora leur capitale jufqu'au temps des Empereurs, fut l'ouvrage des Étrufques & des Grecs; mais pour procéder avec ordre dans ce que nous avons à dire, il faut remonter aux premiers fiècles de Rome.

Sa première enceinte fut d'abord quarrée & divifée en dix quartiers, mais fort petits eu égard aux accroiffemens fucceffifs de cette ville; elle ne comprenoit alors que le mont Palatin & le mont Efquillin. Tatius, roi des Sabins, affocié à la royauté avec Romulus, y fit joindre le mont Tarpeïen,

2.me ÂGE
DU MONDE.

ITALIE.
ROME
ancienne.

[a] *Liv. lib. I.*
[b] *Dion. Hal.
lib. II.*
[c] *Id. lib. III.
Liv. lib. V.*

[d] *Dion. Hal.
lib. III.*
Eutrop. l. I.

[e] *Vide eofdem.
Eutrop. l. I.
Plin. l. III,
cap. 5.
Strab. lib. V.*
[f] *Tac. l. XII.
Aulugel. lib.
XIII.
Dio Caffius,
lib. XV.*

[g] *Dion. Hal.
lib. IV.*

qu'on appela depuis *Capitolin*, parce qu'il fut regardé comme la tête de Rome, & qu'il en devint le centre par la fuite[a]; Numa y ajouta le mont Quirinal[b]; Tullus Hoftilius, après avoir détruit la ville d'Albe, le mont Cœlius[c]. Ancus Martius, après avoir incorporé les Latins aux Romains, leur donna le mont Aventin; mais ils ne profitèrent point de cette faveur. Tite-Live & Denys d'Halicarnaffe difent que fous le Confulat de Valerius Maximus & Spurius Virginius, cette colline étoit encore couverte de bois. Ce Prince augmenta Rome du Janicule & d'un autre terrein au-delà du Tibre, qu'il fit entourer de murs; il joignit ces nouveaux quartiers à la ville par le pont Sublicien[d]. Tarquin l'ancien fit abattre la première enceinte trop foible, & en commença une feconde de pierres très-fortes, qu'il fit tirer des carrières de Tibur, d'Albe & de Prenefte.

Ces nouvelles fortifications furent faites auffi régulièrement qu'il fe pût, & qu'il le falloit pour le temps. Servius Tullius acheva l'ouvrage de fon prédéceffeur, & l'enceinte de Rome devint octogone avec huit portes. Tarquin le fuperbe fit un nouveau rempart à l'orient pour la fortifier davantage de ce côté[e]. Depuis l'abolition de la royauté jufqu'à Sylla, Rome conferva fa même enceinte fans accroiffement; ce Dictateur l'agrandit : il fut imité en cela par Jule & Octave Céfar[f]. Nous verrons ci-après les augmentations qui s'y firent depuis Augufte jufqu'à Aurélien, fous l'empire duquel Rome eut fa plus grande étendue; les environs en étoient tellement peuplés dès le fiècle d'Augufte, que Denys d'Halicarnaffe difoit qu'on ne pouvoit difcerner où Rome commençoit & où elle finiffoit[g].

Il feroit difficile d'affigner des époques certaines aux premiers édifices de l'ancienne Rome, puifqu'il y a même fur

celle

celle de sa fondation & sur ses fondateurs, une diversité singulière de sentimens. Les plus anciens dûrent être le temple de Saturne, la divinité du *Latium* sur le mont Palatin; celui de Quirinus sur le mont Quirinal, le palais & le tombeau de Numa sur le Janicule, le palais de Rémus sur le mont Aventin, le temple de Jupiter Férétrien sur le mont du Capitole. Tous les édifices des premiers siècles de Rome furent d'une construction lourde & médiocre, à en juger par les récits des anciens Historiens, & par ce qui nous reste encore des vestiges de ces premiers édifices.

Les Romains ne commencèrent à avoir des idées des règles & des proportions de la belle architecture qu'après avoir communiqué avec les Grecs. Ce fut à cette époque qu'on vit se former chez eux des Architectes, dont les vastes conceptions étonnent encore nos siècles par leur grandeur & leur sublimité.

Si la Grèce eut sur Rome l'avantage de l'invention, celle-ci l'emporta sur l'autre dans l'exécution des grandes fabriques. Platon avoue lui-même qu'un bon Architecte étoit l'homme le plus rare dans la Grèce[a]; ce fut même Cossutius, architecte Romain, qui termina le plus grand & le plus superbe édifice, dont la Grèce put se glorifier, le temple de Jupiter Olympien à Athènes[b]. Ariobarzane Philopator second du nom, roi de Cappadoce, se servit de deux architectes Romains, pour faire reconstruire à Athènes, l'*Odeum* démoli par Ariston Général de Mithridate, lorsque Sylla fit le siége de cette ville.

Rome n'avoit encore aucun de ces magnifiques édifices, dont les ruines nous étonnent toujours, qu'elle commença à avoir des théâtres. Ce qu'il y a de plus étonnant, c'est qu'elle

2.me ÂGE
DU MONDE.

ITALIE.
ROME
ancienne.

[a] *Lib. VII,
p. 327, edit.
Basil.*

[b] *Vitruv. Præf.
lib. VII.*

N

dut le goût des repréſentations théâtrales au fléau le plus funeſte de ceux qui affligent l'humanité.

Sous le Conſulat de Caius Sulpitius Peticus & Caius Licinius Stolon, la peſte faiſoit à Rome des ravages incroyables; vœux, prières, ſacrifices, reſſources de l'art, tout avoit été inutilement mis en œuvre: on s'aviſa pour dernière reſſource de fléchir les Dieux par des repréſentations théâtrales, & l'on fit venir des Hyſtrions de l'Étrurie; ils dansèrent au ſon des inſtrumens qui leur étoient propres, des pantomimes qui exprimoient divers actes de ſupplians. Ce peuple politique & guerrier, juſqu'alors peu ſenſible au charme des Lettres & des Arts, goûte ce nouveau genre de plaiſir. La peſte ceſſe ſes ravages dans ces circonſtances, & cet amuſement devient dès-lors un acte de religion, dont on fait uſage dans les fêtes des Dieux, dans les triomphes des Généraux, & même juſque dans les pompes funèbres. La jeuneſſe Romaine s'exerce à imiter ces danſes; elle y mêle par la ſuite quelques récits en vers, & ces eſſais informes amènent inſenſiblement la comédie & la tragédie.

L'an 503 de la fondation de Rome, dans les horreurs même de la ſeconde guerre Punique, Livius Andronicus fait jouer la première comédie qui y ait été donnée; ce qui dans ſon principe fut un acte de religion, puis un délaſſement, devint un art qui bientôt à ſon tour fut auſſi floriſſant que dans la Grèce même d'où l'on en avoit pris l'idée.

Les théâtres ne furent d'abord conſtruits que de ſimple ramée; on les fit enſuite en cloiſon de planches qui tinrent lieu de murailles, & l'on ménagea d'un & d'autre côté, quelques ſéparations, pour que les Acteurs puſſent entrer ſur la ſcène, & en ſortir ſans s'embarraſſer.

Le *Proſcenium* ou l'avant-ſcène fut un peu élevé,

l'orchestre fixé au bas, & on y marqua les places des Sénateurs. La *Cavea*, que nous appelons le *Parquet*, étoit la place des Chevaliers. Le surplus de l'espace, formant un demi - cercle, étoit disposé en gradins, où le peuple se plaçoit indistinctement. Ce furent les Consuls Valerius Sempronius Longus & Scipion l'*Africain*, qui les premiers firent cette distribution des places pour les différens ordres de la République, ce qui ne diminua pas peu le crédit de Scipion sur le peuple qui s'en trouva offensé *.

Les théâtres alors ne se faisoient que pour le besoin actuel & pour un certain temps ; tel fut celui d'Æmilius Scaurus qui, pendant son Édilité, en fit construire un décoré magnifiquement pour trente représentations seulement. Comme l'espace étoit considérable, il ne put être couvert que de simples toiles pour défendre les acteurs & les spectateurs des ardeurs du soleil. C'est Tacite qui nous apprend que Pompée fut le premier des Romains qui fit construire à Rome un théâtre de pierres quarrées, fait confirmé par Plutarque ; il choisit pour modèle celui qu'il avoit vu à Mitylènes, & dont il avoit fait prendre exactement les dimensions *(m)*.

Caius Curtius, qui dans la guerre civile suivit le parti de César, donna des jeux aux funérailles de son père, pour

---

(m) Il y a lieu de croire que Pompée en fit construire deux ; celui de pierre, dont nous parlons d'après Publius Victor & Rufus, & un autre, dont parle Suétone dans la vie de Néron, où l'on plaça les images des Dieux. Auguste fit transporter du palais où César avoit été tué, la statue de Pompée, & la fit placer dans un autre palais construit près de ce premier théâtre, dont nous parlons. *Suetonius in Augusto.* Outre ces deux théâtres, on comptoit dans le même quartier que Mérulla appelle le *neuvième quartier de Rome,* deux autres théâtres, celui de Balbus & celui de Marcellus. Il y en avoit encore un dans le dixième quartier qui fut élevé par Statilius Taurus, & le moindre de ces théâtres contenoit trente mille spectateurs.

lesquels il fit conftruire deux théâtres en bois, de forme demi-circulaire, qui après les repréfentations théâtrales formoient, en fe réuniffant fubitement, un amphithéâtre en cercle, au milieu duquel on voyoit des athlètes difputer le prix de la force & de l'adreffe.

Jules Céfar fit conftruire le premier amphithéâtre au champ de Mars; Augufte le fit démolir & éleva à fa place un maufolée pour lui & les Princes de fon Sang; mais il marqua un autre emplacement au centre de la ville pour y élever un nouvel amphithéâtre qu'il n'exécuta pourtant pas; ce fut Vefpafien qui le commença, Tite l'acheva & le confacra à la mémoire de fon père. Domitien qui ne fit que réparer ou achever les ouvrages de fes prédéceffeurs, eut le fot orgueil d'y fubftituer fon nom & fes titres aux leurs, fans même faire aucune mention de leurs Auteurs.

Polidore - Virgile, après Ovide, Tite - Live, Denys d'Halicarnaffe & Feneftella, fait remonter à Évandre les exercices militaires des Latins. Ces exercices fe faifoient, dit cet Auteur, *circum enfes & flumina*, pour accoutumer la jeuneffe qu'on vouloit former, à ne craindre ni le fer ni les eaux; & on appeloit ces Soldats novices *Circenfes*, & le lieu de leurs exercices fut appelé de - là *Circus*. Par la fuite ces lieux d'exercices furent enclos de murs.

Ce fut fous Tarquin l'ancien que parut à Rome le premier cirque, qu'on appela *Circus maximus*. On y marqua les places des Sénateurs & des Chevaliers, & pour donner à la jeuneffe Romaine des modèles dans tous les genres de la gymnaftique, on fit venir des maîtres de l'Étrurie. La carrière avoit trois ftades & demi de longueur, & la largeur étoit de quatre arpens. Ce cirque étoit entre les monts Palatin & Aventin; des portiques, tant foit peu recourbés,

fermoient

fermoient cet efpace de trois côtés, qui pouvoit contenir cent cinquante mille fpectateurs. Les rangs de fiéges qui bordoient cet intervalle, difpofés en amphithéâtre, étoient faits de briques & de ciment. A l'extrémité de la carrière, ils tournoient pour revenir à leur point de départ. Au centre de ce vafte efpace, fe tenoient les athlètes qui, après les courfes des chars, fe difputoient les prix de la lutte, du cefte, du pugilat, qu'ils avoient fous les yeux, *munera principio ante oculos circoque locabant**; ce cirque fut par la fuite décoré avec la plus grande magnificence *(n)*.

Tant que les Romains eurent à craindre de leurs voifins, ou des Puiffances qui les jaloufoient, la jeuneffe Romaine fit fon objet capital de la gymnaftique; mais quand les richeffes de la Grèce & de l'Afie eurent introduit à Rome le luxe & la molleffe, les exercices, qui avoient contribué à rendre les anciens Romains invincibles, furent négligés par leur poftérité. Les cirques fe multiplièrent; mais la gymnaftique fut abandonnée à des mercénaires ou à des efclaves, & ne devint plus qu'un fpectacle fouvent enfanglanté par les combattans : on porta même le rafinement de la cruauté jufqu'à exercer ces vils gladiateurs à mourir avec grâce. Tous les arts concoururent à rendre les cirques de Flaminien, dans lequel fut placé un obélifque dédié au Soleil, & celui de Néron, de la plus grande magnificence. L'obélifque de foixante-douze pieds de haut, qu'on voit aujourd'hui au Vatican, ornoit ce dernier.

Outre les cirques dont nous venons de parler, il en fut conftruit plufieurs autres, où chacun de leurs Auteurs difputa de magnificence avec ceux qui les avoient précédés; tels

2.me ÂGE DU MONDE.

ITALIE.
ROME
ancienne.

* *Virgilius,
Æneid. V.*

(n) Pierre Ligorius, Peintre Napolitain, a décrit le grand Cirque avec la plus grande exactitude.

O

2.ᵐᵉ ÂGE
DU MONDE.

ITALIE.
ROME
ancienne.

furent le cirque d'Antonin Caracalla, celui d'Aurélien, qui avoient chacun leur obélifque, celui de l'empereur Alexandre, & deux autres, l'un près du temple de Vénus Érycine, l'autre appelé le *cirque de Flore*, dont les Auteurs ne font point nommés.

Il fubfifte encore dans Rome moderne, des veftiges de plufieurs amphithéâtres; favoir, de celui connu fous le nom de *Caftrenfe* près du camp de Tibère, & aujourd'hui l'églife de Sainte-Croix; de celui de Vefpafien, autrement dit de Flavius, prénom de cet Empereur, que Martial par adulation attribue à Domitien : on dit qu'il contenoit jufqu'à quatre-vingt-fept mille perfonnes, & de celui de Statilius Taurus. Quant à celui qu'on dit que Néron fit conftruire en bois, il eft évident qu'il n'en fubfifte rien depuis plufieurs fiècles.

Les Auteurs qui ont traité de Rome ancienne, parlent d'une autre efpèce de monument qu'on peut affigner à la claffe des précédens. Les Romains, d'après les Grecs, les appelèrent *Odæum.* C'étoient de petits théâtres entourés de colonnes & dont le fommet étoit couvert en pointe. Nous avons dit ci-deffus qu'Ariobarzane Philopator fe fervit d'un Architecte Romain pour faire reconftruire à Athènes le théâtre de ce genre qui avoit été détruit pendant le fiége par Sylla. Et ce fut fans doute fur ce modèle que les Romains prirent l'idée de ceux qui, par la fuite, furent conftruits à Rome : il y en avoit deux, l'un dans le quatrième quartier, l'autre dans le treizième.

Dans le quartier du cirque, les Romains firent conftruire dans le marché aux herbes, deux halles, l'une plus grande appelée *Velabrum majus;* & l'autre plus petite, *Velabrum minus,* dans un lieu où autrefois il y avoit eu un lac qu'on avoit fait deffécher*; ces halles furent faites pour le commerce

* *P. Vict. Ruf.
Ovidi. Faftor.
Varro, l. III.*

des huiles, dont il fe faifoit à Rome une confommation immenfe. On en avoit auffi conftruit de pareilles fur le mont Aventin, dans une grande place, mais qui n'étoient couvertes que de fimples bannes.

L'attention du Gouvernement fe portoit à tout dans cette ville immenfe; chaque quartier avoit fes greniers, fes fours, fes réfervoirs, fes moulins; on comptoit à Rome jufqu'à trois cents treize greniers & trois cents quinze moulins, & des fours dans la même proportion. Les Meuniers & les Boulangers, les moulins & les fours avoient des noms communs. Il y eut jufqu'à cinq cents vingt-fix réfervoirs, fans compter les bains publics & particuliers, les thermes & les réfervoirs plus grands, appelés *lavacra*, ni les fontaines publiques, entre lefquelles on cite celle qu'on nommoit *Fons Lollianus*, dont on a trouvé cette ancienne infcription : *Appio Annuo Bradica. T. Vibio. Coff. Magiftri fontis Lolliani M. Ulpius Felix. M. Conftonius Vitalis. C. Claudius Saturninus*, & celle appelée *Fons Scipionum*, dont parlent P. Victor & Rufus.

Il y avoit à Rome un quartier deftiné à brûler les morts, qui étoit appelé *Uftrinæ ;* cet ufage n'avoit lieu que pour les gens qualifiés : car pour le peuple il y avoit des foffes appelées *putæi, puticuli & puticulæ,* où l'on jetoit les corps des gens du commun, tels que ceux connus fous les noms de *puticuli Libonis, puticuli in Efquilinis* ou fur le mont Efquilin.

Les égouts qui, en contribuant à la propreté d'une ville immenfe, habitée par un monde de citoyens, influent tant fur la falubrité de l'air qu'on y refpire, furent un des premiers objets dont le Gouvernement s'occupa dès les premiers temps de Rome ; & leur conftruction remonte au second siècle de sa fondation. Ce qu'il en reste annonce encore ce qu'il y a de plus grand, c'est-à-dire, la magnificence dirigée à l'utilité publique; aussi Juste-Lipse, en parlant de ces constructions souterraines, étonnantes par leur immensité & leur solidité, s'explique en ces termes : *Ponimus cloacas inter magnifica, & sordes has inter illos splendores.*

La décharge du grand égout, *cloaca maxima*, porte douze à quinze pieds d'ouverture en œuvre, sur autant de hauteur. On ne peut trop admirer l'épaisseur & la longueur des blocs dont il est formé, la stabilité de sa voûte & la pureté du trait qui subsiste encore, quoique les pierres en soient jointes à cru; mais l'admiration augmente lorsqu'on pense à la profondeur des fouilles qu'exigea ce genre de construction. Ces égouts se nettoyoient d'eux-mêmes par l'immense quantité d'eaux courantes qui les lavoient & les rafraîchissoient sans cesse. Des Auteurs font remonter leur construction à Évandre, d'autres à Tatius, collègue de Romulus; le plus grand nombre est de l'opinion de Pline, la plus probable sans doute, puisqu'elle attribue ces monumens à Tarquin l'ancien *(o)*.

Parmi les monumens que la flatterie éleva à l'orgueil des Souverains, ou la reconnoissance au mérite, on doit compter les arcs-de-triomphe & les colonnes. Nous venons de voir que dans les beaux jours de la République Romaine, & avant qu'on eût imaginé de consacrer la mémoire des grands hommes en offrant leurs images à la vénération publique, on leur érigea simplement des colonnes. Une des plus

---

(o) M. Turgot, père du Ministre actuel, a fait construire à Paris, dans le siècle présent, un monument d'espèce pareille, qui en sera un éternel de l'attention de ce respectable Magistrat pour la conservation des citoyens de la capitale de la France.

remarquables

remarquables en ce genre, fut celle que la République érigea
à la gloire de Caius Duillius, qui le premier ofa combattre
les Carthaginois fur leur élément favori, & qui gagna fur
eux la première bataille navale que les Romains aient donnée
fur mer. Il faut croire que les colonnes roftrales du Capitole,
& celle érigée à la gloire de Jules Céfar, eurent un motif
à peu-près pareil. Quant à celles de Trajan & d'Antonin,
tout le monde fait combien les Empereurs, dont elles
portent le nom & les titres, méritèrent la reconnoiffance
des Romains. On en connoît une érigée à la gloire de
Publius Maximus, chargé de l'approvifionnement de Rome,
qui ne peut être encore qu'un monument de gratitude envers
ce Magiftrat.

Il y en eut deux autres qui méritent d'être citées par la
fingularité de leur objet. La première, placée près du temple
de Bellone, étoit appelée *Index belli ferendi,* parce que
vraifemblablement on y affichoit les déclarations de guerre
& les motifs qui déterminoient la République à les entreprendre. L'autre étoit la colonne *Lactaria,* parce qu'on y
portoit les enfans à la mamelle, & dont les parens ne
pouvoient pourvoir à leurs befoins. La feule, dont nous
ignorions le motif, eft celle qu'on appela *Mœnia,* rapportée
par Mérula dans fa defcription de Rome ancienne; mais un
peuple fage, qui ne faifoit rien fans raifon, & fur-tout dans
les temps où le fuffrage public ne fut pas forcé, en dut
avoir pour déférer cette marque d'honneur.

De dix-fept arcs de triomphe, dont le même Mérula
fait mention, le plus grand nombre fut confacré par l'adulation, à des maîtres dont on avoit peu à efpérer, mais
tout à craindre. Ceux qui furent élevés à Drufus fils de
Claude Néron & de Livie, depuis femme d'Augufte, au

P

bienfaifant Titus, au divin Trajan, au grand Conftantin, ne furent pas de ce nombre. La gloire de ces illuftres perfonnages ne fuivra pas le fort de ces monumens périffables élevés à leur honneur ; elle paffera à la poftérité la plus reculée.

L'orgueil, premier fentiment de l'homme, qui le fuit au tombeau & lui furvit en quelque forte, fe montre encore fur les débris de ces monumens qui, confacrés par leur inftitution au deuil & aux larmes, font devenus des monumens de luxe & d'oftentation. L'art épuifa fes reffources dans ceux d'Augufte, d'Adrien, aujourd'hui le château Saint-Ange, celui de Sévère appelé *Septizonium Severi* à caufe des fept rangs de colonnes dont il fut environné, ainfi que le fépulcre pyramidal de Sextius, qui fubfifte encore aujourd'hui dans tout fon entier.

Le Tibre & l'Almo fourniffent des eaux à Rome moderne comme ils le faifoient à l'ancienne. On voit encore aujourd'hui dans cette ville beaucoup de veftiges des fontaines & des aqueducs de l'ancienne Rome, où les eaux furent diftinguées en religieufes & profanes; les premières étoient fpécialement confacrées aux ufages des temples, les autres fervoient aux befoins des citoyens.

Les eaux de l'Almo, les fources appelées *Juturna, Petronia* & *aqua Mercurii,* étoient de la première claffe. L'Almo eft une petite rivière qui couloit près de la porte *Capena,* ainfi que la fontaine *aqua Mercurii.* L'eau *Juturna* étoit deftinée fpécialement au collége des Veftales, qui n'en pouvoient employer d'autre. La dernière des quatre étoit de la rivière Petronia qui, ainfi que l'Almo fe rendoit dans le Tibre, un peu au-deffous de Rome.

Celles deftinées aux ufages publics étoient, felon Publius

Victor, au nombre de vingt-quatre; d'autres n'en comptent que vingt, d'autres dix-neuf. Il feroit difficile de décider abfolument fur le nombre. Mérula *, dans ce nombre, parle des fuivantes: l'*Appia* que le Cenfeur Appius, depuis furnommé l'*aveugle*, fit venir à Rome, l'an 441 de la fondation de cette ville ; *Lanio vetus* en 481 par Marcus Curius; la *Marcia* par le Cenfeur Marius; la *Tepula* par les Cenfeurs Servilius Cæpio & Caffius Longinus; la *Ravilla* en 629; la *Julia* par Julius, on ne fait lequel. Sous Augufte, Agrippa raffembla plufieurs fources des environs de Tufculum, & les amena à Rome par un magnifique aqueduc. Depuis il en fit féparer la *Cabra;* foit qu'on ne la jugeât pas de la falubrité des autres, foit que les habitans de Tufculum euffent repréfenté qu'ils n'en avoient pas fuffifamment pour leurs befoins. Le même Agrippa fit encore venir à Rome les eaux de la fontaine appelée *Aqua virgo :* les eaux de cette fource arrofoient le Champ de Mars. La jeuneffe qui s'exerçoit dans cette fameufe lice, s'effuyoit de la pouffière & de la fueur de fes exercices en fe lavant dans cette eau, fur-tout lorfqu'elle les quittoit aux heures où les bains publics étoient fermés. L'*Alfietina,* autrement dite *Augufta,* fut amenée par les foins d'Augufte; mais cette eau ayant été jugée peu falubre, on en fit venir une autre appelée de même *Augufta,* qui fuppléoit au défaut de celle qu'on nommoit *Marcia,* qui ne fourniffoit plus dans les grandes féchereffes. Augufte lui fit faire un canal fouterrain qui la conduifoit jufqu'au même aqueduc amenant à Rome l'eau *Marcia;* enfin la *Claudia* qu'on fit venir à Rome fous l'empire de Claude.

Comme les fept aqueducs qui étoient dans cette ville ne fuffifoient pas pour la diftribution des eaux néceffaires à ce peuple immenfe, Claude en fit faire un nouveau la seconde année de son empire, qu'on fut dix ans à construire. On voit encore les ruines de cet édifice près de la porte Esquiline. Ce même Empereur fit venir à Rome les eaux qu'on nomma *Anio novus*, dont la source étoit à soixante-deux milles de cette capitale. Les eaux du ruisseau *Herculanus* lui furent unies; celles de la *Sabatina*, ainsi nommées parce qu'elles venoient du lac Sabate, qui est la même source qu'on voit de nos jours à la place de Saint-Pierre, furent conduites à Rome, on ne sait dans quel temps. On voit encore hors de la porte *Pancratiana*, des restes de l'aqueduc qui l'y conduisoit. L'*Alexandrina* y fut conduite sous l'empire d'Alexandre Sévère. Publius Victor en compte encore plusieurs autres qu'il nomme *Damnata*, *Annia*, *Algentiana*, *Severina*, *Antonina*, *Setina*.

Les conduits de l'eau connue sous le nom de *Aqua virgo* & qui arrosoit le champ de Mars, furent réparés en 1554 par le Pape Nicolas V; celles de l'*Alsietina* au Vatican, par Innocent VIII. L'une des plus récentes appelée *Salonia*, fut amenée à Rome par les soins de Pie V. Sixte-Quint étant Cardinal fit venir les eaux d'une source qu'on nomme *Fons Felix*, du nom que portoit ce Pape avant son avènement au pontificat *(p)*. On peut juger par la quantité d'eaux qu'il falloit à cette ville si considérable & si peuplée, de celle des aqueducs qu'il fallut faire pour les y conduire, & du nombre infini de canaux qui devoient servir à leur distribution, tant dans les places que dans les palais & pour

---

(p) Cicarella dit au contraire que ce fut sous les auspices du même Pontife qu'on fit venir à Monte-Cavallo, jadis le Quirinal, de l'eau qui manquoit à ce quartier; ce qui étoit d'autant plus désagréable, que plusieurs Papes y avoient choisi leur demeure à cause de la salubrité de l'air qu'on y respire: il étoit très-incommode de n'y avoir point d'eau, & d'être obligé de la faire venir de très-loin.

les

les bains, dont aucune nation ne fit un plus fréquent usage que les Romains & sur-tout sous les Empereurs.

On sait que l'usage des Anciens étoit de se baigner fréquemment, usage qui contribue beaucoup à la conservation de la santé. A Rome le citoyen tant soit peu aisé avoit son bain particulier: il y eut jusqu'à quatorze bains publics d'une étendue immense & qui réunissoient toutes sortes de commodités. Les bains particuliers montèrent jusqu'à huit cents quarante-six, selon Publius Victor.

Entre les bains publics, ceux appelés *Balnea Palatina,* ceux de *Paullus,* dont on voit les ruines à Rome, qu'on nomme encore aujourd'hui *Bagna Poli,* & ceux construits du plus beau marbre par Titus Claudius, furent les plus considérables; mais ce fut sur-tout dans ceux que firent construire les Empereurs, que les Architectes déployèrent toutes les ressources de leur art. Ces bains, si connus par leur dénomination de Thermes, nom que les Romains avoient emprunté des Grecs, réunissoient à l'immensité de leur construction, toute la magnificence & les recherches du luxe; ces bâtimens, outre une infinité de grandes pièces, de vestibules, de galeries, de portiques, étoient distribués en bains froids, en bains chauds & en étuves. Ammien Marcellin, pour exprimer leur immensité, les compare à des provinces.

Capitolin dit que le goût des bains fut tel que certains Empereurs, entr'autres Commode, Gordien & Galien se baignoient souvent jusqu'à sept fois par jour en été, & jamais moins de deux fois, même en hiver. Les Empereurs portèrent encore ce goût jusqu'à se mêler au peuple dans les bains publics. Capitolin ajoute que souvent ces Princes soupoient dans les thermes qu'ils avoient fait construire, & que les femmes étoient admises à ces sortes de parties, qui

2.me ÂGE
DU MONDE.

ITALIE.
ROME
ancienne.

Q

dégénéroient par-là en débauches infames. Polidore-Virgile dit que ces thermes reffembloient à des villes, qu'on y voyoit de grandes places, de vaftes portiques, des lieux d'affemblées & de conférence, avec des bancs où les Philofophes & les Rhéteurs difputoient & péroroient avec ceux qui aimoient la Philofophie & les Lettres; des endroits particuliers où les Athlètes s'exerçoient. Telle étoit, dit cet Auteur, la folie des Princes romains qu'ils n'épargnoient ni foins, ni travaux, ni dépenfes pour raffembler dans un même efpace tout ce qui pouvoit exciter les defirs & provoquer à la volupté : dépenfes énormes qui écrafoient les peuples pour le plaifir de bien peu de perfonnes.

Parmi les monumens de ce genre, qui furent en grand nombre à Rome & tous d'une grande magnificence, on y comprenoit les thermes d'Agrippine, de Vefpafien, de Tite, de Domitien, de Trajan, d'Antonin, de Commode, d'Alexandre, de Gordien, de Sévère, de Philippe, d'O-lympias, de Dioclétien & de Maximien; ceux connus fous le nom de *hiemales*, d'Aurélien, de Conftantin, de Novatien, & autres fimplement nommés thermes publics. On diftingue fpécialement celui de Dioclétien; toutes les parties de cet édifice immenfe & fuperbe, ont été deffinées par Jérôme Coocke, aux frais & par les ordres du célèbre *Pernot,* Évêque d'Arras, Cardinal de Granvelle & Miniftre de l'empereur Charles-Quint dans les Pays-bas.

Outre les bains & les thermes dont nous venons de parler, il y en avoit encore d'autres nommés *Lavacra, Nymphœa & Lymphœa.* Ceux de la première claffe étoient au nombre de cinq; favoir, le *Lavacrum* d'Agrippine, celui d'Élio-gabale, & trois dédiés à Apollon; deux du fecond genre, le *Nymphœum* de Jupiter, nettoyé & rétabli par Flavius

Philippus, Préfet de la ville, celui d'Alexandre; & un de la troisième espèce, le *Lymphæum* de Tibère-Claude-César.

Qu'on juge par l'exposé succinct que nous venons de faire des divers édifices consacrés aux usages de simple propreté, quelle consommation d'eau il dut se faire dans une ville telle que Rome! & nous n'avons cependant point encore parlé de ces espèces de mers renfermées dans son enceinte, appelées *Naumachies*, où l'on donnoit au peuple le spectacle des combats navals. Les plus célèbres furent les étangs de Néron, la naumachie de Domitien; on en comptoit trois autres, dont une dans le treizième quartier appelée *Regio Aventina*, & deux autres dans l'île du Tibre, qui faisoit partie du quatorzième quartier, nommé *Regio Transtiberina*, situé dans l'île même.

Sur la place entre les deux Naumachies, fut anciennement élevé un obélisque; mais il seroit difficile d'assigner l'époque de son élévation, en quel temps & par qui il fut amené à Rome, & qui le fixa dans ce lieu. Il doit probablement être resté enfoui sous les débris des édifices qui avoient été construits dans ce quartier. Il ne paroît pas qu'il soit du nombre de ceux qu'on voit aujourd'hui, & qui contribuent tant à la décoration de Rome moderne, après avoir embelli Rome ancienne. Mérula met au nombre des grands obélisques celui dont nous parlons.

Il faudroit entrer dans des détails infinis si l'on vouloit seulement nommer, sans la plus légère description, les statues antiques qu'on trouve encore actuellement dans cette ville. Nous nous contenterons de faire ici mention de quelques statues équestres ou colossales qui ornoient autrefois les places ou les grands édifices de cette célèbre métropole du Monde.

Il reste du premier genre la célèbre statue équestre de

Marc - Aurèle, en bronze, fur laquelle les Artiftes & les Antiquaires font d'avis extrêmement partagés. Les uns la regardent comme un modèle de perfection : ce font les adorateurs aveugles de l'antique. Les Modernes qui ont le plus étudié la conftruction, la nature des chevaux & les principes de l'équitation, en jugent bien différemment & la trouvent de beaucoup inférieure à ce que les deux derniers fiècles ont produit dans le même genre.

On vit autrefois à Rome les ftatues équeftres de Clélie, cette Romaine fi fupérieure à celles de fon fexe, d'Annius, de Jules Céfar ; on voyoit auffi des chevaux de marbre, tels que ceux dont on aperçoit aujourd'hui des reftes à Monte - Cavallo, d'autres de bronze : tels furent ceux de Caius Caligula, de Domitien, de Trajan, de Tyridates, &c. Mais de tous ces beaux monumens il ne refte plus rien que la mémoire qu'en ont confervée les auteurs, & nos regrets fur les pertes immenfes que le temps, l'ignorance & la barbarie, nous ont fait faire.

Il en eft des ftatues des grands hommes à peu - près comme de celles dont nous venons de parler. Leur perte doit exciter nos regrets, & beaucoup plus fans doute que celle de ces fauffes Divinités qui, toutes parfaites qu'elles furent, ne peuvent être pour nous que des monumens de l'aveuglement de l'Antiquité, & ne nous offrant aucun modèle à fuivre, ne nous fourniroient point non plus de motif propre à nous exciter aux vertus utiles à la fociété.

Nous ne pouvons cependant nous difpenfer de parler ici de ces coloffes énormes dont la mémoire s'eft confervée jufqu'à nous ; tels que celui du Soleil, haut, felon quelques auteurs, de cent deux pieds ; & felon d'autres, de deux cents dix pieds, qui avoit une couronne de fept rayons felon les

premiers,

premiers, de fept pieds de longueur, felon les autres de vingt-deux pieds [a]; deux autres d'Apollon dans le neuvième quartier, appelé le *Cirque Flaminien;* le Jupiter, nommé *Pompeianus,* haut de trente pieds [b]; dans le dixième quartier, un autre coloffe du même Jupiter, haut de deux cents cinquante pieds [c]; dans ce même quartier, celui d'Apollon dit *Tufcanicus,* de cinquante pieds, placé dans la bibliothèque *Palatina* [d]; la ftatue d'or de Britannicus & celle de Néron.

Mais un objet plus intéreffant, & dont nous ne pouvons trop regretter la perte, font les bibliothèques. Il n'eft pas même permis de douter, d'après l'idée que les ouvrages des Romains nous ont donnée d'eux, que ces collections ne fuffent infiniment précieufes; & ce peuple vainqueur, qui dépouilla les Grecs des productions des arts, faites pour contribuer à la décoration de la capitale de la Terre, n'oublia pas d'en tirer de même celles du génie & de l'efprit, comme fit Sylla de la bibliothèque d'Appellion.

On comptoit à Rome huit Bibliothèques publiques, dont deux au dixième quartier. La première, appelée *Bibliotheca Apollinis Latina,* ne contenoit que des ouvrages Latins [e]; l'autre ne renfermoit que des ouvrages Grecs [f]. Outre ces deux, qui paroiffent avoir été des collections auffi précieufes qu'immenfes, on comptoit encore la bibliothèque Palatine, la Capitoline, celle de Trajan, celle du Palais de Tibère, la bibliothèque *Ulpia* aux thermes de Dioclétien, & enfin celle du portique d'Octavie, dont il ne refte aucuns veftiges. L'ignorance, un zèle mal entendu & la fimplicité des premiers Chrétiens, nous ont privés d'une infinité d'Ouvrages qui les enrichiffoient; tréfors dont nous ne pouvons trop déplorer la perte.

R

2.me ÂGE
DU MONDE.

ITALIE.
ROME
ancienne.

Nous ne pouvons nous difpenfer de rappeler ici ces lieux fi renommés où fe tenoient ces fameufes affemblées que les Romains appeloient *Ludi*, & où les corps & les efprits s'exerçoient dans chacun des genres qui leur étoient propres; car il y en avoit pour les uns & pour les autres : tels furent ceux nommés *Ludi litterarii;* les autres *Ludus matutinus, Ludus magnus, Dacicus, Mamertinus, Æmilius, Gallienus*, &c.

Outre les places publiques connues fous le nom de *Campus,* dont on comptoit quatorze dans les divers quartiers de Rome, il y en avoit encore d'une autre efpèce appelées *Forum,* qui étoient des marchés & au nombre de feize. L'un des plus confidérables étoit le *Magnum Forum* ou *Romanum.* Merlianus, *lib. III, cap. 1,* en a donné les dimenfions. Dans le *Forum Cæfaris,* on voyoit deux ftatues de Vénus, dont l'une étoit cuiraffée; l'autre étoit un ouvrage d'Arcéfilas.

Dans le *Forum Augufti,* cet Empereur avoit fait faire un portique décoré des ftatues des illuftres Romains en habits triomphaux [a]; on y voyoit également celle de Marcus Valerius Corvinus, & une ftatue d'Apollon en ivoire. Dans celui de Trajan, cet Empereur avoit auffi fait élever un portique [b]. Le *Forum Boarium* ou marché aux bœufs avoit pris cette dénomination d'un autel fur lequel on avoit placé l'image d'un bœuf, fans doute parce que le culte d'*Apis* s'étoit introduit dans Rome, comme ceux d'*Ifis* & de *Serapis*, avec nombre d'autres fuperftitions Égyptiennes.

Nerva avoit fait bâtir un portique dans celui qui portoit fon nom. Il y avoit encore de ces marchés pour tous les quartiers & les ufages ; pour le poiffon; pour les herbes, pour les Boulangers, pour les cochons, pour les Orfévres, &c. Les uns portoient le nom des chofes qui s'y vendoient, les

[a] *Publ. Victor
& Lampridius
in Severo.*

*Suet. in Aug.
cap. XXXI.*

[b] *P. Vict. Ruf.
Lamprid. in
Severo.*

autres ceux de leurs Auteurs, ou des quartiers où ils étoient fitués, tels qu'étoient le *Forum Efquilinum, Saluftii, Ahenobarbi, Diocletiani,* &c.

Indépendamment de ces places vaftes fi connues par les noms de *Campus,* de *Forum,* il y en avoit encore d'autres devant les temples ou les édifices de marque, qu'on nommoit *Area :* il y en avoit dix-neuf de cette dernière efpèce. On comptoit auffi plufieurs tribunaux fous la dénomination de *Curia ;* celui qui portoit ce nom par excellence, étoit le lieu où le Sénat s'affembloit ordinairement; car quelquefois il tenoit des affemblées extraordinaires dans un temple ou dans un palais particulier.

Le Tribunal appelé *Curia Calabræ* au Capitole, étoit le tribunal du fecond Pontife où fe jugeoient les matières qui concernoient le culte religieux ; il répondoit à ce que nous entendons par Officialité. Celui de *Curia Saliorum* devoit avoir le même objet. Le Sénat avoit un lieu d'affemblée près de la porte *Capena,* qui fut nommé *Senaculum.* Un autre dans le huitième quartier, diftingué du premier par le nom de *Senaculum aureum,* épithète probablement empruntée des ornemens du lieu.

On trouve dans la vie d'Héliogabale par Lampride, que cet Empereur, l'un des monftres qui ont le plus fouillé le Trône & dégradé la majefté de l'Empire, fit conftruire un lieu d'affemblée fur le mont Quirinal, qu'il fit nommer le Sénat des femmes, *Senaculum matronarum.* On avoit encore à Rome plufieurs édifices appelés *Curia,* qui furent autant de Tribunaux pour le jugement des affaires entre les particuliers; tels que ceux appelés *Curia Numæ* ou *Pompiliana, Hoftilia, Curia in porticu Pompeii, in porticu Octaviæ, Curia vetus, Tribunal Aurelium,* &c. &c.

2.me ÂGE
DU MONDE.

ITALIE.
ROME
ancienne.

Ce que les Romains appeloient *Caftra*, étoient des quartiers ou corps de cafernes où les Empereurs logeoient les troupes qu'ils gardoient près de leur perfonne. Tels étoient le camp ou le quartier des Prétoriens qui formoient la garde des Empereurs, dans lequel on avoit placé un grand obélifque; celui des troupes étrangères, dont ils fe fervoient comme de plus fûrs inftrumens de la tyrannie que les nationaux, qui ne fe feroient peut-être pas prêtés à leurs caprices cruels.

Outre les quartiers des Prétoriens & des étrangers, on en comptoit encore quatre autres; favoir, le vieux & le nouveau quartier des Mifénates, ainfi que le vieux & le nouveau quartier des Porteurs de chaifes.

Parmi les monumens qui ont été les plus célèbres dans Rome ancienne, l'on doit compter ces édifices appelés *Hippodromes*, où fe faifoient les courfes de chevaux. Celui d'Aurélien fut le plus confidérable des monumens de cette efpèce.

Les anciens Romains joignirent au goût des grands édifices publics de tous les genres, celui de ces jardins magnifiques & en terraffes portés fur des voûtes. Tels furent ceux de Mécénas & de Salufte, dont Tacite & Suétone, dans les Vies de Tibère & de Néron *, parlent comme de chofes merveilleufes. Outre ceux-là, on en comptoit à Rome un grand nombre d'autres de genre à peu-près femblable, qui aux beautés naturelles du fite, réuniffoient l'élégance dans la diftribution, la magnificence & le goût dans le choix des ornemens que l'Art employa pour les embellir.

Les Romains actuels le difputent aujourd'hui aux anciens à cet égard, & ce qu'on appelle *les Vignes* dans Rome moderne, eft, au goût près de ces fiècles fi différens entre

* Tac. Annal.
lib. XIII &
XV. Hift. lib.
III. Suet. in
Tiber. & Ner.
in Aureliano.

entre eux, la même chose que ce qui s'étoit fait chez les
Anciens dans ce genre.

Si la magnificence éclata dans les Monumens publics,
les temples, les thermes, les théâtres, les cirques, les portiques, les tombeaux, les palais des Empereurs, l'élégance
& le goût ne se montrèrent pas moins dans les *hôtels* des
Sénateurs & les maisons des riches particuliers, dont le
détail seroit ici superflu ; mais le goût des Romains pour
les édifices de marque, ne se renferma pas seulement dans
l'enceinte des murs de cette capitale du Monde.

Ces chemins si solides & si magnifiques, connus sous le
nom de *Voies romaines,* qui partant de Rome comme du
centre de l'Univers connu, & communiquant de ce centre
à toutes les parties de l'Empire, facilitoient le transport des
Gouverneurs, des Magistrats, des Troupes, des Vivres,
facilitèrent également le commerce entre les vainqueurs &
les nations vaincues.

Denys d'Halicarnasse * met au rang des principales
merveilles opérées par les Romains, les chemins publics
qu'ils firent par toute l'Italie, & qui furent prolongés à
mesure qu'ils étendirent leurs conquêtes. Les uns partoient
de l'intérieur même de la ville ou de ses portes ; telles furent
les voies *Appia,* qui commençoient à l'endroit où fut depuis
bâti le monument appelé *Septizonium Severi :* cette route
commencée par le Censeur Appius, & que Stace nomme la
Reine des grandes voies, fut rétablie par Trajan & Antonin
le pieux, comme l'indique une inscription sur le pont de
Vulturne, dans la Campanie. Celles appelées *Vitellia &*
Triomphalis, dont la première partoit du Janicule, l'autre
du pont triomphal, dont on voit encore des vestiges dans le
Tibre. Les autres telles que les voies *Flaminia, Conlatina,*

S

2.me ÂGE
DU MONDE.

ITALIE.

ROME
ancienne.

* *Dionysius
Hal. Roman.
Antiq. l. III.*

Salaria, Nomentana, Tiburtina, Gabiana, Ardentina, Laurentina, Oftienfis, Portuenfis, Cornelia, Prænestina, Labicana, Campana, Afinaria, partoient des portes de Rome, d'où elles prirent leurs noms, ou des pays où elles conduifoient. Publius Victor en compte fix autres; mais comme il n'en refte aucune trace, on ne fait d'où elles partoient, ni où elles pouvoient conduire. Outre les voies dont nous venons de parler, la voie *Flaminia*, qui traverfoit la Tufcie & l'Ombrie, conduifoit à Rimini, où commençoit la voie *Æmilia* que fit faire Lépidus: cette route menoit à Bologne, de-là à Aquilée, & de cette ville aux pieds des Alpes, d'où tournant autour de certains marais, elle conduifoit dans cette partie des Gaules que les Romains avoient nommée *Gallia togata.* Plufieurs autres routes venoient aboutir à celle-là, qui fut une continuation de la voie *Flaminia.*

Près de Crémone commençoient les voies *Hoftilia* & *Coffia*, faites par l'un des Cenfeurs Coffius, ou en 599 de la fondation de Rome, ou en 628; puis la voie *Claudia, Lannia, l'Æmilia Scauri.* La voie *Tufculana* étoit une branche de la voie *Campana;* celle appelée *Minicia* étoit une branche de la voie *Appia*, ainfi que celle nommée *Domitiana* qui commence à la voie *Appienne*, & conduit jufqu'à Pouzzoli. Cette route eft une des plus entières & des mieux confervées de celles dont on trouve encore des reftes dans l'Italie & dans les Gaules.

Au moyen de ces routes également fuperbes & folides, par lefquelles les Romains communiquoient facilement avec toutes les provinces de l'Empire, & celles-ci réciproquement avec la capitale, ils portoient dans toutes leurs provinces le goût de la magnificence qui leur étoit propre, ou celles-ci venoient le prendre à Rome.

Les monumens découverts ou à découvrir dans les diverses parties de l'Europe, foumifes autrefois à l'empire Romain, intéreffent donc également la nation maîtreffe & les nations fubjuguées ; & ce que nous trouvons de monumens des Romains dans des contrées fi éloignées de leur capitale, doit nous donner une plus haute idée de leur magnificence que ceux qui furent élevés dans Rome même, & leur fait plus d'honneur peut-être que leurs victoires.

Ce feroit mal juger d'une nation auffi éclairée que le fut le peuple Romain, d'attribuer à un vain orgueil les monumens dont elle enrichit les provinces. La politique entra pour beaucoup dans la conftruction des divers édifices qui nous reftent d'eux. Il falloit occuper loin de Rome des Troupes que l'inaction eût corrompues & amollies, & qui fouvent de la débauche paffent à la révolte ; il falloit leur montrer Rome en tout ce qui pouvoit leur retracer fa fplendeur : auffi voyons-nous les amphithéâtres extrêmement multipliés dans l'Italie, l'Hefpérie & les Gaules. Il falloit par des fpectacles donner aux nations conquifes les goûts de la nation conquérante, leur infpirer fon urbanité, fa Religion par les temples, fes arts par les palais, les portiques, les ftatues, les tombeaux ; il falloit occuper les efclaves & entretenir les Troupes dans l'habitude du travail par des travaux utiles, tels que les ports, les ponts, les chemins, les aqueducs, &c. &c.

C'eft fur-tout dans un arrondiffement de cinq à fix lieues aux environs de Rome, qu'on voit le pays jonché des débris de la magnificence & du luxe des Romains : tous ces environs font, pour ainfi dire, marqués de deffins variés, de grands jardins, de vaftes pièces d'eau, de terraffes, d'amphithéâtres en terres rapportées, de ruines de temples & de divers édifices.

Les contrées voifines de Rome font également couvertes de reftes fuperbes de ces immenfes édifices, tels
que l'amphithéâtre conftruit à Véronne l'an 503 de la
fondation de cette capitale, par les foins & aux frais du
Conful Quintus Lælius Flaminius; celui dont on voit encore
des veftiges entre Macerata & Racanati; le mole d'Ancone
bâti en marbre par Trajan & coupé dans fon milieu par un
fuperbe arc de triomphe, l'un des monumens les mieux
confervés de l'antiquité; l'arc de triomphe élevé à Suze par
Coffius, Préfet des Alpes, & le pont de Rimini, bâtis
tous deux du plus beau marbre de Carare & dont l'infcription
fait honneur à Augufte & à Tibère; ainfi que l'arc de
triomphe érigé à la gloire du premier de ces Empereurs
après le rétabliffement des voies Romaines, dont la majeure
partie venoit aboutir à Rimini; le célèbre port bâti par
Augufte entre Clafcé, Céfarée & Ravenne, où les fouilles
découvrent tous les jours des veftiges de folides & vaftes
bâtimens, qui des trois villes ci-deffus n'en formoient qu'une
feule, qui embraffoit un magnifique port d'une lieue de
largeur fur autant de profondeur, que des attériffemens
fucceffifs ont comblé depuis long-temps, & qui aujourd'hui
eft éloigné de la mer de plus d'une lieue.

L'arc de triomphe en marbre blanc, érigé à Fano en
l'honneur d'Augufte, & les reftes d'un temple dédié à la
Fortune, d'où l'on prétend que cette ville a pris fon nom;
les riches & magnifiques débris d'Aquino, qui annoncent
l'antique fplendeur de cette ville; l'amphithéâtre de Caffino,
le plus entier des monumens de cette efpèce, ainfi qu'un
théâtre dont il n'exifte plus que la fcène adoffée à la montagne en forme de demi-cercle de deux cents foixante pieds
de diamètre, avec un temple ancien bien confervé dans

toutes

toutes ſes parties; les ruines de Poeſtum & d'Herculanum, tout atteſte enfin la grandeur des vainqueurs de l'Italie & des maîtres du Monde.

Rome moderne eſt tellement connue aujourd'hui, qu'il ſeroit inutile d'entrer dans les mêmes détails ſur les beautés qu'elle renferme, que ſur celles de Rome ancienne. Quoi-qu'elle ne ſoit à préſent que l'ombre d'elle-même, elle ſe montre cependant encore ſous un aſpect ſi impoſant, que ſa vue ſeule inſpire le reſpect qu'on doit à la métropole du monde chrétien, & cette vénération religieuſe qu'inſpiroit jadis la ſouveraine du monde aux étrangers qui venoient admirer les merveilles dont elle étoit remplie. Elle fit des pertes immenſes par l'affreux incendie qui la ravagea pendant neuf jours entiers ſous l'empire de Néron, à qui Tacite l'attribue; il ſembloit, dit cet Hiſtorien célèbre, que ce tyran farouche & inſenſé eût eu le deſſein de rebâtir une nouvelle ville ſur les cendres de l'ancienne, & de lui donner ſon nom. Il ne reſta des quatorze quartiers de Rome que quatre qui ne ſouffrirent aucunement de l'incendie. Trois furent entièrement conſumés; dans les ſept autres il ne fut conſervé que quelques maiſons délabrées & à demi brûlées. Il n'eſt pas poſſible de nombrer combien de temples, de maiſons, de quartiers, *Inſularum (q)*, périrent dans cet incendie. Parmi les anciens édifices, on compte le temple de la Lune, les autels & le temple d'Hercule, qu'Évandre & Servius Tullius avoient fait élever à l'honneur de ces Divinités; celui de Jupiter Stator, vœu de Romulus; le palais de Remus, le temple de Veſta avec les Penates de Rome; des richeſſes infinies, fruits des victoires des Romains;

3.me ÂGE
DU MONDE.

ITALIE.
ROME
moderne.

(q) Les Romains appeloient *Inſula*, tout ce qui étoit iſolé, de ſorte qu'un quarré d'une ou pluſieurs maiſons compriſes entre quatre rues, s'appeloit *Inſula.*

T

les chef-d'œuvres de la Grèce, l'ornement de Rome. Les divers monumens de l'esprit & des arts furent également détruits, & quoique les quartiers ravagés par cet horrible fléau, fussent réparés du temps de Tacite, des vieillards de son temps disoient, ajoute cet Historien, qu'il y avoit une infinité de monumens qu'ils se rappeloient, & qu'il n'étoit pas possible de réparer.

Elle fut prise & pillée par les Goths, sous les ordres d'Alaric, l'an 410 de l'Ere chrétienne; par les Vandales sous Genseric, l'an 445 de Jésus-Christ; l'an 837, elle fut brûlée en partie par les Sarasins : en 1527, elle éprouva d'étranges calamités, lorsque le Connétable de Bourbon, à la tête de l'armée Impériale, s'en rendit le maître; de sorte, dit un Poëte, que qui voit les déplorables restes de l'ancienne Rome, peut dire Rome n'est plus; mais que quiconque voit les palais superbes dont Rome moderne est décorée, peut s'écrier Rome subsiste encore.

Rome moderne a beaucoup plus d'églises aujourd'hui, toute déserte qu'elle est, que Rome ancienne n'eut de temples dans ses jours de splendeur. Parmi les édifices sacrés, on en compte sept que la piété des fidèles leur fait visiter avec une vénération particulière. La première est la fameuse Basilique de Saint-Pierre au Vatican, le premier temple du monde par sa grandeur, sa magnificence, sa régularité, la majesté de ses proportions, bien au-dessus de tout ce que l'Univers eut de plus grand dans tous les âges, par sa construction, sa bâtisse, par le choix des matériaux, par les chef-d'œuvres de tous les genres, qui l'embellissent. On y voit entr'autres antiquités, deux Paons d'airain qui terminoient les sépulcres pyramidaux des deux Scipions Africains. On y remarque de magnifiques tombeaux de marbre de plusieurs

Pontifes & celui de l'empereur Othon II. Nous ne parlerons point des Reliques qui s'y trouvent; mais on ne peut paffer fous filence les fuperbes peintures des Michel-Ange, des Raphaël, des Jules Romain & de tant d'autres Artiftes les plus célèbres, qui décorent les chapelles du plus augufte des temples; ni la vafte colonnade qui décore avec tant de magnificence la place qui eft devant cette églife, & au centre de laquelle on voit un fuperbe obélifque qui a été pofé par les foins de Sixte V.

L'églife de Saint-Paul dans la rue d'Oftie, où l'on voit une infinité d'antiques infcriptions, & cette image du Sauveur qui parla, dit-on, à Sainte Brigitte; Sainte Marie-Majeure, temple augufte dans la rue Efquiline, où l'on montre la crèche du Sauveur; le tombeau de Saint-Jérôme; ceux d'Albert & Jean Normand; celui de l'hiftoriographe Platina, de Luc Gauric, célèbre aftronome, & du Cardinal Tolet. On voit devant cette églife l'un des grands obélifques rétabli par Sixte V, chargé de caractères hiéroglyphiques.

L'églife de Saint-Sébaftien, églife fort longue, couverte de pierres, dont le principal mérite eft de conferver beaucoup de reliques, de poffédor les reftes de quarante-fix Papes; ce faint monument eft conftruit fur la voie Appienne.

Saint-Jean de Latran, au mont Celius, fut autrefois la demeure des Papes; c'eft la première églife de la Chrétienté, vénérable à ce titre, & parce qu'on y conferve les chefs des princes des Apôtres Saint Pierre & Saint Paul; la tunique de Saint Étienne, teinte du fang de ce premier martyr de la foi de Jéfus-Chrift; l'arche d'alliance, la verge d'Aaron & une infinité d'autres anciennes reliques dont divers Auteurs parlent & auxquels nous renvoyons. On voit en perfpective de cette même églife un fuperbe obélifque.

Sainte-Croix de Jérusalem, belle églife fondée, dit-on, par Sainte Hélène, mère du grand Conftantin; on prétend qu'elle eft bâtie fur un local dont la terre fut apportée de Jérufalem même : une ancienne infcription le dit en termes exprès; une partie de la vraie Croix y eft précieufement confervée avec le titre qui fut mis deffus par Pilate en trois langues, ainfi que la Couronne d'épines *(r)*.

Enfin l'églife de Saint-Laurent, hors la porte Efquiline, célèbre encore par les reliques de ce faint Diacre qu'on y montre aux Fidèles. Nous ne parlerons pas des autres dont le détail fe trouve dans une infinité d'Auteurs, non plus que des palais modernes dont l'énumération feroit trop longue; mais qui offrent dans divers genres les modèles les plus parfaits de la magnificence, autant que de l'élégance & du bon goût.

Venife bâtie dans des temps bien poftérieurs, n'a aucun édifice qui foit des Romains ni dans leur genre. Le peu d'ouvrages antiques que cette ville poffède, lui font venus de la Grèce. Tels font les deux lions qui fe trouvent à la place de l'Arfenal, dont celui qui eft de proportion coloffale fut fait dans les plus beaux temps d'Athènes, & placé à la pointe du promontoire de Sunium.

Les chevaux de Néron tranfportés de Rome à Conftantinople par Conftantin, ont été apportés de cette ville à Venife en 1208. On les voit aujourd'hui au-deffus du frontifpice de l'églife patriarchale de Saint-Marc. Les antiques raffemblés dans le veftibule de la Bibliothèque de Saint Marc,

---

(r) Des Auteurs, dignes de foi, prétendent qu'elle fut apportée en France par Saint Louis, & dépofée à la Sainte-Chapelle de Paris; elle n'eft pas la feule Relique qui fe trouve double ou triple : telles font le Suaire de Jéfus-Chrift & la tête de Saint Jean-Baptifte, dont plufieurs Églifes fe croyent en poffeffion.

font

font tous morceaux Grecs ramaſſés dans la Morée &
dans les îles de l'Archipel pendant qu'elles furent ſous la
domination de Veniſe. Tout le reſte n'eſt compoſé que
d'antiques du Bas-empire ou du moyen âge, qui échurent
à cette République dans la part qu'elle eut au butin lors
du pillage du palais des empereurs de Conſtantinople, au
temps où cette ville fut priſe & ſaccagée, en 1205, par
ſes forces combinées avec celles des François. Nous ne
finirons point l'article de Veniſe ſans rapporter quelques
monumens de Délos aujourd'hui le Sdile.

Vers le milieu de l'île s'élève une petite colline ſur
laquelle on voit des reſtes d'édifices qui dûrent être d'une
grande beauté, & que M. *Galland* a jugé être des ruines
d'un temple & des maiſons des Sacrificateurs. Le long du
rivage au nord, on voit une quantité étonnante de colonnes
entaſſées, qui ſont vraiſemblablement des reſtes du magnifique temple conſacré à Apollon Délien. Des ruines de ce
temple à celles de pluſieurs autres édifices, qui paroiſſent
avoir été extrêmement ornés, on remarque les veſtiges de
deux longues galeries dont les friſes & les corniches ſont
d'un travail exquis & aſſez entières. Sur une grande friſe
faite de trois marbres de huit pieds de long chacun, on lit
cette inſcription en grands caractères, ΒΑΣΙΛΕΟΣ. ΦΙΛΙΠΠΟΥ.
ΜΑΚΕΔΟΝΟΣ, & ſur un autre marbre de quatorze pieds de
long ſur trois de hauteur, les mots, ΑΠΟΛΛΟΝΙ. ΝΑΞΙΟΙ, ce
qui veut dire que ce temple fut conſtruit par Philippe, roi
de Macédoine, & conſacré à Apollon par les Naxiens.
Près du temple on voit le tronc d'un coloſſe qui doit avoir
eu vingt-cinq pieds de haut, mais dont toutes les extrémités
ont été briſées. On préſume à la chevelure qu'on voit flotter
ſur ſes épaules, que ce dut être la ſtatue de ce Dieu.

U

Au bas de la colline, dont nous venons de parler, on voit les reftes d'un amphithéâtre, dont on n'aperçoit guère plus que la place & quelques rangs de fiéges çà & là, fur lefquels on lit en caractères Grecs, *Bafileos Mitradatoi Eupatoros*, ce qui doit faire juger que cet ouvrage fut fait par les ordres de ce Prince.

Près de cette Ifle, eft celle d'Ortigya, où l'on trouvoit encore fur la fin du fiècle dernier, quantité d'autels antiques ornés de feftons & de bas-reliefs, le tout du plus beau marbre, & tel qu'on n'en voit point hors de ces ifles.

Celle de Naxe a auffi plufieurs morceaux de ce genre, & entr'autres les veftiges d'un temple à Bacchus, dont il ne refte d'entier qu'une porte d'environ vingt-cinq pieds de haut, faite feulement de trois pièces d'un très-beau marbre, & quelques pans de murailles. Un peu plus loin on voit un marbre quarré & fort maffif, creufé en ovale, que les Naxiens appellent la *taffe de Bacchus*. Ce temple fut bâti fur un rocher efcarpé & tout environné d'eau. Les Anciens firent venir à ce rocher, les eaux réunies de deux fontaines éloignées de deux lieues de cet endroit, en perçant avec beaucoup de travail une montagne qui les féparoit, & en les faifant entrer dans un même aqueduc, qu'on voit encore le long du rivage de Livadi, avec des veftiges qui fortent de la mer que cet aqueduc traverfoit : la maçonnerie en eft tellement liée, que le marteau peut à peine l'entamer.

Dans Paros qui produit le plus beau de tous les marbres, on trouve auffi des ruines d'un grand édifice, où M. de *Nointel*, Ambaffadeur à la Porte, trouva une infcription qui paroiffoit indiquer que cet édifice avoit autrefois été une Académie pour former la jeuneffe aux exercices ; on en enleva un petit autel de marbre, fur lequel on trouva ces

mots en caractères Grecs, *Zabdai Kaire, Adieu Zebedée.*
M. Galland croit que ce fut le tombeau de quelques Élèves
de cette Académie.

On trouve dans Antiparos, une grotte merveilleuse, remplie
des plus beaux criftaux, & quantité de curiofités naturelles;
mais qui ne font point de notre fujet.

Baronius, dans fon Hiftoire eccléfiaftique, à l'an de grâce
902, fait la defcription d'une églife en l'île de Paros, dédiée à
la Vierge, qui a été bâtie fur les ruines d'un ancien temple.

L'hiftorien des îles de l'Archipel, témoin oculaire,
prétend n'avoir rien vu de plus beau ni de plus précieux,
tant pour la conftruction que pour les matériaux. Les
Grecs difent qu'elle a été bâtie fur le modèle de la fameufe
Bafilique de Sainte-Sophie.

Cet édifice nous appelle à la capitale de l'Empire
d'Orient, d'où la barbarie exilant les fciences & les arts,
a rallumé en Europe leur lumière éteinte depuis plufieurs
fiècles. Notre curiofité fera peu fatisfaite; on n'y voit que
des monumens du Bas-empire ou modernes. L'édifice le
plus confidérable de ceux des premiers âges de l'empire
d'Orient, eft la fameufe Bafilique de Sainte-Sophie, dont
le dôme de cent treize pieds de diamètre, eft élevé fur des
ceintres portés fur des colonnes de marbre d'une groffeur
extraordinaire. Ce qu'on appelle actuellement à Conftantinople l'*Alterdam* ou le marché aux chevaux, étoit jadis
l'hyppodrôme de Conftantin; au centre de cette place, on
voit une colonne de bronze formée de trois ferpens entre-
laffés. Quel motif l'a fait faire dans ce genre & l'a fait
élever; c'eft ce que les Grecs actuels ne peuvent dire!

A l'une des extrémités de cette place, on voit un obélifque
chargé de caractères hyéroglyphiques; mais qui doit être de

3.me ÂGE
DU MONDE.

VENISE.

TURQUIE.

petite proportion, puifqu'il eft porté fur quatre colonnes d'airain fixées fur un piédeftal de pierre, & aux deux côtés duquel on voit en relief, une bataille & une affemblée avec des infcriptions Grecques & Latines.

Quant aux monumens de l'Afrique, l'Égypte exceptée, il ne refte que quelques ruines de la rivale de Rome, cette Carthage fi fameufe, qui balança plus d'une fois la fortune de la maîtreffe du Monde. On voit encore, à fix milles de Tunis, les reftes d'un aqueduc confidérable qui conduifoit l'eau à Carthage par-deffus plufieurs hautes montagnes. Cet aqueduc avoit, dit-on, plus de quarante milles de longueur. On en aperçoit de nos jours plufieurs arcades très-entières. Il ne refte plus de cette ville, que quelques morceaux de colonnes de très-beaux marbres & de Porphyre, avec quelques falles fouterraines ; foit que ce foit l'effet des débris amoncelés qui les couvrent, ou qu'elles aient été conftruites ainfi pour fe mettre à l'abri des chaleurs dans un climat brûlant.

L'ardeur avec laquelle les Romains difputèrent aux Carthaginois, premiers occupans, le beau pays qui dans l'antiquité fut appelé l'Hefpérie, montre affez qu'ils connoiffoient l'importance, les richeffes & les délices de cette belle contrée. « Nulle autre fur la Terre, dit un auteur

» Efpagnol *, fi l'on en excepté l'Italie, n'a été plus illuftrée
» par les monumens de l'antiquité. On y voit par-tout des
» ruines de ponts, d'aqueducs, de temples, de théâtres, de
» cirques, d'amphithéâtres & d'autres édifices publics, que la
» barbarie des Maures, l'ignorance & la fuperftition de nos
» compatriotes ont détruits & renverfés plutôt que l'injure
du temps. »

Aujourd'hui les Efpagnols vivent au fein des richeffes
qu'ils

qu'ils méconnoiffent, ou dont ils dédaignent l'ufage & la poffeffion, au point qu'il n'y a pas un homme dans ce pays qui ne crût faire un acte méritoire & agréable à Dieu en détruifant tous les ouvrages faits dans les fiècles du paganifme. Nous avons cependant une defcription fort intéreffante du théâtre de Sagunte, aujourd'hui Morviedro, par *D. Manuel de Marti.*

Quelques Écrivains moins ignorans & moins fuperftitieux que le général des Auteurs de ce pays, ont parlé des antiquités qui s'y trouvent; mais c'eft plus aux Étrangers qu'aux Nationaux que nous devons ce que nous avons à en rapporter. On trouve peu de monumens de l'antiquité dans les royaumes de Navarre & d'Arragon; Plutarque feulement, dans la Vie de Sertorius, nous apprend que ce Général établit à Huefca une Académie pour former la Jeuneffe aux Sciences & aux exercices. Il y a lieu de croire que ce politique Général en fit le dépôt des ôtages qui lui garantiffoient la fidélité des Chefs du pays, fous le prétexte d'y élever leurs enfans.

À Barcelonne, dans la Catalogne, on voit fept colonnes fur le même alignement & une en retour, de proportion grêle, qui felon *D. Mayans,* doivent avoir fait partie du portique de quelque temple; & dans l'églife de Saint-Michel de cette ville, plufieurs compartimens d'ancienne mofaïque, qui par les figures qu'ils repréfentent donnent lieu de croire qu'il fut le pavé d'un temple dédié à Neptune *. On y voit auffi un bas-relief du meilleur goût de deffin, qu'on croit avoir fait partie de la décoration d'un ancien tombeau.

A Tarragone dans la même province, on bâtit jadis un temple à Augufte. On trouve dans cette ville & fes environs, une grande quantité de médailles, d'infcriptions & de

3.me ÂGE
DU MONDE.

ESPAGNE.

* *Recueil
d'Antiquités,
par M. le c.^{te} de
Caylus, t. IV.*

X

monumens antiques. La place nommée *de la Fuente*, fut un cirque dont la forme eſt encore marquée par les ruines qui s'y trouvent. On y voit encore les reſtes d'un théâtre en partie taillé dans le roc & en partie bâti de gros quartiers de marbre, des débris duquel on s'eſt ſervi dans la conſtruction de l'égliſe qui l'avoiſine.

Ampurias, jadis Emporium, ville fondée par les mêmes Phocéens qui bâtirent Marſeille, éleva du temps de Céſar un temple à Diane, près duquel étoit une colonne qui portoit cette inſcription : *Emporitani populi Græci hoc templum ſub nomine Dianæ Epheſiæ eo ſæculo condidêre, quo, nec relictâ linguâ, nec idiomate patriæ Iberæ recepto, in mores, in linguam, in jura in ditionem ceſſêre Romanam. M. Cethego & L. Apronio Coſſ.*

Nous avons précédemment parlé de Morviedro qui fut l'ancienne Sagunte; on y voit les reſtes d'un ancien amphithéâtre des Romains qui a trois cents cinquante-ſept pieds romains de diamètre; il a vingt-ſix rangs de ſiéges taillés dans le roc : les voûtes en ſont ſi épaiſſes & d'une ſtructure ſi forte que le temps n'a pu les détruire, & qu'il y a lieu de croire qu'elles ſubſiſteront encore long-temps.

A Cartama, ville du royaume de Grenade, on voit une inſcription qui prouve qu'il y eut autrefois des portiques; la voici : *Junia D. F. Ruſtica Sacerdos & prima in municipio Cartimitanorium, porticus publicas vetuſtate corruptas refecit.*

En 1565, à Séville dans le royaume de Cordoue, on découvrit pluſieurs reſtes d'anciens monumens & de tombeaux; entre autres curioſités, on trouva dans l'un de ces tombeaux un cercueil de plomb qui renfermoit une urne de forme ovale, pleine d'os & de cendres, avec trois fioles de verre. L'infcription gravée fur le tombeau eft d'un ftyle barbare & qui fent le Bas-empire; on y trouva des cryptes fouterraines ou catacombes, avec deux tombeaux qui furent ceux de deux Religieufes Chrétiennes, *Paula Excelfa*, *Cerevella Excelfa*; toutes deux fe difent *familia Chrifti*: l'une mourut en 585, l'autre en 600 (*f*).

A une lieue de-là, on trouve les débris d'un édifice immenfe, mais les infcriptions qui s'y lifent font voir que c'eft un ouvrage des Goths. Dans un autre endroit & à même diftance de cette ville, on voit ceux d'un théâtre dont la conftruction eft vraiment de ftyle romain.

Dans Alcantara on aperçoit les reftes d'un pont qui fut d'une grandeur extraordinaire & d'une élévation proportionnée, qui traverfoit des marais. On voit encore fur le pont des piédeftaux & quelques colonnes de jafpe vert qui le décoroient, plufieurs de ces colonnes ont été tranfportées à Séville pour en embellir la métropole.

Cadiz fut une ville que fon port & fa fituation rendirent célèbre fous l'empire d'Augufte; on y compta cinq cents chevaliers Romains & des citoyens dans la même proportion. Dans nos temps modernes, les ruines d'un temple

---

(*f*) Il eft prouvé que lorfque les Maures occupoient l'Efpagne, ils avoient rendu le Guadalquivir, navigable de Cordoue à Séville, & depuis Séville au-deffous jufqu'à Xérès. Le bras oriental de cette rivière, fur lequel Xérès eft fituée, eft actuellement comblé; l'autre eft à quatre lieues de-là. Cette rivière étoit encore navigable en 1291 fous Alphonfe le Sage, comme il paroît par un Édit de ce Prince, confirmatif des privilèges accordés par fon père, à la navigation de Cordoue à Séville, en 1288. *Defcription de l'Efpagne*, *par Colmenao*, tome III, page 24; *& les antiquités d'Écija, par le P. Martin de Roa; une Requête des Bateliers de cette rivière à Don Pèdre le Jufticier, de 1398. Les Annales de Séville à l'an 1561.* Philippe III forma le deffein de refaire ce canal, & d'en faire un fecond pour unir le Guadalète au Guadalquivir, comme il paroît par une Déclaration de ce Monarque du 23 décembre 1626; on ne fait ce qui en a empêché l'effet.

dédié à Hercule y exiſtoient encore, & l'on y apercevoit auſſi deux colonnes de bronze de huit coudées, ſur leſquelles étoit gravée l'époque de la fondation de ce temple, & ce qu'il avoit coûté à bâtir. L'hiſtoire Romaine fait mention d'une ſtatue d'Alexandre le Grand qu'y trouva Jules Céſar : c'étoit ſans doute un ouvrage des Grecs.

On voit à Badajoz dans l'Eſtramadoure, un pont magnifique, conſtruit par les Romains ſur la Guadiana, qui a ſept cents pas de long ſur quatorze de large avec trente arches. À Mérida, autrefois *Emerita Auguſta*, fondée par Auguſte, l'an 706 de Rome, on trouve ſur la même rivière un autre pont d'une conſtruction encore plus conſidérable que le précédent, & deux acqueducs pour y conduire de l'eau de quatre lieues; d'une voie Romaine que fit rétablir Veſpaſien; d'un arc de triomphe aſſez bien conſervé. Les matériaux de l'ancien acqueduc ont ſervi à en conſtruire un nouveau bien inférieur au premier, & dont on peut juger par les arcades qui en reſtent. Une partie du pont, dont nous venons de parler, fut emportée en 1610.

On voit encore à Mérida, ville ancienne de cette même province, & qui fut conſidérable ſous l'empire d'Auguſte, des reſtes précieux de la plus belle architecture; mais cette ville ayant été cinq cents vingt ans au pouvoir des Maures, nation ſuperſtitieuſe & jalouſe des productions du génie des Romains, ils n'y ont laiſſé ſubſiſter que ce qu'ils n'ont pu détruire.

À Alcantara, ſur le bord oriental du Tage, eſt un pont magnifique, conſtruit ſous Trajan ſelon l'inſcription qu'on voit ſur l'une des arches; il y avoit autrefois quatre marbres incruſtés, ſur leſquels étoit gravée une inſcription qui marquoit les noms des villes qui avoient contribué aux frais de

cette

de cette superbe construction : des quatre, il n'en reste qu'un seul où on lit : *Municipia provinciæ Lusitan. Stipe collatâ quæ opus pontis perfecerunt. Igoeditani, Lannenses, Opidani, Talori, Interamnienses, Colarni, Lanuenses, Transcandani, Aravi, Meidubrigenses, Arabrigenses, Banienses, Pæsures.*

A l'entrée de ce pont élevé de deux cents pieds au-dessus de l'eau, ce qui est étonnant, de six cents soixante - dix pieds de long sur vingt-huit de largeur, & qui n'a que six arches, fait encore plus extraordinaire, on voit une petite chapelle, *sacellum,* dédiée à Trajan, taillée dans le roc, avec une inscription à l'honneur de cet Empereur & de l'Architecte du pont, nommé *Lacer ;* les chrétiens l'ont depuis consacrée à Saint Julien.

A la Corogne, ville du royaume de Galice, connue du temps des Romains sous le nom de *Brigantium* ou *Portus Brigantinus,* subsiste encore une vieille tour dont la structure est si hardie, & la bâtisse si solide, qu'elle excite l'admiration de tous ceux qui la voient. On peut juger de son antiquité par cette inscription qu'on y lit encore: *Marti August. Sacr. G. Sevius Lupus architectus A. F. Daniensis, Lusitanus exul.* Elle fut bâtie pour servir de phare, & pour découvrir les vaisseaux qui navigeoient dans ces parages.

On trouve dans le royaume de Léon les restes d'un vieux chemin large & pavé par les Romains près de Salamanque; ce chemin qui conduisoit jusqu'à Mérida & de-là à Séville, étoit semé d'espace en espace de débris de colonnes abattues par le temps. Il fut réparé par l'empereur Adrien, comme le porte l'inscription suivante qui y a été trouvée : *Imp. Cæsar Divi Trajani Parthici F. Divi Nervæ nepos Trajanus Hadrianus. Aug. Pont. Max.*

3.me ÂGE
DU MONDE.

ESPAGNE.

Y

Trib. Pot. V. Cof. III. restituit. On a découvert à Oviedo dans le royaume des Asturies & dans l'églife de Saint-Sauveur de cette ville, un ancien tombeau avec une infcription fingulière : on n'en connoît pas la date. Dans les provinces de Bifcaye, de Guipufcoa, d'Alaba & de la Rioja, on ne trouve rien qui mérite d'être ici rapporté.

Près de Logrogno dans la vieille Caftille, on a découvert une infcription qui eft un monument de l'attachement d'un certain Bebricius pour le fameux Sertorius : monument plus refpectable qu'une infinité d'autres qui n'ont eu que l'oftentation ou la flatterie pour objet. Cette infcription eft telle : *Diis Manibus G. Sertorii M. Bibricius Calagurotanus devovi. Arbitratus eo fublato, qui omnia cum Diis immortalibus communia habebat, me incolumen, &c.* Un des monumens les plus beaux eft celui que les Efpagnols appellent *Puente Segoviana,* aqueduc bâti par les Romains, fous Trajan, pour la ville de Ségovie. Cet édifice merveilleux va d'une montagne à une autre dans une longueur de trois mille pas, formé de foixante-dix-fept arcades d'une hauteur prodigieufe & compofé de deux rangs l'un fur l'autre. Il fournit encore actuellement de l'eau à toutes les maifons de la ville & des faubourgs de Ségovie.

Telle eft la fabrique de ce monument immenfe qu'il fubfifte entier depuis bien des fiècles, tandis que les petites réparations qu'on y fait de temps à autre durent tout au plus quinze à vingt ans.

Dans la Caftille neuve, hors de l'enceinte de Tolède, on voyoit au commencement de ce fiècle les reftes d'un vafte amphithéâtre, où l'on a trouvé un marbre antique avec cette infcription : *Imp. Cæf. M. Julio Philippo. Pio. Fel. Aug. Parthico. Pont. Max. Trib. Pot. P. P. Confuli.*

Toletani devotiſſimi : Numini Majeſt. que ejus D. D.
ce qui paroît prouver qu'il fut conſtruit aux frais des habitans
de Tolède & conſacré à Philippe.

Parmi les monumens modernes, on compte les bains
d'Alama au royaume de Grenade & à ſept lieues de cette
ville, où les rois d'Eſpagne ont fait élever de vaſtes &
commodes bâtimens avec des cuves de pierre, où l'on
deſcend par des degrés pour ne prendre que la quantité
d'eau qu'on veut ; la métropole de Séville, dont le clocher
eſt regardé comme un chef-d'œuvre de l'art : ce ſont trois
tours l'une ſur l'autre avec des galeries & des balcons ; la
montée en eſt ſi douce qu'on peut parvenir en chaiſe rou-
lante ou même à cheval juſqu'au plus haut.

Les rois d'Eſpagne ont deux palais à Madrid ; l'un eſt
ſitué à l'une des extrémités de cette ville & l'autre nommé
Buen-retiro, bâti par Philippe IV. La ſalle de Comédie de
ce dernier palais eſt belle & magnifiquement décorée. Dans
le parc de Buen-retiro, on voit deux très-jolies maiſons de
plaiſance, l'une appelée *l'hermitage de Saint-Paul,* l'autre
l'hermitage de Saint-Antoine ; le premier eſt plus orné, le
ſecond plus agréablement ſitué : comme l'air de ce ſéjour eſt
pur, la Famille royale y paſſe d'ordinaire le printemps.

A l'oueſt de la ville, dans une vallée très-ſablonneuſe,
paſſe le ruiſſeau de Mançanarès, qui dans les fontes de
neiges & les grandes pluies devient un torrent dangereux.
C'eſt ſur cette rivière idéale que Philippe II fit bâtir le
ſuperbe pont qu'on y voit, dont quelqu'un a dit plaiſamment,
qu'il faudroit le vendre pour acheter de l'eau ; un autre,
que *les rivières attendent les ponts, qu'ici le pont attend
la rivière ;* un troiſième, que *ce pont ſeroit beau s'il avoit
une rivière.*

Au bout de ce pont on voit un château appelé *la Cafa del Campo*, qui n'eft remarquable que par une ftatue de bronze repréfentant Philippe III armé en guerre, & une fontaine auffi en bronze, repréfentant une fortereffe avec fes canons & fa garde, dont toutes les pièces jettent de l'eau; à deux lieues de-là fur la même route eft *le Pardo*; à cinq lieues eft *l'Efcurial*, le plus grand & le plus magnifique des édifices de l'Efpagne. Philippe II le fit commencer en 1557; il réunit tout ce qu'on peut fouhaiter dans une ville, un palais Royal, une églife fuperbe, des cloîtres, un collége, une bibliothèque, de beaux jardins, un parc immenfe, de grandes promenades, de belles fontaines, des boutiques de Marchands & des ateliers pour les Artiftes & les Artifans. Ce qu'il y a de plus beau & de plus remarquable dans ce vafte édifice, eft l'églife bâtie, dit-on, fur le modèle de Saint-Pierre de Rome. Dans l'une des chapelles on voit Charles-Quint vêtu de fes habits royaux, à genoux, ayant autour de lui fes enfans; & à l'oppofite Philippe II, habillé auffi de même & dans la même pofture avec fa famille. Ces groupes font de bronze: les richeffes de tous les genres y font prodiguées; mais ce qu'il y a de plus admirable eft une églife fouterraine appelée le *Panthéon*, faite fur les deffins du fameux temple de ce nom qu'Agrippa, gendre d'Augufte, confacra à l'honneur de tous les Dieux. Cet édifice vraiment augufte fert de maufolée aux rois d'Efpagne & aux Princes de leur Sang. On peut voir la defcription de cette magnifique habitation dans tous les hiftoriens de l'Efpagne; ainfi nous nous difpenferons d'un plus grand détail.

Nous finirons cet article par la maifon royale d'Aranjuez à fept lieues de Madrid, dans une pofition affez avantageufe

pour

pour être non-feulement un lieu très-agréable, mais une retraite affurée pour les Princes en cas de révolution ; parce qu'on peut y faire une longue défenfe avec fort peu de Troupes.

Comme c'eft à la nation dont nous venons de parcourir les monumens que nous fommes redevables de la découverte & de la conquête d'un nouvel hémifphère, nous joindrons à fon article le peu de monumens que nous fournit le vafte continent de l'Amérique, au premier rang defquels nous mettrons les chauffées qui traverfoient le lac de Mexico pour fe rendre à cette ville des diverfes provinces de cet Empire, & les canaux qui divifoient les quartiers de cette ville célèbre, que les Efpagnols ont comblés depuis, le Palais Impérial & les temples de cette capitale, dont Antoine de Solis exalte les richeffes & la magnificence, le chemin royal du Pérou de cinq cents lieues, pour la confection duquel il fallut couper des rochers, aplanir des montagnes, combler de profondes vallées ; chofe prefqu'incroyable pour un peuple à qui le fer manquoit ; mais qu'on doit regarder comme un monument précieux de l'amour des Péruviens pour leurs fouverains. On prétend que le fervice des poftes s'y faifoit par des hommes placés de demi-lieue en demi-lieue ; cet établiffement fi utile, & qui fait tant d'honneur à fes inventeurs, en doit faire infiniment plus à des peuples à peine fortis de la barbarie *(t)*.

Avant que les Romains euffent porté leurs armes dans les Gaules, on pouvoit regarder les habitans des Ifles qui forment aujourd'hui le royaume de la Grande-Bretagne par rapport à eux, comme font par rapport à nous, les habitans des continens arctiques & antarctiques ; auffi Virgile, parlant

---

(t) Les Colléges & la Bibliothèque, fondés par le célèbre Franklin à Philadelphie, font des monumens non moins intéreffans pour les Penfylvains & pour la poftérité, que ceux dont nous avons parlé jufqu'ici.

Z

des Bretons, les regarde comme des barbares féparés du refte de la Terre, *& penitus toto divifos orbe Britannos.* Quels autres monumens peut-on attendre d'un peuple ifolé, que des ouvrages auffi groffiers qu'eux! C'eft auffi ce que nous repréfente parfaitement un amas énorme de ruines du comté de Wilfchire au lieu appelé *Stoneheng.* Tous les Antiquaires fe font partagés fur l'objet du vafte édifice qui y fut conftruit; mais les opinions fe réuniffent toutes actuellement à celle du Docteur Stukély, qui prétend que ce fut un collége & un temple de Druides : les pierres qui ont fervi à la conf- truction de ce groffier édifice, font de telle grandeur, qu'on ne conçoit pas comment elles ont pu être amenées là de fept lieues au moins, d'autant qu'on ne trouve point de carrières à une moindre diftance.

Ce Collége fut élevé fur le penchant d'une colline. Un ancien Auteur Anglois, à l'afpect de ces ruines, comparoit cet amas de pierres à une carrière en l'air, & ce qui refte de cet énorme bâtiment fur pied avec les ruines éparfes, aux débris d'une montagne éboulée; on y diftingue encore deux falles rondes, de cent huit pieds de diamètre, & deux ovales, dont le plus long diamètre eft de cent pieds; des reftes de galeries y fubfiftent encore, ainfi que le fanctuaire où les Druides pouvoient feuls entrer, & un autel au fond de ce fanctuaire, que les ruines du comble ont prefqu'entièrement furmonté, ce qui le fait paroître très-enfoncé. Aux environs de ces reftes de mafures, on trouve beaucoup de tombeaux qui renferment probablement les cendres de ces Druides ou de leurs dévots; mais nul monument écrit ne peut inftruire de la qualité des perfonnages qu'ils renferment.

Dans le comté de Kent, eft un chemin pavé, qu'on croit de fabrique romaine, & un édifice de ftyle romain. Des

Auteurs prétendent que le *Portus lemanus* étoit en cet endroit. Dans le même comté, sur le chemin de Sandvich, on voit les restes d'un amphithéâtre.

Parmi les monumens du moyen âge, on peut compter un tombeau découvert dans le siècle dernier, qui renfermoit un squelette avec une lance de fer, ayant à côté de lui une statue d'albâtre, tenant une épée d'une main & portant dans l'autre le buste d'une jeune fille avec un globe.

L'église de Salisbury est un monument dont les connoisseurs admirent la structure élégante & légère. On lit sur l'un des piliers de cette basilique, cette singulière inscription en vers Anglois, dont le sens est : *Dans cette église, fruit de l'industrie des hommes, vous trouverez autant de fenêtres que de jours dans l'an. Chaque jour se repose sur autant de piliers de marbre qu'il y a d'heures. Chaque chapelle y sert de palais à chaque mois, qui, pour sortir, n'emprunte pas la porte de son voisin.* Ce saint édifice a la forme d'une lanterne.

On peut mettre au nombre des plus remarquables monumens du moyen âge la tour de Londres, & la célèbre abbaye de Westminster.

Cette tour, dont contre toute vraisemblance on attribue la construction à César, est une espèce de forteresse, dans le genre de la bastille. Sa forme est quarrée & commande la cité ainsi que la rivière. Elle a, dit-on, un mille de circonférence, & fut dans tous les temps un lieu de retraite pour les Rois lors des troubles de l'État : ils y entretiennent toujours une forte garnison, & ils l'ont également munie d'une artillerie redoutable.

Ce monument a plusieurs destinations, dont la principale est de servir de prison d'État ; la monnoie du Prince s'y frappe : elle sert d'arsenal & de dépôt aux joyaux de la Couronne

& aux archives de la Nation, & contient une infinité de titres, de chartes & autres papiers concernant les anciennes Maisons d'Angleterre & de France : objets précieux qui s'y trouvent confondus, &, pour ainsi dire, enfouis. On y voit une salle d'armes, qui contient la collection la plus rare & la plus précieuse qu'il y ait dans ce genre. D'ailleurs cette tour n'a rien de remarquable que son antiquité & sa masse assez redoutable.

L'abbaye de Westminster fut célèbre dans l'antiquité par ses grandes richesses. Sibert, le premier roi Saxon d'Essex, qui embrassa le Christianisme, en fut le fondateur & la dédia à Saint Pierre, l'an de grâce 612. L'édifice, tel qu'on le voit de nos jours, est de l'an 1210, sous le règne de Henri III. Cette église fut sécularisée lors de la réformation, & est actuellement l'un des plus augustes chapitres de l'Europe.

Ce monastère répond en quelque sorte à celui de Saint-Denys en France, soit par sa magnificence, son opulence & sa destination. C'est le lieu du couronnement & de la sépulture des rois de la Grande-Bretagne, ce qui rend ce monument recommandable. Le Parlement de la nation, composé des Seigneurs spirituels & temporels, ainsi que des Députés des provinces, s'y assemble. Une infinité d'autres tombeaux que ceux des Rois s'y trouvent réunis, & les monumens érigés à la mémoire des Seigneurs illustres, y sont remarquables par leur composition & leur exécution.

Celui de Milord Hollis, duc de Newcastle, est un des plus beaux. L'on admire le mausolée du Capitaine Cornval, élevé depuis peu & riche de composition. Les Docteurs, les Poëtes, les Peintres & autres génies & Artistes célèbres, y ont également leurs tombeaux caractéristiques ; jusqu'aux grands Acteurs y ont leur sépulture.

Guillaume

Guillaume Shakefpear, fameux Auteur tragique, y repofe avec cette infcription remarquable.

Guilielmo Shakefpear,

Anno poft mortem CXXIV,

Amor publicus pofuit.

Celui de Prior, poëte célèbre & Ambaffadeur en France, ceux de Dryden, Philips, Cowley, Congrêve, Ben-Jonhfon, tous Poëtes & Savans renommés; comme auffi le tombeau du divin Milton, de Butler, auteur du poëme d'Hudibras, & ceux d'une infinité d'autres Savans, tels que Geoffroi Chaucer, père de la poëfie angloife; de Pope & d'Adiffon, Poëtes philofophes; de Cambden, Hiftorien; d'Ifaac Barow, Ernert, Grabe, tous trois Théologiens, & celui de l'illuftre Saint-Evremont.

Enfin l'on y lit une infcription d'un nommé Parr, natif de la province de Falop, qui naquit l'an 1483 & vécut fous les règnes de dix Princes; favoir, depuis Édouard IV jufqu'au règne de Charles Ier & fut enterré le 15 novembre 1635, après avoir vécu cent cinquante-deux ans : il a été peint par Vandeick.

Dans plufieurs chapelles font les maufolées les plus diftingués; on y voit ceux de la fameufe Élifabeth, reine d'Angleterre, & de Marie Stuart, reine d'Écoffe; fous la même tombe repofent les cendres d'Édouard V & de fon frère Richard, duc d'Yorck : un monument fimple a été érigé par l'ordre de Charles II à la mémoire de ces Princes infortunés.

Une fuite d'autres monumens confacrés également à la mémoire d'une infinité de Princes & Princeffes, rend ce monaftère très-recommandable; & l'on eft faifi d'un faint refpect quand on parcourt cette immenfité de maufolées

A a

tous variés & défignant toujours l'état de ceux pour qui ils ont été élevés ; repréfentant également les différens coftumes des divers fiècles, particulièrement celui des Guerriers, avec leurs attributs & les différentes armes dont ils faifoient ufage.

Quand d'un œil philofophique l'on contemple fous la même voûte un peuple entier de Citoyens de tous états, & qu'on y voit les dépouilles du fubalterne, homme de génie, repofer aux côtés de celles du Souverain, ne peut-on pas s'écrier avec la même admiration qu'un de nos Auteurs les plus célèbres de ce fiècle : *ô Nation, la feule penfante de l'Univers !* Ce feul trait caractérife ce peuple républicain, & le rend bien refpectable en ce qu'il honore d'une manière fi particulière les cendres des Membres qui furent utiles au corps national, foit par leur génie, foit par leurs vertus, leurs fervices perfonnels, ou même par leurs talens.

C'eft avec douleur que nous nous permettons encore ici une obfervation : notre nation femble peut-être trop divifée d'intérêts pour jamais concourir à élever des monumens à fes illuftres concitoyens ; en voici un exemple bien frappant.

Le grand Defcartes retiré dans la Nord-Hollande pour s'y livrer en paix à la méditation des grands objets de la Nature & même de la Morale, eft appelé en Suède par la reine Chriftine & meurt à Stockolm ; les Suédois pleins de refpect pour la mémoire de ce génie fublime, & voulant que la poftérité jugeât de fon mérite éminent par leur reconnoiffance, rendirent à cet illuftre Philofophe tous les honneurs funèbres, & quoique d'une autre communion que la leur, lui érigèrent un monument en marbre avec une belle infcription. La famille de Defcartes réclama fon corps, qui fut auffitôt conduit à Paris & dépofé dans l'églife de

Sainte - Geneviève, où à peine peut-on y lire aujourd'hui une simple inscription fixée sur un des piliers de la nef. Ne seroit-ce donc pas le cas d'élever à ce grand homme une statue dans une des chapelles de Sainte - Geneviève, lorsque ce nouveau & superbe temple sera terminé !

L'incendie de 1666 fut presque général dans Londres, puisqu'il consuma plus de treize mille maisons, & presque tous les édifices publics, tant anciens que modernes, dans l'espace seulement de trois jours, où cependant il n'y eut que huit personnes qui périrent. Cet incendie commença chez un Boulanger ; il falloit qu'alors la ville ne fût bâtie qu'en bois, puisque le feu se communiqua aussi promptement. Les habitans eurent sept ans pour construire leurs maisons & autres édifices publics ; mais par une espèce de prodige, cette ville fut renouvelée dans l'espace de trois années seulement, & avec bien plus de solidité & d'agrément qu'avant ce désastre affreux. La perte fut énorme, puisqu'elle se monta par un compte, même modéré, à neuf millions de livres sterlings.

Les égouts, les quais furent commencés dans le même temps. On érigea aussi cette superbe colonne appelée *le Monument*, qui en effet en est un bien remarquable de cette affreuse catastrophe ; & l'on commença à jeter les fondemens de la nouvelle église métropolitaine de Saint-Paul, sur l'emplacement de l'ancienne qui avoit été également incendiée.

La colonne ou *Monument* fut consacrée en mémoire de l'incendie dont nous venons de parler ; elle est d'ordre dorique & cannelée, portant sur un piédestal quarré, de quarante pieds de haut sur vingt-un de diamètre : son exhaussement en totalité est de deux cents deux pieds : l'on monte jusqu'au plus haut par un escalier en vis, & l'on trouve une balustrade de fer à son sommet d'où l'on découvre toute l'étendue de cette ville immense & ses environs.

Les inscriptions qui se trouvent sur les cartels du piédestal, expriment très au long tous les malheurs que Londres éprouva par cet incendie, & les détails en sont toujours intéressans pour les nationaux qui les lisent. L'on peut encore y lire une inscription qui nous a été conservée, quoiqu'elle ait été détruite par ordre de Jacques II, mais qu'on a rétablie après la révolution qui le détrôna; la voici :

« Cette colonne a été érigée en mémoire perpétuelle » du terrible incendie de cette ville Protestante, tramé & exé- » cuté par la perfidie & malice des Papistes, au commencement » de septembre, l'an de grâce 1666, afin de pouvoir exécuter » l'exécrable complot fait pour extirper la religion Protestante » & l'ancienne liberté Angloise, & pour introduire le Papisme & l'esclavage. »

Le célèbre M. Hume & tous ses concitoyens philosophes, regardent avec juste raison, cette inscription comme l'ouvrage du fanatisme le plus outré.

Ce fut près de l'abbaie de Westminster, qu'on commença en 1739, un pont superbe, qui n'a été terminé qu'en 1751. Ce monument a douze cents vingt-trois pieds de longueur sur quarante-quatre de large, avec quinze arches; ce pont est un des plus beaux ornemens de Londres, & répond pour la magnificence à l'utilité & à la dignité de cette immense capitale.

On travaille actuellement à la reconstruction de celui qu'on appelle le *pont de Londres*, & l'on a prévu dans cette ville, ce qu'un jour on sentira peut-être dans la capitale de la France, qu'il y a plus d'un inconvénient à écraser des

ponts

ponts, de maisons extrêmement élevées; qu'un dégel subit & considérable ou une crûe extraordinaire, peuvent entraîner dans la ruine des ponts, la perte d'un grand nombre de citoyens. C'est à côté de ce pont qu'est une des plus belles machines hydrauliques connues, qui donne à la ville un volume considérable d'eau, & cette machine qui s'élève avec le flux, se baisse par conséquent à la marée tombante.

Les édifices publics de Londres sont en général très-vastes & d'une distribution propre aux usages auxquels ils ont été destinés, mais ils ne peuvent point être cités comme des monumens remarquables. La partie des arts d'Architecture & de Sculpture y est absolument négligée; disons cependant à la louange de cette nation, qu'il se trouve dans son sein des hommes d'un goût éclairé par l'habitude de voir & de comparer, & continuellement occupés à parcourir les pays étrangers pour y faire des collections en tous genres, riches par le nombre & précieuses par le choix, soit en sculpture, en antiques, & sur-tout en tableaux des écoles d'Italie & de France; mais les Artistes, dans ces deux parties principales, n'y sont point renommés.

Nous ne pouvons passer sous silence la superbe basilique de Saint-Paul, la première de ce nom, fondée par Éthelbert, l'an 610, qui, ainsi que nous venons de l'observer, fut réduite en cendres par l'incendie de 1666. On commença donc à la rebâtir sur le même emplacement le 21 juin 1675. Le chevalier Christophe Wren, qui en donna les plans, eut la satisfaction de la voir finir, quoiqu'on eût employé quarante ans à la terminer, ainsi que Strong qui en conduisit l'exécution; cette Basilique a cinq cents pieds de long, deux cents quarante-neuf de large : son pourtour, deux mille deux cents quatre-vingt-douze pieds; la nef a quatre-vingt-huit pieds

B b

d'exhauffement dans œuvre, & le dôme trois cents quarante, dont le diamètre eft de cent treize pieds. D'après ce qu'on en vient de dire, l'on peut donc certifier que c'eft le temple le plus vafte du Monde après Saint-Pierre de Rome.

La Bourfe, la Banque royale, le Bureau général de la pofte, la Douane, les Colléges, les Hôpitaux, le *Mufæum* Britannique, font des bâtimens dont la grandeur répond à l'importance de leur deftination.

Les Palais des rois d'Angleterre n'ont de remarquable que l'immenfité du terrein qu'ils embraffent. Les promenades de Saint-James & Hideparc, ne font point comparables, ni pour la diftribution ni pour la magnificence & les richeffes en fculptures, au jardin des Tuileries de Paris. Hamptoncourt, Kinfington & Windfor, n'ont rien qu'on puiffe comparer à Verfailles, à Marli, à Trianon.

Avant d'en venir à la France, par laquelle nous termi-nerons cette Differtation, nous ne pouvons nous difpenfer de recueillir quelques monumens du nord de l'Europe.

Les Cimbres, les Teutons & ces Hordes hyperborées qui, comme des torrens, n'ont laiffé fur leurs paffages que des veftiges de deftruction, ne doivent pas avoir été très-propres à conftruire; & le peu qui nous refte des monumens anciens de ces pays feptentrionaux, eft auffi fauvage & auffi barbare que les peuples qui les habitoient. Cependant la Suède nous en fournit quelques-uns qui, par leur antiquité & leur fingularité, méritent bien d'avoir place dans ce Difcours.

On voit entr'autres dans les environs de Stockolm, un antique Palais entouré de fortes chaînes qui le foutiennent & retardent fon entière dégradation. Si l'on en croit la tradition du pays, les Auteurs qui en parlent, & particulièrement une inſcription qui ſe trouve ſur cet édifice, ſa conſtruction remonte à l'an 266 après le déluge; on ſent de reſte l'in-vraiſemblance d'une pareille aſſertion. Quelle apparence, en effet, que les Grecs, près du berceau du genre humain, n'aient été inſtruits que tard, & que ces peuples ſeptentrionaux aient eu l'écriture à une date ſi peu éloignée de cette affreuſe cataſtrophe qui bouleverſa toute la Terre!

On voit aux environs de ce même édifice, qui dut être un temple, des puits où l'on égorgeoit les victimes, & les autels ſur leſquels on les brûloit; une ſingularité de la Nature, & qui doit certainement étonner ſi elle eſt vraie, c'eſt un chêne toujours vert, dont le tronc & le branchage atteſtent l'antiquité, & qu'on dit également être du même âge que cet édifice, & le contemporain des ruines amon-celées qui jonchent les campagnes d'alentour, & d'une infinité de pierres hyéroglyphiques juſqu'à préſent indéchif-frables, mais dont quelques-unes portent l'empreinte de la nouvelle loi.

Il eſt certain que les matériaux de ces édifices paroiſſent à la qualité de leur grain, être d'une nature preſque indeſtructible; ce qui n'a pas peu contribué à les conſerver juſqu'à nos jours. On voit auſſi dans pluſieurs cantons de la Suède, de ces tertres élevés au milieu des campagnes, ſemblables à ceux qu'on voit près de Tongres, & qu'on appelle tombes, *Tumuli,* qu'on dit être les tombeaux des guerriers illuſtres de ces temps.

Quant aux édifices modernes, nulle part, même à Rome, on n'en voit de plus magnifiques & en plus grand nombre que dans la Suède; il ne faut que jeter les yeux ſur la belle collection qui s'en trouve à la Bibliothèque du Roi, dans deux gros volumes de gravures précieuſes, pour juger qu'on n'exagère point à cet égard, nous y renvoyons nos Lecteurs.

Quant à la Ruffie, le monument le plus fingulier dont ce vafte empire puiffe fe glorifier, c'eft le *Czar Pierre 1.er* furnommé le Grand, à plus jufte titre qu'aucun Monarque de la terre. Ce Prince, le phénomène le plus rare qui ait paru fous le ciel, a tout créé dans fes États, jufqu'à fa nation même : arts, fciences, commerce, navigation, guerre, politique, légiflation, fociétés réunies, villes, temples, tout enfin y eft paffé, dans le plus court efpace de temps, de l'enfance à la virilité ; & cette nation, *nulle,* pour ainfi dire, avant lui fur la terre, y joue actuellement un rôle diftingué, & n'a peut-être déjà que trop d'influence fur le fyftème politique de l'Europe.

L'art offre en Ruffie plufieurs chofes qu'on peut admirer; la première, & la plus étonnante peut-être, c'eft une ville confidérable, *Péterfbourg,* capitale de ce vafte Empire, avec port, arfenal, fonderie, corderie, écoles de Cadets de terre & de mer, autres maifons d'éducation, & un très-grand nombre d'églifes, d'édifices particuliers & publics, de palais & de grandes maifons, couvrant un efpace immenfe qui n'étoit, il y a foixante ans, qu'un vafte marais : lorfque cette penfée fe réunit au fpectacle des lieux, elle effraie. La feconde eft un très-beau quai, conftruit fur un des bords de la *Neva,* rivière rapide & profonde ; cet ouvrage eft digne par fa difficulté & par fa beauté, de la hardieffe des Grecs & de la grandeur des Romains. La troifième eft le monument élevé par *Catherine II* à la gloire de *Pierre 1.er*

C'eft une ftatue équeftre ; l'homme & le cheval font d'une grandeur double de nature ; l'idée en eft hardie : on

voit

voit le héros fondateur & protecteur de l'Empire, fran-
chiffant une montagne efcarpée, au galop; le cheval ne
touche au roc qui lui fert de bafe, que par fa queue & fes
deux pieds de derrière; le refte de l'animal eft en l'air &
fans aucun fupport fous le ventre ni d'aucun autre côté; il
s'appuie fur fes jarets, le gonflement des mufcles de l'arrière-
main montre toute la violence de fon effort, & il s'élance.
Sur ce cheval fougueux, *Pierre Ier* eft tranquille, noble &
fier : les pieds de derrière de l'animal écrafent un ferpent,
fymbole de l'Envie qui a traverfé dans tous les temps les
grands hommes dans leurs entreprifes. Ce ferpent très-natu-
rellement imaginé, fert encore à confolider le monument fur
fon piédeftal. Des connoiffeurs nous ont affuré que ce grand
travail réuniffoit la vérité de la Nature au merveilleux de la
Poëfie, la force de l'exécution avec le charme de la grâce.

C'eft la production d'un célèbre artifte François, appelé
Étienne Falconnet (dont nous aurons encore occafion de
parler dans la fuite de cet ouvrage), qui s'étoit diftingué
en France par de beaux ouvrages, lorfque l'Impératrice
régnante l'appela en Ruffie, où fon génie fut encore encouragé
par la faveur de cette grande Souveraine. L'ouvrage eft
achevé, & fon entier fuccès ne dépend plus que de la fonte;
plaife au ciel qu'elle foit heureufe !

Mais nous oublierions un objet trop important pour les
Amateurs des mécaniques, fi nous paffions fous filence le
piédeftal de ce fuperbe monument.

C'étoit une très-grande difficulté à furmonter; conftruit
de plufieurs quartiers de pierre reliés par les plus fortes
attaches de fer, il étoit encore à craindre que l'extrême
rigueur des hivers ne les féparât ; & qu'un jour le tout
n'expofât qu'un amas de ruines. On étoit occupé à prévenir

3.me ÂGE
DU MONDE.

RUSSIE.

C c

cet évènement, lorfque l'on découvrit dans une baie voifine du golfe de *Finlande ,* à neuf *verftes* du bord de l'eau, un bloc de granite de quarante-quatre pieds de longueur fur vingt-fept de largeur & vingt-deux de hauteur; mais il s'agiffoit de tranfporter ce bloc, dont le poids total étoit de cinq millions de livres. Où fe trouvoit la machine capable de mettre en mouvement cette énorme maffe ! dans la tête d'un homme de génie. On commença par en retrancher fur le lieu environ deux millions de livres; enfuite, avec des peines infinies, on parvint à enlever la maffe reftante de trois millions, & à la placer fur de longues poutres creufées en gouttières & revêtues de fortes lames de cuivre; ces gouttières fervoient à retenir des boulets de fer : la poutre inférieure, qui touchoit à la terre, formoit le chemin; la gouttière fupérieure, le moyen de tranfport, fur laquelle repofoit le bloc ; & les boulets contenus entre les deux gouttières, faifoient la fonction de roues.

Ce fut à l'aide de cet appareil fort fimple, qui traînoit à fa fuite & des hommes de fervice & des ateliers, que le bloc, après une infinité d'accidens occafionnés par les difficultés d'une marche fouvent tortueufe, & à travers un terrein inégal, mou & fangeux, parvint à la rive du golfe, où il fut placé fur un radeau piloté, & tranfporté à Péterfbourg où fon débarquement préfenta de nouvelles difficultés; mais de quoi ne vient point à bout l'homme, lorfqu'il entend la voix d'un maître chéri qui l'invite par ces fortes de récompenfes qui le déterminent fouvent jufqu'au facrifice de fa vie ! c'eft ce que *Catherine II* fait faire. C'eft elle qui fans effort oublie fouvent fon autorité illimitée, pour ne s'adreffer qu'à l'amour de fes fujets.

Remontons aux monumens des 1.ers âges de ce vafte Empire.

Avant que l'Apôtre Saint André eût prêché la foi évangélique dans ces climats barbares, on adoroit à Nowogrod une idole coloffale de pierre, qui avoit la forme humaine & tenoit une pierre enflammée dans la main. On entretenoit un feu perpétuel de bois de chêne à fes pieds, & fi ce feu venoit à s'éteindre par la négligence des Miniftres à ce prépofés, ils étoient auffitôt punis de mort.

Dans la province d'Obdorie, on voit encore une idole de la plus haute antiquité, que les habitans appellent *Zolota Baba* ou la *Vieille d'or*, quoiqu'elle ne foit cependant que de pierre. C'eft l'image d'une vieille femme tenant un enfant fur fon giron & en ayant un autre à côté d'elle. On lui offre des fourrures les plus précieufes, & on lui frotte le vifage & les yeux du fang des bêtes qu'on tue à fon intention. On dit que la montagne fur laquelle cette idole eft placée, rend continuellement des fons comme ceux de la trompette ou comme le mugiffement des bœufs; ce qui peut naturellement fe faire par des canaux fouterrains, où l'air paffant continuellement produit cet effet *. Il ne paroît pas que les Mofcovites, les Ruffes, les Tartares ni les Sarmates aient eu des temples. Jean Melet qui a féjourné pendant long-temps dans le duché de Pruffe en Samogitie, dans la Lithuanie & la Livonie, dit que ces peuples facrifioient jadis aux démons, & que malgré la lumière de l'Évangile, dès long-temps reçue dans ce pays, le peuple pratiquoit encore de fon temps en fecret ces abominations.

Chez les Sudins, peuple de la Pruffe, vers la fin d'avril on faifoit une fête en l'honneur d'un génie qu'ils appeloient *Pergrubius*. Le Sacrificateur prenoit un vafe plein de bière, & après une invocation à ce Génie, il lui adreffoit ces mots: *C'eft toi qui chaffes l'hiver & ramènes les charmes du printemps ; c'eſt par ton pouvoir que nos campagnes, nos jardins & nos forêts ſe couvrent de fleurs & de verdure;* puis prenant le vaſe dans ſes dents, il buvoit ſans ſe ſervir de ſes mains, & après avoir bu, il jetoit, par un effort de ſa bouche, le vaſe par-deſſus ſa tête, après quoi tous les aſſiſtans buvoient l'un après l'autre dans le même vaſe. On chantoit enſuite un cantique à l'honneur de ce Génie, & le reſte du jour ſe paſſoit en feſtins & en danſes.

En commençant la moiſſon, ils ſacrifioient au génie *Zazinck* ; & à la fin de la moiſſon, au génie *Ozinck.*

Le ſacrifice du chevreau ſe faiſoit ainſi. Le Sacrificateur, après avoir raſſemblé le peuple dans un grenier, faiſoit venir le chevreau qu'il devoit ſacrifier, invoquoit enſuite *Occopirnus,* le Dieu du ciel & de la terre; *Autrimpus,* le Dieu de la mer ; *Gardoœtes,* le Dieu des Nautonniers ; *Potrympus,* le Dieu des rivières & des fontaines; *Pilvitus,* le Dieu des richeſſes ; *Pergrubius,* le Dieu du printemps, dont nous venons de parler ; *Pocclus,* le Dieu de l'enfer & des ténèbres; *Poccolus,* le protecteur des forêts ſacrées; *Auſceurus,* le Dieu de la ſanté & de la maladie; *Marcoppolus,* le protecteur des grands & des nobles; les *Baurſtcces* ou les Génies qui habitent dans le ſein de la terre.

Cette invocation faite, tous les aſſiſtans levoient enſemble le chevreau juſqu'à ce que le cantique qu'on chantoit en l'honneur de ces Divinités imaginaires fût fini, après quoi on le mettoit à terre. Le Sacrificateur exhortoit enſuite à renouveler cette cérémonie, ſagement inſtituée par leurs ancêtres, avec la piété requiſe. Cette courte exhortation terminée, alors il égorgeoit la victime, dont le ſang étoit reçu dans une coupe, il en aſpergeoit l'aſſemblée, en donnoit aux femmes la chair pour la faire cuire ; & pendant qu'elle

cuiſoit,

cuifoit, elles faifoient des petits gâteaux de farine de feigle, que les hommes qui entouroient le feu jetoient dedans, & qu'ils y laiffoient jufqu'à ce qu'ils durciffent. Cette cérémonie finiffoit par un grand feftin où l'on paffoit la nuit ; & le lendemain, à la pointe du jour, on fortoit de ce lieu pour aller enterrer les reftes de ce feftin, afin que ni les oifeaux, ni les autres bêtes ne les puffent manger.

Dans la Samogitie on avoit une vénération toute particulière pour *Putfcætus*, le protecteur des forêts facrées : on lui facrifioit avec du pain, fous un fureau, que ces peuples barbares croyoient qu'il aimoit préférablement à tous les arbres. Ils prioient cette Divinité de leur être favorable auprès de *Marcoppolus*, le Dieu des grands, pour que leurs fouverains ne leur rendiffent pas le joug trop dur, & pour que les Génies fouterrains les vifitaffent, parce qu'ils croyoient que les Génies fecondaires, venant habiter avec eux, feroient profpérer leur maifon ; enfin pour fe les rendre favorables ils leur fervoient le foir du pain, du beurre, du fromage, de la bière ; & fi le lendemain ils ne trouvoient pas ce qu'ils avoient fervi, ils fe croyoient favorifés de ces Génies.

Dans la Lithuanie, les peuples nourriffoient dans leurs foyers des ferpens qu'ils adoroient, comme les Anciens faifoient leurs Pénates ; dans un certain temps de l'année leurs Prêtres, par de certaines paroles, les faifoient venir à table fur un linge très-propre où ces reptiles mangeoient de ce qui leur étoit offert, & retournoient enfuite dans leur trou ; s'ils refufoient de fortir ou de goûter des mets qui leur étoient fervis, ces barbares croyoient que l'année feroit malheureufe pour eux.

L'Auteur que nous citons, raconte un fait dont il prétend

PRUSSE.

SAMOGITIE.

LITHUANIE.

D d

3.me ÂGE
DU MONDE.

LITHUANIE.

avoir été témoin oculaire : c'eſt qu'une femme, dont le fils ſe trouvoit abſent depuis long-temps, & dont elle n'avoit point eu de nouvelles depuis ſon départ, étant allée conſulter un Burty ou Sorcier du pays, cet homme, après avoir invoqué *Potrympus,* le Dieu des fleuves & des eaux, ayant verſé de la cire fondue dans de l'eau, cette cire rendit la forme d'un vaiſſeau fracaſſé & d'un cadavre flottant auprès des débris; ſur quoi le prétendu Sorcier aſſura que le jeune homme avoit péri par un naufrage; ce qui ſe confirma peu de temps après, & ne manqua pas d'accréditer ſingulièrement l'impoſture chez cette Nation barbare & ſuperſtitieuſe. Perſonne n'ignore que la Lapponie eſt pleine de ces prétendus ſorciers qui trafiquent des vents avec les navigateurs, ou du moins leur en promettent à ſouhait.

Sur une haute montagne de la Samogitie, au pied de laquelle paſſe la rivière Nauvaſſa, on voit encore un autel fort élevé ſur lequel on entretenoit autrefois un feu perpétuel en l'honneur du dieu *Pargni,* qu'on regardoit comme le maître de la foudre. Nous venons de voir des monúmens d'ignorance & de ſuperſtition, paſſons actuellement à d'autres qui ſeront plus intéreſſans pour l'eſprit.

TRANSYLVANIE.

La Tranſylvanie, que les Romains nommoient *Dacia,* fut une contrée célèbre par le courage de ſes habitans, qui coûta infiniment de ſang aux Romains avant de ſubir le joug qu'on vouloit lui impoſer. Décébale enfin vaincu par Trajan, avoit été rétabli dans ſes États à condition de ſe reconnoître ſujet de l'Empire; mais cet Empereur n'eut pas plutôt quitté le pays que ce Prince barbare fait réparer les fortereſſes démantelées & ſe prépare à ſecouer le joug : Trajan revient ſur ſes pas, & pour pouvoir entrer dans le pays quand il voudroit, il fit bâtir un pont ſur le Danube qui avoit vingt piles; ce pont, outre les fondemens, avoit cent cinquante pieds d'élévation, foixante pieds de largeur & cent quatre-vingts pas de longueur : on y mit l'infcription fuivante : *Providentia Augufti Pontificis, virtus Romana quid non domet ? fub jugum rapitur ecce & Danubius.* Adrien fit depuis détruire ce pont, craignant que fi les légions Romaines, en ftation dans ce pays-là, venoient à être repouffées, ces barbares ne s'en ferviffent pour ravager les pays d'en deçà du Danube. Décébale, fe défiant de fes forces, fe tua de fa propre main. Trajan, ayant de nouveau foumis ce pays, fit chercher à Zarmes, capitale de cette contrée, les tréfors de Décébale; un prifonnier Romain nommé *Biculus*, lui ayant appris que ce Roi barbare les avoit fait cacher au fond de la rivière *Sargetia*, où ils furent trouvés; en mémoire de cette découverte, Trajan fit élever une colonne, fur laquelle on grava cette Infcription : *Jovi inventori, diti patri, terræ matri, detectis Daciæ thefauris, divus Nerva Trajanus votum folvit.*

Dans ce même pays, près de la même ville appelée depuis *Alba Julia*, on trouva, il y a environ cent cinquante ans, un monument érigé à la gloire du même Trajan, fur lequel étoit cette Infcription : *Jovi Statori, Herculi Victori, M. Ulp. Nerva, Trajanus, Cæfar, victo Decebalo, domitâ Daciâ, votum folvit.*

Sur les frontières de ce pays, à Colofwar, on voit fur une des portes de cette ville, cette autre Infcription :

I. M. N.

Trajano pro falute Imp. Antonini & M. Aurelii Cæfar. Milites confiftentes municipio pofuerunt.

C'eft près de cette ville qu'on voit fur un roc très-élevé un ancien château qu'on juge clairement, par la comparaifon des monumens Romains, dont on trouve un grand nombre en cette contrée, être un ouvrage de cette nation ; on y a trouvé plufieurs Infcriptions, celles-ci entr'autres :

I. O. M. E. Junoni.

Pro falute Imp. M. Aurel. Anthonii, Pii, Aug. & Juliæ
Aug. matris Aug. M. Ulpius Mucianus miles Leg. XIII.
Gem. horologiare Templum a folo de fuo ex voto fecit
Falcone & Claro Coff.

Divo Severo Pio
Colonia Ulpia Trajana Aug. Dacia Zarmis.

I. O. M.

Romulo parenti, Marti auxiliatori, felicibus aufpiciis Cæfaris,
divi Nervæ Trajani Augufti condita Colonia Dacia Zarmis
per M. Scaurum ejus pro P. R.

À Arbrughiana, fur l'autel d'un petit Temple qui fubfifte encore, on lit cette Infcription :

D. M.

Caffiæ perigrinæ integ. Fa. I. Vir. Ann. XXII. F. Bifius
Sunob. Sard. Conjug. S. M. P. I.

À Zalathuya, on a trouvé plufieurs marbres gravés, fur l'un defquels on lit :

D. M.

M. Aure. Anthonini. Mil. Leg. XIII. Gem. vixit annos XII.
men. XI. diebus II. militavit an. V. Lib. Rara. Ure I.
Marcianus & Val. Valentiana filio Pientiffimo.

À Bude dans la Hongrie, on voit encore les ruines des monumens qu'y firent élever les empereurs Antonin & Sévère.

La Germanie, cette vafte région, à préfent connue fous le nom d'Allemagne, eft bornée par le Rhin à l'oueft, au

nord

nord par la mer Baltique, à l'orient par la Viſtule, la Pologne & la Hongrie; au midi par les Alpes; les Romains ne connurent les peuples qui l'habitoient que ſous les noms de Cimbres, de Teutons & de Suèves. Saint Jérome les diſtingue en Francs, en Saxons & en Allemands : « Les Francs, dit-il, habitoient le pays compris entre le Rhin « & le Mein; les Saxons habitoient le pays au-delà de l'Elbe, « & les Allemands le pays entre l'Elbe & le Rhin. »

Oroſe diviſe les habitans de ce pays en cinquante-quatre nations; mais il faut obſerver que les Auteurs qui ont écrit ſur la Germanie, n'ont pas été de cette nation, ainſi la différence d'écrire ou de prononcer les noms a multiplié les dénominations ſans multiplier les nations; mais nous ne les ſuivrons pas dans ce détail. Les bonnes mœurs chez ces peuples, dit Tacite, avoient plus de pouvoir que les bonnes loix n'en ont ailleurs : on ne peut rien ajouter à un tel éloge.

Avant Jules Céſar les habitans de la Germanie étoient peu connus des Romains; ce fut ſous Auguſte qu'ils commencèrent à pénétrer dans ce pays. Tacite dit que de ſon temps, c'eſt-à-dire, environ l'an de Jéſus-Chriſt 116, il n'y avoit ni villes ni fortereſſes dans ces contrées. Cet Hiſtorien, qui connoiſſoit la Germanie, aſſure que ſous l'empire de Veſpaſien, ſoixante-onze ans après Jéſus-Chriſt, les Germains vivoient encore en nomades & n'avoient point de demeure fixe.

Il eſt certain que ſi Jules Céſar en eût fondé quelques-unes, il n'eût pas manqué de nous l'apprendre; ſous Auguſte & Druſus, ni ſous Trajan, on ne connoiſſoit dans toute la Germanie que Cologne, Trèves, Saverne en Alſace, Soleure en Suiſſe, & quelques villes de l'Auſtraſie, actuellement la Lorraine. Les ravages d'Attila donnèrent lieu aux

E e

Germains de conftruire des villes fortifiées, pour y rètirer leurs effets, & fe mettre à l'abri des fureurs des Huns & des autres barbares du Nord, qui à plufieurs reprifes exer-cèrent les plus horribles cruautés dans ce pays.

Les Hongrois, vers l'an de Jéfus - Chrift 908, firent de tels ravages dans cette malheureufe contrée, que ce fut un nouveau motif de fe fortifier autant qu'on le put contre les incurfions de ces farouches ennemis qui faccageoient le pays, laiffant toutes les villes fortifiées; mais les habitans des campagnes furent obligés, pour fe fouftraire aux excès de ces barbares, de fe cacher dans les plus épaiffes forêts, ou dans les creux des rochers & dans des cavernes profondes.

Avant les temps dont nous parlons, les habitans de la Germanie n'habitoient que des bourgs ou lieux non murés; & fi chez des peuples long - temps errans on trouve encore quelques anciens monumens qui aient précédé l'invafion des Romains dans la Germanie, ce ne peuvent être que des monumens de fuperftition auxquels ils furent affervis, comme à Wurtzbourg, ville de la Franconie, où il y avoit un temple à l'Érèbe ou à Pluton, dans lequel les peuples de ce canton fe rendoient pour confulter l'oracle qui y étoit fameux. Le culte de Bacchus y fut auffi connu, & on lui avoit confacré un antre profond où ce Dieu étoit adoré.

À Merfbourg en Saxe, ville qu'on prétend avoir tiré fon nom de Mars, *Martis Burgum*, on voit encore les reftes d'un temple confacré à ce Dieu; & l'on trouve fur l'une des portes de cette ville qui va à la cathédrale, une ancienne infcription qui prouve que ce Dieu y fut parti-culièrement adoré.

Les villes qui ont été les premières connues des Romains furent Trèves & Mayence. On fait remonter la fondation de la première à la plus haute autiquité : elle eſt connue par les commentaires de Céſar. Titus Labienus, l'un de ſes Lieutenans, la ſoumit à la domination des Romains; Auſone parle d'un palais qu'y fit bâtir Conſtantin : elle paſſa ſous la domination des François long - temps même avant que Charlemagne eût fondé le ſecond empire d'Occident. On ſait que Céſar fit conſtruire un pont près de Mayence pour paſſer en Germanie. Druſus, gendre d'Auguſte, agrandit & embellit cette ville, près de laquelle, ſur une colline, on éleva à ce Prince un monument de la figure d'un gland, que les Allemands appeloient *Aichelſtein*. Cette ville revendique l'honneur de l'invention de l'Imprimerie que les villes d'Harlem & de Straſbourg ſe diſputent entr'elles & diſputent également à cette première.

Soltwedel, ville de la vieille Marche, fut célèbre par un temple du Soleil, d'où cette ville tira ſon nom. Druſus détruiſit cette ville ſous Tibère; mais l'idole du Soleil & ſon culte ſubſiſtoient encore ſous Charlemagne, qui renverſa l'un & détruiſit l'autre en faiſant reconſtruire cette ville.

Druſus fit bâtir une forterefſe au confluent de l'Aliſo & de la Lippe, pour contenir les Sicambres. Sous l'empire d'Auguſte, Varus fut défait par Arminius, qui raſſembloit ſous ſes drapeaux les Germains, les Cheruſques, les Bruétères, les Marſes & pluſieurs autres nations de la Germanie. Le lieu du combat fut la forêt de Teutbourg; il y périt avec la majeure partie de ſon armée; on dit même qu'il ſe tua de ſa propre main.

Sous Tibère on retrouva ſur le champ de bataille l'aigle de la cinquième Légion & celle de la Légion de Varus, qu'on y avoit enterrées; on regarda cette découverte comme un évènement ſi heureux, qu'on éleva un arc de triomphe à Rome pour la célébrer.

3.me ÂGE
DU MONDE.
———
GERMANIE.

Sous l'empire de Claude on retrouva chez les Cattes, la troisième Enseigne & la seule qui restât à recouvrer. Charlemagne remporta au même endroit une victoire signalée en 783.

On voyoit à Stadtberg, sur une haute montagne consacrée à Mars, les restes d'une ancienne forteresse des Saxons avec un temple dédié à *Irminsul,* le Dieu de cette Nation. Ce temple fut détruit par Charlemagne, qui en fit élever un autre au vrai Dieu, au même lieu, & qui fut consacré par le Pape Léon III. Les Suédois le détruisirent en 1646 le 24 septembre.

Ratisbonne fut fondée par Tibère; Trajan y construisit sur le Danube un pont de vingt arches. On croit que Wirtemberg eut le même fondateur que Ratisbonne, ce qui se prouve par une ancienne inscription trouvée dans le pays, qui fait voir que les Romains y avoient des Légions stationnaires.

Quant à Cologne, nommée dans les itinéraires Romains *Colonia Agrippina ,* les uns en attribuent la fondation à Agrippa gendre d'Auguste, d'autres à l'Impératrice Agrippine.

L'an 213 de l'ère Chrétienne, l'empereur Caracalla fit bâtir à Tubinge un palais, une place & un cirque, & y institua des jeux pour inspirer aux Germains le goût des exercices & des spectacles de Rome; il paroît que ce goût y prit assez bien, puisqu'en 938 on fait mention d'un Louis, comte de Tubinge, qui se distingua dans des courses de chevaux qui se faisoient à Magdebourg.

Zurick, capitale du canton de ce nom dans la Suisse, fit autrefois partie de la Gaule Belgique. Les habitans de ce canton furent de la ligue des Tulingiens, des Rauraciens

ou

ou habitans du canton de Bafle, & des Latobriges ou habitans du Brifgaw, qui brûlèrent leurs villes pour fe faire un établiffement dans quelque contrée fertile de la Gaule. Vaincus par Jules Céfar dans deux batailles, les reftes de cette ligue rentrèrent dans leur pays : ceux de Zurick rebâtirent leur ville & l'embellirent. Sous Conftance Chlore les Germains la faccagèrent; Dioclétien la fit rebâtir : faccagée une feconde fois par les Germains, Clovis III du nom, roi de France, la fit reconftruire. Charlemagne y fit bâtir un palais & un monaftère, qui fut le dernier des vingt-trois que ce grand & religieux Empereur fonda dans le cours de fa vie. Ce même Prince éleva en 778 à Halberftad une ftatue à Roland fon neveu.

Nous ne pouvons nous difpenfer de rapporter ici un monument du moyen âge, qui, par fon objet & fa fingularité, mérite d'être diftingué & d'avoir place ici.

Près de Bilfeldt, le 8 feptembre de l'an de grâce 1377, l'empereur Charles IV vint vifiter le tombeau du célèbre Wittigingk, douzième roi des Saxons; autour de fa tombe, élevée d'environ cinq pieds de terre, & fur laquelle on voit la ftatue de ce grand homme, avec les ornemens & l'habit de fa dignité, tenant fon fceptre en main, on lit ces mots : *Offa viri fortis cujus fors nefcia mortis ifte locus munit ; euge bone Spiritus audit. Omne mundatur hunc Regem que veneratur. Egros hic morbis cœli Rex falvat & orbis.* A la droite de cette ftatue, on lit ces mots: *Hoc collegium Dionyfianum in Dei Opt. Max. honorem privilegiis reditibufque donatum fundavit & confirmavit. Obiit anno Chrifti 807, relicto filio & Regni hærede Wigberto.*

A la gauche: *Wittikindi Warucchini filii Angrivarincum Regis monumentum XII, Saxoniæ procerum Ducis*

F f

3.me ÂGE DU MONDE.

PAYS HELVÉTIQUE.

SAXE.

fortiſſimi. Sa tombe eſt ſoutenue de huit pilaſtres cannelés, & dans leurs intervalles ſont des trophées militaires.

L'an 794, on éleva dans les campagnes de Sintfeldt un obéliſque à la gloire de Charlemagne, pour avoir ſoumis les Saxons. Ce Prince politique & guerrier emmena le tiers de la nation hors de ſon pays, qu'il pacifia par ce moyen.

Au reſte, toutes les villes de ce vaſte pays doivent leur origine aux ravages des Huns & des Hongrois, & la plupart d'entr'elles ont eu pour fondateur les empereurs de la race Carlovingienne ; & s'il y a quelques monumens dans ce pays, ils ſont du moyen âge, & par conſéquent d'un genre & d'un goût bien inférieur à ceux du haut empire.

Après l'Italie, le pays que les Romains ont le plus favoriſé a été les Gaules ; ils y ont ſemé avec profuſion les monumens de leur goût & de leur magnificence : il n'y a, pour ainſi dire, aucune province des Gaules qui ne porte encore l'empreinte de la prédilection qu'ils ont eue pour cette vaſte contrée.

Nous devons croire que les premières provinces des Gaules qui aient été connues des Romains furent la *Provence* & le *Languedoc,* comme ſe trouvant les plus près d'eux. Perſonne n'ignore que la ville de *Marſeille* doit ſon origine aux Phocéens, dans les premiers temps de Rome, c'eſt-à-dire, ſous Tarquin l'ancien ou ſous Servius Tullius ſon ſucceſſeur. Cette nation Grecque, reſſerrée dans un territoire étroit & peu fertile, fut obligée de s'adonner au commerce maritime. La piraterie, qui dans ces temps étoit une pro-feſſion honorable, avoit rendu cette nation ſi puiſſante qu'elle avoit été pendant quarante-quatre ans maîtreſſe de la mer. Les *Marſeillois* conſervèrent l'eſprit de leur métropole & firent un Code nautique pour étendre leur navigation & leur commerce. Ils civilisèrent les Gaulois leurs voisins, & leur donnèrent le goût des arts de la Grèce. Leur prospérité leur fit des jaloux & des ennemis; mais les Romains, qui estimoient les républicains, recherchèrent leur amitié & les prévinrent par leurs bienfaits, que les *Marseillois* reconnurent de leur côté dans des occasions très-importantes. Le proconsul Sextius, qui fonda *Aix*, accorda à *Marseille* la possession des ports de son voisinage & de toute la côte tendant vers l'Italie. Marius lui donna celle du canal qu'il fit creuser pour recevoir les eaux du Rhône, en reconnoissance du secours qu'elle lui procura contre les *Ambrons;* Pompée augmenta ces bienfaits, & César, après s'être rendu maître de cette ville, y ajouta encore de nouveaux dons. Il y eut sous les Romains une Académie célèbre en cette ville, dont il ne reste que le souvenir.

On remarquera que par-tout où les Romains ont trouvé des *eaux thermales*, ils y ont fait des établissemens & ont considérablement embelli ces lieux: *Aix, Luxeuil, Montdor, Bourbon, Neris* & une infinité d'autres endroits en font la preuve. Cette ville tira son nom de ses eaux & du Proconsul Sextius qui la fonda; aussi les Romains l'appelèrent-ils *Aquæ Sextiæ.* * On y remarque aujourd'hui un très-beau Baptistaire décoré de huit colonnes du plus beau marbre, qu'on prétend avoir fait partie d'un ancien temple.

Arles appelée par Pline, *Colonia Sextanorum,* parce que ses premiers habitans furent les vétérans de la sixième Légion, servit autrefois d'entrepôt aux Romains pour la conquête des Gaules. Le séjour qu'y fit ce peuple vainqueur, fut le motif des édifices superbes qu'ils y firent élever. On y trouve les restes d'un magnifique amphithéâtre; ils y bâtirent aussi deux portiques d'une structure admirable. On y voit encore

3.me ÂGE DU MONDE.

GAULES.

* *Vid. Strab.*

une tour, qu'on dit avoir appartenu à un temple de Diane,
plufieurs reftes d'arcs triomphaux. On prétend que le nom
d'*Arelate* lui fut donné d'une longue & large pierre fur
laquelle on facrifioit anciennement, & qu'on nommoit
Ara - lata.

Sous le règne de Louis XIV, on trouva fous des ruines
un obélifque de granite, qui fut reconnu pour être véritablement égyptien, aux caractères hyéroglyphiques dont il
étoit chargé : il fut réparé avec foin, élevé fur une bafe
très-ornée, & confacré à la gloire du Monarque. On y a
feulement un peu dénaturé l'antique, en le terminant par
une couronne telle que celles de nos Rois, au lieu du
pyramidion qui terminoit tous ceux qui furent amenés à
Rome fous les Empereurs.

L'Ifle de Camargue formée par deux bras du Rhône,
qu'on prétend avoir été creufés par les ordres de Marius,
eft une fource inépuifable de monumens de l'Antiquité;
chaque jour on y fait de nouvelles découvertes en ce
genre. On y trouva, au fiècle paffé, une belle ftatue
de femme, que Louis le Grand fit placer dans fa galerie
de Verfailles, qu'on appelle la *Vénus d'Arles.* Feu
M. le *comte de Caylus* croit que cette prétendue Vénus
étoit une Baigneufe à qui le célèbre *Girardon,* en la
réparant, a donné les attributs de Vénus, ce qui depuis l'a
fait ainfi nommer.

Une des villes que les Romains aient le plus embellie,
c'eft celle d'*Orange,* où fut élevé un fuperbe arc de
triomphe érigé en l'honneur des Confuls Caius Marius &
Quintus Luctacius Catulus après la victoire remportée fur
les Cimbres & les Teutons; on y voit les reftes d'un très-
grand cirque, d'un magnifique aqueduc, de reliefs du

meilleur

meilleur goût de deſſin repréſentant la victoire de Marius, dont on vient de parler.

À *Mornas*, dans le même pays, on voit des reſtes d'édifices de la plus belle conſtruction & du meilleur goût d'architecture, mêlés avec d'autres de différens temps & de genres diſparates; il eſt même probable qu'avant la conquête des Gaules par les Romains, les Grecs avoient déjà beaucoup fréquenté ce pays, & l'avoient décoré d'édifices dans leur genre.

Une des plus anciennes colonies des Romains dans les Gaules, fut la ville de *Nîmes* qui éprouva quatre fois le pillage & l'incendie par les Viſigoths & les Saraſins. Quoique ces barbares aient détruit une grande partie des monumens qui décoroient cette ville, dont il paroît que les Romains faiſoient un cas particulier; elle eſt encore pleine des plus beaux reſtes de l'Antiquité. Son luſtre ne commença guère que ſous Auguſte, qui y envoya une colonie de Vétérans ſous les ordres d'Agrippa ſon gendre.

L'amphithéâtre bâti en cette ville, le fut, ſelon les apparences, ſous Adrien; il eſt de forme ovale, avec deux rangs d'arcades poſées l'une ſur l'autre. On y entre par quatre portes qui répondent aux quatre points cardinaux du monde: l'intérieur a cent pieds de diamètre. Les Viſigoths en avoient fait une ſorte de fortereſſe en abattant un des côtés, où ils avoient conſtruit un château, dont on voit encore deux tours preſque ruinées; un nymphée, où l'on trouva une belle ſtatue d'Apollon aſſis, avec une magnifique galerie ſouterraine en péryſtile.

L'édifice appelé *Maiſon - quarrée*, porte douze toiſes de long ſur ſix de largeur & dix de hauteur, avec trente colonnes d'ordre corinthien, une corniche & une friſe qu'on

G g

regarde à jufte titre comme des modèles de perfection. On y entroit par un portique ouvert qui conduifoit à la porte d'entrée de cette bafilique, ou plutôt de ce tombeau. Quelques Auteurs l'ont regardée comme un prétoire, d'autres comme un tribunal ; plufieurs, & ce fut long-temps l'opinion la plus vraifemblable, ont prétendu que cet édifice avoit été élevé par Adrien à l'honneur de Plotine. Enfin M. Séguier, originaire de *Nifmes*, très-verfé dans les matières de l'anti-quité, a fixé l'époque & l'intention de cet édifice, & s'eft fervi d'un expédient très-ingénieux, en fuivant par une application & une patience fans exemple, la pofition des clous qui fixoient les lettres de l'infcription placée fur la frife, & qui probablement caractérifoit le motif de cet édifice. Cette découverte fut communiquée à l'Académie des Inf-criptions à Paris, & fut trouvée démonftrative : elle eft trop connue pour qu'on la rapporte dans cet Ouvrage.

Les reftes du *Temple de Diane* & de la *Tour Magne*, ouvrages qu'on prétend avoir précédé les bâtiffes romaines, & qui en effet ne font pas de leur genre d'architecture, confervent encore des veftiges de mofaïque qui feront toujours précieux pour les amateurs de l'antiquité, & fur-tout pour les citoyens de cette ville fi antique. Les infcriptions & bas-reliefs dont cette ville eft remplie, fourniffent une ample matière aux recherches des Savans, qui y trouvent la confirmation d'une infinité de faits hiftoriques, ou des moyens de rectifier les erreurs dans lefquelles il eft ordinaire de tomber lorfqu'on écrit fur des temps déjà fi loin de nous.

On a trouvé dans le dernier fiècle & dans celui-ci, beaucoup de monumens antiques au bourg *Saint-Andiol;* ce qui femble prouver que ce lieu fut autrefois confidérable.

Le *Pont-du-Gard,* fitué à trois lieues de *Nifmes,* fut

conftruit, felon toute apparence, vers le même temps que les Romains décoroient cette ville de grands monumens : leur intention, dans la conftruction de ce pont, fut de pouvoir faciliter la conduite des eaux de la fontaine d'*Aure*, qui eft près d'*Uzès*, pour l'approvifionnement de *Nifmes*; l'aqueduc étoit porté par ce fameux pont, compofé de trois rangs d'arches les unes fur les autres; ces trois ponts formant trois étages, ont environ quatre-vingts pieds d'exhauffement du niveau de l'eau d'un petit ruiffeau qui paffe dans des gorges de rochers fervant de culées au pont.

Béfiers, appelé *Colonia Septimanorum* ou *Beterra Septimanorum*, eut deux temples confacrés, l'un à Augufte & l'autre à Julie fa fille, que les Goths ruinèrent dans le cinquième fiècle.

Narbonne, qui fut la capitale du pays nommé par les Romains *Gallia Braccata*, fut appelée *Colonia Decumanorum*, parce que les Vétérans de la dixième Légion furent fes premiers citoyens après la conquête qu'ils en firent. On y voit quelques reftes d'un amphithéâtre que la barbarie des Goths & des Vandales n'a pu détruire entièrement; mais les matériaux épars ont fervi à élever les murailles de cette ville : cent quarante-cinq ans après Jéfus-Chrift, un affreux incendie détruifit la plus grande partie des monumens qui la décoroient.

Touloufe fut encore une des villes du Languedoc, de l'embelliffement de laquelle les Romains prirent un foin particulier; ils y bâtirent un *Capitole* (la Maifon-de-ville de cette cité conferve toujours la dénomination de *Capitole*), un amphithéâtre & plufieurs autres monumens de la plus grande magnificence; mais les rois Goths y ayant fixé leur féjour, & jaloux de la gloire des Romains dont les monumens leur rappeloient la mémoire, les ruinèrent de fond en comble: il n'en reste actuellement que quelques débris de l'amphithéâtre, près du *château Saint-Michel*.

A *Fréjus*, à *Cahors*, à *Saintes*, à *Bordeaux*, à *Périgueux*, à *Poitiers*, à *Limoges*, à *Tintiniac* près de *Tulles en Limosin*, à *Doué en Anjou*, à *Neris-les-Bains en Bourbonnois*, à *Autun en Bourgogne*, à *Metz*, à *Lyon*, à *Grand en Champagne*, à *Drévant & Bruères en Berri*, à *Valognes*; près de *Montargis* entre *Monboui & Montresson*, on voit des restes d'amphithéâtre plus ou moins bien conservés, & selon qu'ils ont été plus ou moins exposés aux fureurs de ces nuées de barbares Hyperboréens qui ont renouvelé plus d'une fois la face de l'Europe par des scènes d'horreur, de carnage & de destruction.

On trouve dans les Gaules une infinité de vestiges des camps des Romains, dont on distingue deux espèces; les uns étoient ceux que les armées faisoient en présence de l'ennemi dans le cours de leurs opérations militaires, & qui s'établissoient pour la circonstance: ces camps sont encore faciles à distinguer par l'étendue de terrein qu'ils occupoient. Les autres étoient appelés *stativa*, & tous de grandeur différente, selon l'importance du poste qu'on avoit à garder. Les uns ne contenoient que deux ou trois cohortes; plusieurs une demi-légion; d'autres une légion, & quelques-uns enfin deux légions. Les camps étoient d'ordinaire près des villes qu'on vouloit ou protéger ou contenir, & toujours sur les voies publiques, pour favoriser les convois ainsi que les voyageurs commerçans & autres.

Telle étoit la rigueur de la discipline militaire que les Soldats & les Officiers destinés à la garde de ces postes ne pouvoient, même dans le cours de leurs stations, aller à la

ville

ville prochaine. On voit encore des reſtes de ces camps appelés *ſtativa*, à *Périgueux*, à *Drévant en Berri*, à *Bar-le-Duc*, ſur les frontières de la *Champagne*, à *Sougé* dans le *Vendômois*; deux autres en *Normandie* près d'*Argentan*; dans cette même province proche de *Bernières*, à *Eſtrun*, non loin de *Bouchain*; en *Franche-Comté* à côté de *Conliège* & près d'*Orchamps*, dans la même province; aux *Alleux en Bourgogne* près d'*Avallon*, à *Viélaon* près de *Laon*.

Les camps retranchés pour les opérations de guerre, ont dû être en plus grand nombre encore. Ceux dont on voit des veſtiges plus marqués, ſont ceux près de *Châlons* en *Champagne* & de *Leſmont*, dans la même province; ceux du *Puy - diſſolu*, jadis *Uxello dunum*, en *Querci*; de *Millancey*, proche de *Romorentin*; deux autres, l'un voiſin de *Dieppe* & l'autre d'*Abbeville*, & une infinité d'autres en divers endroits, mais dont les traces ſont oblitérées ou par la culture du terrein, ou par les changemens qu'un ſi long eſpace de temps a néceſſairement occaſionné, ſur-tout dans ceux qui ont été faits ſur des hauteurs, & dont les pluies ont dégradé & emporté à la longue les retranchemens.

Quant aux voies ou chauſſées romaines, il eſt étonnant combien les *Gaules* ont été traverſées par ces routes ſi ſolidement faites qu'en pluſieurs endroits de la France on en a trouvé & on en découvre encore chaque jour de très-conſidérables. Ces travaux publics ſont une des plus fortes preuves de l'importance qu'ils attachoient à la conquête d'un pays tel que les Gaules. Le détail de ces ſortes de monumens eſt trop intéreſſant pour n'en pas faire mention dans un Diſcours où ceux d'utilité publique doivent avoir la préférence ſur les monumens de décoration, d'autant *plus* que c'eſt l'un des objets que le Gouvernement françois a

H h

pris le plus en confidération, qui depuis environ cent ans eft le plus fuivi, & en quoi nous avons le plus approché de ce peuple célèbre, fi nous ne l'avons même furpaffé dans cette partie, mais que nous reconnoiffons avec juftice pour notre maître en une infinité d'autres objets.

On fait que la voie *Flaminia*, dont l'*Æmilia* fut une continuation, paffant à *Rimini* & *Bologne*, de-là à *Aquilée*, alloit enfuite dans les Gaules par *Savone*, *Vintimille*; & en-deça du *Var* par *Antibes*, *Fréjus*, *Saint-Maximin*, nommé *Zaccolata* dans l'itinéraire d'Antonin, & *Arles*. Il y avoit une autre route par le *Milanès*, *Sufe*, *Briançon* & *Embrun*; une autre par *Verceil*, la *Vallée d'Aoft*, le grand *Saint-Bernard*, le *Vallais* & *Genève*.

On doit penfer que les pays limitrophes des débouchés des Alpes ont été les premiers où les Romains aient fait des routes pour pénétrer dans l'intérieur du pays, & du centre aux extrémités. Les Gaulois, qui pafsèrent à cinq reprifes différentes en Italie, ainfi qu'Annibal, n'apprirent que trop aux Romains que ces montagnes, qu'ils avoient cru inacef-fibles, ne l'étoient pas, & ce fut de leurs vainqueurs qu'ils apprirent la route qui devoit les mener à l'Empire des nations qui faillirent à détruire le leur encore naiffant.

Nous voyons que la *Provence* & les provinces limi-trophes furent les premières conquifes : *Aix*, *Arles*, *Orange*, *Vienne*, *Lyon*, *Narbonne*, fe reffentirent auffi les premières des bienfaits du peuple conquérant. Céfar fut à peine arrivé dans les Gaules, qu'il s'y occupa de la confection des chemins. Il y en fit faire un d'*Arles* à *Lyon*. De cette ville à *Nantua*, *Conliège*, *Poligny*, *Dôle*, *Orchamps*, *Befançon*; on trouve des traces de voies Romaines qui paffant de *Challon-fur-Saône* à *Verdun*, de-là par les bois de *Cîteaux* conduifent à

Langres. On en voit d'autres qui vont d'*Autun* à *Saulieu*,
Rouvray, *Avallon*, *Crevant* & *Auxerre.*

On trouve encore une route très-bien conservée, de *Langres*
à *Châlons* en *Champagne ;* une de cette ville à *Bar-sur-Aube ;*
une de *Bar-sur-Aube* à *Troyes ;* une de *Reims* à *Bar-le-Duc*
passant à *Fains ;* une autre de *Reims* à *Saint-Quentin*, & de
cette Ville à *Amiens :* cette dernière est des mieux conservées.
Le lieu de *Grand* en *Champagne* étoit le point de réunion
de deux voies Romaines, dont l'une alloit par *Neuf-château*
à *Toul*, l'autre conduisoit à *Ligny* en *Barrois.*

Bavay, qui fut une des principales villes de la Belgique,
& la capitale du pays des Nerviens, l'une des plus belli-
queuses nations de cette partie des Gaules , étoit le point
de réunion de six voies romaines , au moyen desquelles les
Romains se portoient avec facilité dans tous les endroits de
la Belgique où l'intérêt de leurs affaires exigeoit leur présence.

Dans l'*Isle de France* , à *Pontchartrain*, anciennement
appelé *Diodurum* , on voit des vestiges de voies romaines
qu'on présume avoir dû conduire dans le *Perche* & le
Maine.

La *Normandie* a beaucoup de restes de ces anciens
monumens ; tels sont la chaussée qui conduit de *Bayeux* à
Bernières ; une autre de *Bayeux* à *Caen.* Dans le *pays
de Caux* , à quatre lieues de *Caudebec*, se voient les restes
de l'ancienne *Juliobona*, aujourd'hui *Lillebonne* , dont le
château , en l'état où il est avec les débris d'un théâtre &
beaucoup de médailles qui y ont été trouvées , annonce
l'ancienne splendeur ; elle fut le point de réunion de trois
voies romaines, mais on ne nous apprend pas où ces routes
menoient.

La *Bretagne* est encore une des provinces les plus

riches en ce genre de monumens ; tels font les chauffées de *Carhaix*, à la *pointe du Ras*, celle de *Penmarc*, celle de *Pontchâteau* à *Vannes*, qui va finir à la *Vilaine*; celle de *Vannes* à *Rieux*, endroit peu confidérable aujourd'hui, mais dont les ruines annoncent la fplendeur paffée ; celle de *Vannes* à *Rhédon* : toutes ces chauffées font de conftruction romaine.

On voit encore dans la riviere d'*Aurai*, les reftes d'un très-grand pont de conftruction très-ancienne, dont tous les caractères doivent le faire attribuer aux Romains, & qui dut être une communication de *Vannes* à d'autres pays. On trouve des veftiges d'une autre chauffée romaine, qui paffant par *Jugon* va fe rendre à *Corfeul*; une autre qui paffe à *Romafi*, une troifième à *Fains*, une quatrième qui traverfe les bois de *Derval*, au‑delà d'*Ancenis*, le long de la *Loire*; enfin une dernière, depuis le *Créhat* jufqu'à *Finine*, qui doit être la continuation de celle qui paffe à *Saint-Albans*.

Orléans, du temps des Romains, fut l'entrepôt commun des peuples appelés *Carnutes*, ou les habitans du pays *Chartrain*, du *Bléfois*, du *Vendômois*, du *Bourbonnois*, du *Nivernois*, & le point de réunion de fix voies romaines qui diftribuoient les denrées à ces divers pays. On voit encore de beaux reftes de celle qui conduifoit d'*Orléans* à *Chartres*.

La province du *Berri* fut le centre des conquêtes des Romains. Dans la Gaule Aquitanique, on voit des reftes des voies romaines qui paffoient près de l'amphithéâtre de *Néris-les-eaux en Bourbonnois*, où les bains d'eaux très-chaudes & fulfureufes exiftent toujours dans la même forme qu'ils furent conftruits par les Romains, & le principal puits

d'eau

d'eau la plus chaude s'appelle encore *le puits de César*; &
les voies qui conduisoient à *Bourges* longeoient le *Cher* sur
lequel il y avoit un très-beau pont à l'ancienne ville de
Bruères, aujourd'hui très-petit bourg, & traversoient en
droite ligne une plaine dite *de Saint-Loup*, de huit lieues
pour arriver jusqu'à Bourges en passant auparavant par
Allichamps, village où l'on a découvert une quantité prodigieuse de Médailles romaines & de tombes éparses dans
les champs, dont on voit encore sur les bords des chemins
des restes endommagés (*u*).

Poitiers fut une ville considérable, qui devint le point de
réunion de quatre voies romaines, dont l'une alloit à *Bourges*,
une autre à *Tours*, une troisième à *Nantes*, la quatrième
enfin à *Saintes*.

Cæsarodunum, aujourd'hui *Tours*, métropole de la
troisième *Lyonnoise*, communiquoit de même par cinq voies
romaines avec *Bourges*, *Poitiers*, *Angers*, le *Mans* &
Orléans. *Périgueux* communiquoit de même par quatre voies
romaines, dont cette ville étoit le centre avec *Bordeaux*,
Saintes, *Limoges* & *Cahors*.

Après les chemins publics, l'un des objets dont les
Romains s'occupèrent le plus, fut de conduire des eaux
dans les lieux principaux de leurs conquêtes, en raison de
l'importance de ces lieux même & des besoins de leurs
habitans. Nous avons vu plus haut les travaux immenses
faits pour conduire des eaux à *Nismes*; ceux qu'ils firent
pour en amener à *Lyon*, sont supérieurs, à une infinité
d'égards, à ce qu'ils firent en ce genre pour Rome même.
Il sera facile d'en juger quand on saura que la dépense

____

(*u*) C'est au Curé de cette paroisse d'*Allichamps*, vivant encore, à qui l'on
doit toutes ces découvertes. *Voyez* les Œuvres du *comte de Caylus*.

I i

pour la matière & la façon des tuyaux en plomb, dans ces endroits où il n'étoit pas possible de faire des arcades ou des conduits de maçonnerie, a dû excéder douze à treize millions au cours actuel.

A *Grand*, village de *Champagne*, qui, à en juger par les ruines immenses qu'on y trouve, doit avoir été une des villes des Gaules des plus décorées par les Romains ; on trouva les restes d'un magnifique amphithéâtre, d'un cirque de canaux souterrains & voûtés, de salles basses voûtées & soutenues par de belles colonnes, de beaux escaliers à noyaux pour y descendre, des vestiges de murailles soutenant des jardins en terrasses. L'arène de cet amphithéâtre avoit trente toises de longueur & dix de largeur : on y entroit par trois portes, qui conduisoient aussi aux souterrains de ce même amphithéâtre.

On trouve encore aujourd'hui à *Doué*, petite ville de l'*Anjou*, à trois lieues sud-ouest de *Saumur*, un amphithéâtre très-entier & des mieux conservés qu'il y ait en France ; il prouve que les Romains ont long-temps habité cette partie de l'*Anjou* : les ruines qui se trouvent entre cette ville & le village de *Donne*, viennent encore à l'appui de cette conjecture ; on y découvre plusieurs tuyaux de terre qui conduisent l'eau à cet amphithéâtre, & qui prouvent le soin & les recherches des Romains sur cet objet de première nécessité. On voit de même à *Tintiniac*, près de Tulles en *bas Limousin*, les restes d'un amphithéâtre & ceux d'un aqueduc qui y conduit des eaux : l'arène de celui-ci avoit deux cents pieds de longueur sur cent cinquante de largeur, on l'appelle encore aujourd'hui les *Arènes de Tintiniac*. Les vestiges qui en restent, attestent sa magnificence passée, & prouvent que les Romains ont aimé ce séjour.

On voit à *Poitiers*, ville très-décorée par les Romains, les restes d'un amphithéâtre & d'un aqueduc considérables, dont les ruines se trouvent hors de l'enceinte de cette ville. Parmi les monumens qui attestent son antiquité, il en est un d'espèce singulière qu'on appelle *Pierres-levées*, au village d'*Auvillé* & aux environs de ce lieu : ces pierres plantées sur une même ligne, sont la plupart debout ; quelques-unes ont été renversées, d'autres cassées. Ces monumens bruts, ou d'autres d'espèces semblables, se trouvent assez communément dans le *Poitou*, l'*Anjou* & la *Bretagne*. La plus grande de ces pierres a neuf pieds de base & vingt-deux pieds de hauteur ; on estime qu'elle peut peser cent cinquante mille livres : on en trouve de semblables dans les environs, & de plus considérables encore pour la hauteur & l'épaisseur, dans les bois & les campagnes. Ces masses sont de la même carrière, & l'on ne peut trop s'étonner que des pierres d'un poids aussi considérable aient pu être transportées à de telles distances.

Entre *Martigney* & *Villeneuve* en *Anjou*, près du château des *Noyers*, on voit quelques monumens de cette espèce. Un des plus singuliers de ce genre est celui qu'on appelle *Pierre - couverte*, près de *Saumur* en *Anjou* : ce monument a cinquante pieds de longueur ; il est composé de deux files parallèles de grès brut, distantes entr'elles de onze pieds, recouvertes de pierres semblables, qui forment un plafond de sept pieds de haut. Le côté de la campagne est fermé. La seule ouverture qu'il y ait se trouve du côté du chemin de *Saumur* à *Montreuil - Bellay*. On en voit encore de semblables, aux environs de cette ville, de celle de *Doué*, ainsi qu'aux environs de *Chinon* & de l'*Isle-Bouchard*, mais bien inférieurs à celui nommé *Pierre-*

couverte. Ces monumens antérieurs aux Romains, prouvent l'exiftence de quelque peuple dont la tradition ne s'étoit pas confervée jufqu'au temps de la conquête des Gaules ; car Céfar qui féjourna dans ce pays n'en dit rien, ni du motif qui a donné lieu à ces finguliers monumens, qui ne peut cependant avoir été que religieux, puifqu'on ne fauroit raifonnablement en fuppofer aucun autre.

Périgueux, l'une des villes les plus décorées par les Romains, renferme un édifice de ftructure bien étonnante, qu'on appelle la *Tour de Véfune.* Plufieurs Auteurs qui en ont parlé, paroiffent n'avoir pas bien jugé de fa deftination. L'opinion la plus probable eft que ce fut un temple confacré à Vénus, dont on trouva la ftatue de marbre blanc aux environs de cette tour, il y a environ foixante ans ; ftatue que mutilèrent horriblement les religieufes de la Vifitation, par un zèle auffi indifcret que déplacé *(x).* On voit dans la même ville les ruines d'un magnifique amphithéâtre & d'un fuperbe aqueduc, avec des fouterrains qui paroiffent avoir fervi d'égout ; ces édifices y furent faits vers le temps des Antonins, autant qu'on peut le conjecturer de quelques infcriptions qui y ont été trouvées.

Dans la *Touraine,* à *Maillé* près de *Luynes,* à cinq mille toifes au-deffous de *Tours,* on voit des ruines qui marquent que ce lieu dut être confidérable, & entr'autres celles d'un aqueduc immenfe qui y conduifoit l'eau des lieux circonvoifins. Entre *Luynes* & *Tours,* à quelque diftance de la levée de la *Loire,* au pied d'une montagne, fe trouvent

---

(x) Une des fingularités de la tour de *Véfune,* c'eft qu'on n'y voit point de fenêtres, & ce dont on ne voit nul exemple ailleurs, c'eft qu'elle eft revêtue en-dehors d'un enduit arrêté par des clous fichés à des diftances très-prochaines dans les joints des matériaux qui la compofent. Du refte la ville prefqu'entière eft bâtie des débris des anciens édifices qui l'avoient décorée.

trois

trois énormes piliers de briques, dont on ne connoît point l'objet
ni l'époque de leur conſtruction : ils ſont bien conſervés.

On voit à *Saintes* les reſtes d'un amphithéâtre, ainſi qu'un
arc triomphal qui ſe trouve actuellement au milieu d'un pont
conſtruit ſur la Charente.

Près de *Luzets* en *Querci*, on admire un ancien château
fort, qu'on appelle dans le pays *Caſtel Caſaris*. Il ne paroît
pas qu'on puiſſe attribuer à Céſar un pareil monument, qui
cependant eſt de la plus haute antiquité.

A *Cahors* il exiſte quelques reſtes d'un aqueduc, ainſi
que d'un amphithéâtre ; on doit croire que cette ville fut
conſidérable, car les Romains n'exécutoient de ces grandes
fabriques que dans des lieux importans, & elles n'étoient
jamais ſeules. On doit attribuer à l'injure des temps, à
la barbarie des nations deſtructrices & à des arrangemens
particuliers des propriétaires, l'ignorance où l'on eſt ſur les
monumens qui y ont pu & dû exiſter.

Une des provinces de France la plus riche en monumens
extraordinaires eſt la *Bretagne* ; & pour être bruts ils n'en
ſont pas moins intéreſſans. C'eſt particulièrement entre
Vannes, *Hennebond* & *Auray*, près du *bourg de Carnac*,
qu'on en rencontre le plus : ces monumens ſont de l'eſpèce
de ceux de *Poitiers*, *Saumur* & *Doué* ; ce ſont des plaines
hériſſées de ces rochers debout ; il y en a un entr'autres ſur
les confins des paroiſſes de *Teil* & d'*Eſſé*, qu'on appelle
dans le pays *la Roche aux Fées*, parce que le peuple eſt
toujours porté à attribuer à des puiſſances ſurnaturelles, les
choſes qui lui ſemblent, au premier coup-d'œil, ſurpaſſer les
forces ordinaires ; & ce qui a donné lieu à cette opinion,
c'eſt que les pierres de l'eſpèce de celles qui compoſent ce
ſingulier monument, ne ſe trouvent point dans l'endroit où

K k

il a été fait, & qu'on ne connoit pas d'où elles ont pu être apportées. On en voit une, dit-on, d'espèce à-peu-près semblable dans le comté de Salisbury en Angleterre.

Un des monumens les plus rares qui se voie encore sur la terre, est une double rotonde qui sert de vestibule à l'église de *Lantef*; cet édifice est composé de deux enceintes circulaires qui laissent entr'elles un vide ou corridor d'environ six pieds; la première de ces enceintes est percée de seize portes, & la seconde de douze; le diamètre de cette seconde enceinte est de cent dix pieds de vide. Il ne paroît pas que cet édifice ait jamais été ni voûté, ni couvert. Précisément au centre de cette bâtisse singulière, se trouve un cyprès d'une hauteur considérable, qui y fait le plus grand effet. Tout ce qu'on peut conjecturer de l'intention d'un semblable édifice, c'est qu'il fut un temple érigé à l'honneur de quelque Divinité du pays; mais rien ne nous instruit sur l'époque de sa construction, qui porte tous les caractères de la plus haute antiquité.

Le bourg de *Locmariaker*, situé dans une langue de terre à la gauche de l'entrée dans le *Morbihan*, présente des objets d'un genre plus satisfaisant pour l'esprit. Tout ce territoire est semé de ruines considérables qui annoncent que ce bourg est bâti sur les ruines & des débris d'un lieu autrefois très-considérable. On présume avec beaucoup de fondement, que ce fut le *Dariorigum* dont parle César; d'autant que cette position présente encore tous les caractères que cet Empereur donne à cette ville, qui fut la capitale des peuples nommés *Veneti* dans ses Commentaires. On aperçoit aussi aux environs de cet endroit, un monument connu sous le nom de *Butte de César*, fait de pierres sans liaison, & quantité de ces monumens bruts qu'on croit être des

tombeaux des anciens Celtes. Il s'en trouve de femblables
aux environs de la *baye de Quiberon.*

Ceux qui aiment les détails, pourront confulter fur ces
lieux le Recueil des Antiquités de feu M. le *Comte de
Caylus,* qui les a rendus très-intéreffans, comme tous les
autres objets dont a parlé ce célèbre Antiquaire, & qui eft
de tous les Auteurs, celui auquel la France en particulier doit
le plus, par les recherches pénibles, favantes & utiles qu'il a
faites pour éclaircir les points les plus obfcurs de fon Hiftoire.

On voit à *Bordeaux* de très-beaux reftes d'un amphithéâtre
qu'on appelle dans ce pays, le *palais de Galien.* On y
apercevoit encore dans le dernier fiècle, quelques veftiges
d'un temple confacré aux Dieux tutélaires de cette ville, &
qu'on nommoit *piliers de tutelle.*

A *Aramont* dans le *Languedoc,* fur les bords du *Rhône,*
on découvre tous les jours des monumens fans nombre,
d'une haute antiquité. On a trouvé près de *Valognes* en
baffe Normandie, divers monumens & deux cents médailles
en or du haut Empire. Les ruines d'un édifice appelé
le *château des bains,* & les reftes d'un amphithéâtre y
paroiffent encore : toutes ces chofes prouvent que les
Romains connurent l'importance de ce pofte, & qu'ils en
aimèrent le féjour. Ces édifices font confidérablement dé-
gradés, & fe dégradent chaque jour par les matériaux
qu'on en tire.

Dans la même province à *Bernières,* village fitué fur
le bord de la mer, il y eut anciennement un havre, à
l'embouchure de la rivière de *Seule,* dont l'entrée étoit
défendue par une forterefle : il n'en exifte plus que quelques
veftiges. Sa bâtiffe eft de la plus haute antiquité. Il paroît
que les Anglois, dans le temps qu'ils étoient maîtres de la

Normandie, y firent des réparations ; ce qui se remarque à la différence de bâtisse en plusieurs endroits. Ce port fut autrefois considérable, mais il s'est comblé depuis, parce qu'on a changé le cours de la rivière.

Les *Bollandistes* parlent d'un cirque magnifique, d'édifices vastes, d'aqueducs construits à *Bavay*: ce qui en restoit de leur temps est absolument dégradé ; mais on trouve encore dans ses environs des restes précieux de la belle antiquité. Nous avons précédemment vu que cette ville, capitale des *Nerviens*, fut regardée par les Romains comme un poste très-important.

On a trouvé à *Soissons* plusieurs bas-reliefs chargés de figures des Dieux du paganisme ; heureusement pour les Antiquaires, ces reliefs précieux par le goût de dessin & bien conservés, ont été dérobés au zèle indiscret des premiers Chrétiens, & sont tombés entre les mains de gens qui ont su en apprécier le mérite.

Avant la descente des *Normands* dans la Neustrie, & les ravages que ces barbares exercèrent dans Paris, cette ville eut toutes les grandes décorations dont les Romains embellissoient les lieux auxquels ils attachoient quelqu'importance. Cette ville eut des amphithéâtres, un *forum*, un cirque, des thermes & plusieurs aqueducs.

Les monumens trouvés sous le chœur de l'église de *Paris*, & dont M. Leroy a donné une explication si satisfaisante dans les Mémoires de l'Académie des Inscriptions & Belles-Lettres, *tome III*, semblent démontrer qu'il y eut autrefois un temple payen au même emplacement où la métropole est bâtie, & que les débris de l'ancien temple ont servi en partie à la construction du nouveau.

Quant au *palais des Thermes*, le seul monument de

l'ancien

l'ancien *Paris* dont il reste encore quelques vestiges qu'on peut examiner, derrière l'*hôtel de Clugny*, *rue des Mathurins*, il est incontestable qu'il fut habité par l'empereur Julien; mais il avoit été bâti long-temps avant que ce Prince vînt à *Paris*. Il ne fut pas simplement destiné à l'usage des bains, puisqu'il renfermoit dans son enceinte de vastes logemens. Les Souterrains, dont on découvre des traces de temps à autres dans les reconstructions qui se font dans ce quartier, prouvent qu'il s'étendoit fort loin, & qu'il joignit autrefois le *petit Châtelet*, où l'on voit encore de nos jours des arrachemens de murs antiques.

Il est incontestable que l'ancien aqueduc d'*Arcueil* est un ouvrage des Romains, l'identité de bâtisse avec tout ce qui nous reste de monumens de ce genre, reconnus pour être de construction romaine, le prouve invinciblement : on sait qu'il y en eut un autre qui amenoit à *Paris* les eaux de source des hauteurs de *Chaillot*.

Il y avoit dans le faubourg *Saint-Victor* un amphithéâtre; & l'endroit où on le construisit, derrière les *Pères de la Doctrine Chrétienne*, s'appela long-temps *le Clos des Arènes*. L'on y voyoit, ainsi qu'à Rome, un lieu d'exercice pour les troupes, qu'on appeloit *champ de Mars*; c'est d'Ammien Marcellin que nous apprenons ce fait. Les assemblées du peuple s'y faisoient également dans un *forum*.

Paris eut aussi des cirques; le témoignage de Grégoire de Tours[b] est précis sur ce point. Cet Historien célèbre parlant de Chilpéric, dit : *Circos ædificare præcepit eosque populis spectandum præbens, &c.*

Flodoard, dans sa chronique, parle d'un temple renommé, consacré à Mars, sur la montagne de *Montmartre*, qui fut renversé par un ouragan furieux, malgré la solidité de la bâtisse.

L l

Du temps des Romains il y avoit plusieurs fontaines sur cette même montagne ; une entr'autres consacrée à Mercure, dont les eaux n'étoient employées qu'aux usages religieux, comme celles que les Romains appeloient des *Eaux saintes.*

Dans le siècle dernier, dit *Sauval*, on voyoit encore à *Issi* près *Paris*, les restes d'un temple qu'on croit avoir été consacré à Isis. Une inscription trouvée dans le bois de *Vincennes*, & actuellement conservée parmi les antiquités de l'abbaye de Saint-Germain-des-Prés, prouve que l'empereur Marc-Aurèle fit rebâtir dans ce bois un Collége à l'honneur de Silvain, qui datoit probablement d'une haute antiquité.

Langres est célèbre par les antiquités qu'on y a trouvées, on y voit entr'autres les restes d'un arc de triomphe érigé à la gloire de Constance Chlore, qui, surpris avant la jonction de son armée, fut battu par les Germains, & eut peine à se sauver à *Langres*, dont on n'osa lui ouvrir les portes ; mais où on le fit entrer en le montant par-dessus les murs avec des cordes. Cet Empereur ayant, dans le jour même, rassemblé ses Légions, défit entièrement les Germains, à qui il tua, dit-on, soixante mille hommes. Les restes de ce monument présentent un modèle d'un goût trop pur pour être un ouvrage du bas Empire.

Non loin de *Montargis*, l'on voit encore des vestiges d'une forteresse & d'un palais qui donnent à penser qu'il dut y avoir dans ce canton un lieu considérable, d'autant plus, que les restes d'amphithéâtre y existent toujours ; espèce de décoration qu'on sait n'avoir été faite que pour des sites de choix.

A *Estavaye*, bailliage de *Poligny*, dans le *comté de Bourgogne*, on a découvert les fondemens & les ruines d'un édifice qui porte tous les caractères d'une construction

romaine de la plus grande magnificence ; on en peut voir
le détail dans l'hiftoire de l'églife de *Befançon*, par Dunod.
Dans cette capitale du *comté de Bourgogne*, joignant la
métropole, eft un arc de triomphe dédié à *Aurélien*, qu'on
appelle *porte noire*. En fortant de *Befançon* pour prendre
le chemin des montagnes à l'eft de cette ville, fur la rive
gauche du *Doubs*, on voit un rocher fendu de fon fommet
à fa bafe, & laiffant paffage à une voiture feulement : on
y a gravé l'infcription fuivante : *Hanc viam excavatâ
rupe Julius Cafar aperuit. Regnante Ludo. XIV.
Præfeƈtus apud fequanos D. le Guerchois ampliavit &
ornavit.* L'*ornavit* eft une fuperfluité dans cette infcription ;
car rien n'eft moins décoré que cette entrée. Que Céfar ait
ouvert le rocher, cela eft poffible, puifqu'il paroît certain que
cet illuftre Romain fit quelque féjour à Befançon. Il y a lieu
de croire que les Romains firent de cette ville une place
d'armes, qu'ils l'embellirent de monumens, & il s'y trouve
aujourd'hui un emplacement affez confidérable appelé *Cham
Mars*, *Campus Martius*, & planté pour fervir de promenade aux citoyens qui habitent cette cité, dont les dehors
ne font pas fort embellis. Il y a auffi une place appelée
les Arènes, qui dans tous les pays des Gaules a toujours
fignifié l'emplacement d'un amphithéâtre, & cet amphithéâtre
avoit, dit-on, cent vingt pieds de diamètre.

Dôle, *Dola fequanorum*, dans la même province de
Franche-comté, fut très-décorée par les Romains : les noms
& quelques reftes des monumens s'y confervent encore.
On ne voit plus de l'amphithéâtre qui y fut fait, que la
place qu'on appelle des *Arènes* ; mais on y voit de nos
jours les reftes de deux aqueducs qu'ils y firent conftruire.
La voie romaine qui alloit de *Lyon* au *Rhin* paffoit par

cette ville ; & le *camp d'Orchamps*, deftiné à la protéger, étoit entre cette ville & Befançon.

Autun, *Bibracte Auguftodunum*, fut une des villes les plus puiffantes des Gaules : de bonne heure alliée aux Romains qui l'embellirent de divers monumens. On y voyoit dans le fiècle dernier un amphithéâtre hors des murs de la ville, fur l'emplacement duquel l'Evêque, M. de la *Rochette*, fit bâtir un fuperbe Séminaire ; au bout de fes jardins, on voit encore des reftes de ce grand édifice.

Au-delà d'un vallon qui fe trouve entre la hauteur fur laquelle cet amphithéâtre étoit conftruit, & au pied de la montagne qui lui eft oppofée, eft une pyramide de pierre affez élevée, qu'on nomme dans le pays la *Pierre de Couar*. On s'eft épuifé en conjectures fur ce monument ; il eft probable que ce fut le tombeau de quelque perfonnage illuftre de l'Antiquité : fur cette montagne, qu'on nomme *Monjeu, Mons Jovis*, on voit encore des reftes d'un ancien temple qu'on dit avoir été confacré à Jupiter. A l'oueft de cette ville, fur le bord de la rivière d'*Aroux*, on trouve un arc de triomphe qu'on prétend avoir été érigé à la gloire de Jules Céfar ; vis-à-vis de la rive oppofée, on découvre les reftes d'un ancien temple ; & plus loin fur la route de *Nevers* à un bon quart de lieue des murs, d'autres ruines d'un ancien temple. Ces bâtiffes ont toutes les caractères du goût Romain ; une infinité d'autres monumens de cette ville font enfévelis actuellement fous leurs ruines.

On a découvert près de *Pont-à-Mouffon* deux autels votifs, dont les infcriptions prouvent qu'ils furent élevés du temps de Vefpafien, Tite & Domitien fes fils.

Metz, autrefois *Divodurum*, fut une place très-importante pour les Romains. On y voit un édifice quarré

très-

très - antique, d'environ douze toises de long sur neuf de large. Le *comte de Caylus* a jugé, sur la construction de cet édifice, de sa destination, & nous croyons qu'il en a bien jugé; selon lui, il fut un tribunal sous lequel il y avoit une prison. Sur le terrein qu'occupent aujourd'hui les *Dames de la Congrégation*, on a trouvé les restes d'un temple & un pavé mosaïque avec quantité de monumens antiques que les bonnes Dames, par ignorance & par sottise, ont fait jeter dans les fondations de la nouvelle église qu'elles ont fait construire sur l'emplacement de l'ancienne. On a découvert dans la même ville un autre pavé mosaïque d'une composition très - élégante, près la paroisse Saint - Gorgon. Il y avoit, à de courtes distances & à des intervalles égaux, des pots de terre cuite dans la maçonnerie qui soutenoit ce pavé, dont l'objet fut sans doute de renforcer le son des instrumens & des voix dans le chant des hymnes : il est étonnant, malgré les fréquens témoignages que nous fournit l'Antiquité, de cette sorte d'industrie, qu'on n'ait point tenté ces essais, soit dans nos églises, soit dans nos salles de spectacles.

Les Antiquaires voient avec satisfaction à *Jouy-aux-Arches*, les restes d'un aqueduc que les Romains y firent bâtir pour porter les eaux de *Gorze* à *Metz*. On prétend que cet ouvrage eut plus de deux cents arcades, dont il ne reste que quelques-unes sur le penchant de deux montagnes. Les débordemens de la *Moselle*, joints à l'injure des temps, ont détruit celles qui étoient dans le vallon où coule cette rivière.

Reims, jadis *Durocortorum*, est une des villes de France, dont l'ancienneté & l'importance ne peuvent être contestées. Les quatre anciennes portes de cette ville avoient

M m

chacune le nom de quelque Divinité du paganifme, dont deux les conservent encore ; l'une, celui de *Mars* ; & l'autre, celui de *Cérès*. Celle qu'on appelle *porte aux Ferrons*, étoit nommée *porte de Vénus*, & la *porte Bazée*, *porte de Bacchus*. On y voyoit deux arcs de triomphe, dont l'un est actuellement détruit ; l'autre subsiste, & est muré : il y a sur ce monument un bas-relief représentant une femme assise, & tenant une corne d'abondance avec quatre enfans qui désignent les saisons ; d'autres bas-reliefs représentent *Remus & Romulus* ; *Jupiter* métamorphosé en cygne & caressé par Léda, avec un Amour qui les éclaire. On trouve les restes d'un ancien fort, de construction antique, démoli en 1594, qu'on dit être du temps de Céfar, ainsi que des vestiges d'un amphithéâtre à deux cents pas de la ville, & ceux d'un troisième arc de triomphe, près de l'Université.

Nous avons parlé ci-dessus des travaux immenses des Romains pour conduire des eaux à *Nîmes* & à *Lyon :* ce qui nous reste à dire de cette dernière ville, c'est qu'on y voit au haut du jardin des Minimes, les décombres de l'amphithéâtre qui y fut bâti ; il n'en reste actuellement qu'une partie des murs en demi-cercle qui subsiste en son entier. On prétend que l'arène étoit l'emplacement qu'occupent actuellement leur sacristie & leur église, avec le terrein qui est au-dessous. Plusieurs des premiers chrétiens y souffrirent le martyre ; on y voit une croix très-antique qui porte encore le nom de *Croix des décollés*, *Crux decollatorum*. Il fut découvert à la porte de *Vaize* un tombeau de deux Prêtres Augustaux, du nom d'*Amandus*, qui a fait donner à ce monument celui de tombeau des *deux Amans* ; on y trouve encore tous les jours dans les fouilles une infinité de monumens antiques qui prouvent que cette ville, du temps des Romains, fut très-confidérable, & qui justifie le cas singulier qu'ils faisoient de cette place.

Vienne, Vienna Allobrogum, est une des villes les plus anciennes des Gaules : elle fut non-seulement une Colonie romaine ; mais selon toute apparence, le siége du Préfet de la première *Lyonnoise,* d'un Prétoire ou Tribunal suprême. La preuve de la considération que lui accordèrent les Romains, se tire de tant de beaux restes qu'on y voit, de forteresses, d'amphithéâtres, d'aqueducs, de bains, de grottes, de pyramides & d'anciennes inscriptions, toutes choses qui rendent témoignage de sa splendeur passée. Près de la porte du côté de *Lyon,* on voit une tour très-ancienne, qu'on appelle *la Tour de Pilate.* Adon, Archevêque de *Vienne,* dit, que ce Romain y fut relégué & y finit ses jours, s'étant ôté lui-même la vie. Un Ecrivain du onzième siècle est un mauvais garant pour un fait semblable.

Un monument d'espèce rare, qui se trouve dans cette ville, & qu'on ne voit nulle part dans les Gaules, est celui qu'on appelle *Table ronde.* Soit qu'il y en ait eu une en cet endroit, ou par d'autres raisons ; ce sont quatre piliers qui subsistent encore, élevés sur une plate-forme. C'étoit un asyle inviolable pour les personnes qui s'y étoient retirées, ou pour les effets qu'on y déposoit.

Castor & Pollux, Hercule & Mercure, y avoient non-seulement leurs Prêtres, mais des Prêtresses, comme on le voit par l'inscription suivante : *D. D. Flaminica Vienna, tegulas auratas cum carpusculis & vestituris basium, & signa Castoris & Pollucis cum equis, & signa Herculis & Mercurii D. S. D.*

Il nous reste à dire un mot des eaux *Thermales des Gaules,* & du soin que prirent les Romains des lieux où ils en trouvèrent. Nous avons déjà vu ce que ces Maîtres du Monde avoient fait à *Neris en Bourbonnois* , & l'on fait l'attention qu'ils avoient pour des endroits que la Nature avoit favorifés d'un pareil avantage , qu'ils foutenoient de leur côté par des bâtimens utiles, agréables & magnifiques. La pierre qui porte l'infcription fuivante : *Orvoni Tomonæ C. Jatinius Romanus in G. pro Salu-e Cociliæ Fi. F. ex voto* , avoit été placée dans une face du donjon de l'ancien château de *Bourbonne* , & fe trouve aujourd'hui fixée dans le mur d'une maifon particulière. Elle prouve au moins que les Romains connurent les vertus des eaux de cet endroit , & des bains, dont ils firent ufage ; mais on n'y trouve nuls veftiges des bâtimens de leur fabrique.

L'ancien château , dont un incendie confuma les reftes en 1717 , étoit du feptième fiècle , & fut conftruit fous les rois Theodebert & Thierry , felon Aimery & M. de Valois.

A *Plombières* & à *Luxeuil en Franche-Comté* , on a trouvé dans les bains, des monumens qui prouvent que ces lieux ont été connus & fréquéntés par les Romains.

Après avoir parcouru les principaux monumens dont les Romains ont embelli les diverfes villes des Gaules où ils ont fait un féjour habituel , nous jetterons un coup-d'œil rapide fur ceux du moyen âge, pour nous rapprocher du fiècle préfent, qui en offre d'efpèce égale à ceux qui furent élevés par ces Souverains de la terre, & d'autres d'un genre où nous les avons furpaffés.

Nous avons vu la fcène du Monde occupée tour-à-tour par des peuples différens : les uns prefque éphémères, dévorent les productions d'une terre , fur laquelle ils ne paroiffent que comme ces nuées d'infectes qui confomment

en

en une nuit la verdure & les fruits, pour disparoître le lendemain; tels furent les Goths, les Visigoths, les Huns, les Vandales, les Alains, les Lombards, les Sarasins; hordes barbares qui se succédèrent à diverses époques dans l'Europe. D'autres qui croissent plus lentement, s'affermissent par la lenteur de leur développement, & imitent les forêts immenses qui semblent de même âge que la terre qui les nourrit; & tels furent les Francs dont nous sommes les enfans, nation qui depuis quatorze siècles conserve son rang dans l'Univers & tient le premier dans l'Europe; nation qu'on a vue sous le règne de plusieurs de ses Rois, étendre son empire aussi loin que sa réputation; donner sous Charlemagne des loix aux Puissances voisines, résister par son propre poids aux plus grands efforts, & malgré le choc violent des revers, réparer en une année les ravages d'un demi-siècle; maîtriser par la force de ses armes, les passions funestes aux sages constitutions d'un Etat monarchique; devenir enfin la nation la plus éclairée, la plus heureuse, & si c'étoit un éloge, la plus redoutable de l'Univers.

Passons d'un vol rapide sur les trônes des Pharamonds & des Clovis : l'enfance des Etats, ainsi que celle des Hommes, ne fut jamais intéressante; fixons-nous d'abord à ceux de Charlemagne & de ses successeurs.

A peine les Apôtres des Gaules eurent-ils cimenté la foi de nos pères, par leurs exemples plus encore que par leurs prédications, que les peuples devinrent pacifiques, humains & unis entre eux : la loi civile & la loi divine se prêtèrent mutuellement des secours; toutes deux d'accord jetèrent alors les fondemens inébranlables de l'empire des lys, & le culte de l'Eternel devint le premier & le *plus* sacré des devoirs du peuple Gaulois.

3.me AGE DU MONDE.
————
FRANCE ancienne.

N n

Les étendards de la foi & ceux de la guerre portèrent également l'empreinte auguste de la Croix. Les peuples, environnés de ces drapeaux, ne quittoient les armes que pour creuser les fondemens des temples qu'ils élevoient au vrai Dieu.

Ces édifices sacrés se multiplièrent dans toutes les villes, & tels furent les monumens de ces premiers âges dans les Gaules. Plusieurs siècles s'écoulèrent sans que ni les Arts ni les Sciences fissent de progrès sensibles ; loin de-là même, la religion & ses devoirs remplirent, pour ainsi dire, l'homme tout entier. Rome saccagée conservoit sous ses débris les beaux modèles enfans de la Grèce ; les restes des grands édifices y offroient ceux des plus belles proportions de l'Architecture, & le style des Arts sous les Empereurs. Nos Gaulois loin de s'approprier le goût riche & varié de ces mêmes Romains, qui en avoient enrichi toutes les provinces de leur pays, & dont la plus grande partie avoit échappé à la barbarie des peuples du Nord, ajoutent aux fureurs destructives de ces fléaux de l'humanité & des Arts, le zèle ignorant & superstitieux ; au lieu de sanctifier les monumens du Paganisme en les consacrant à la Religion Chrétienne, ils aimèrent mieux les démolir.

L'avarice commence par fouiller les tombeaux ; un zèle indiscret & mal entendu, détruit des chefs - d'œuvres pour n'en faire que des masses informes & grossières. Ce qui s'est fait dans des temps d'ignorance profonde, a du moins cette ignorance pour excuse, mais lorsqu'on verra de nos jours même des exemples d'une semblable barbarie, on ne pourra trop déplorer les effets du faux zèle, qui a fait mutiler ou enfouir des monumens précieux de l'antiquité, ou d'excellens modèles. Ce qui se fit dans les Gaules à mesure que la lumière de l'Evangile pénétra dans les diverses contrées de cette partie la plus noble de la terre, se fit également dans toute l'Europe.

3.me AGE DU MONDE.

FRANCE ancienne.

C'est très-mal-à-propos qu'on attribue aux Normands, après leur prise de possession de la Neustrie, & aux Anglois après eux, les édifices sacrés du genre de ceux que nous appelons *Gothiques*, comme s'ils eussent été les seuls constructeurs de leur temps.

Avant Charles VI, les Anglois n'avoient point pénétré dans l'intérieur de la France. Qu'ils aient élevé les cathédrales de Rouen & de Bordeaux dans le long espace de temps qu'ils ont été souverains de ces provinces, cela est probable ; mais nous avons plusieurs Métropoles célèbres, ouvrages de nos pères, qui dans ces temps reculés firent la gloire & l'admiration de la chrétienté. Telles sont celles de Paris, Reims, Bourges, Orléans, Amiens, Beauvais & plusieurs autres : en Angleterre, Saint-Paul de Londres, tel qu'il étoit avant l'incendie affreux de 1666, & qui, reconstruit, est aujourd'hui la seconde Basilique du monde.

Les Corps religieux déja institués & dispersés dans l'Europe se multiplièrent dans l'Italie & les Gaules. Le cénobite Benoît consomma seul ce que vingt Souverains réunis n'eussent pu entreprendre ; disons plus : si toutes les possessions de cet Ordre, célèbre à tant de titres, avoient été réunies au treizième siècle, elles auroient certainement formé le plus grand royaume de cette partie du monde. Ce n'est pas même sans étonnement qu'on a vu des Souverains se faire leurs vassaux, & devenir en quelque sorte leurs tributaires ; mais comme tout est vicissitude dans la Nature, & que les ouvrages les plus affermis de l'homme s'écroulent avec le temps, ce Corps en sentit les longs outrages, & eut ses temps de splendeur, ses crises & ses révolutions.

Quelles que foient les pertes qu'il a fouffertes, quant à la puiffance qu'il eut dans fes beaux jours, il eft encore de tous les Ordres monaftiques, celui qui jouit de la plus grande confidération, & qui mérite le plus notre reconnoiffance. Nous avons, aux foins de ces vrais Religieux, l'obligation d'avoir fauvé des ravages des barbares, les monumens des Sciences, d'avoir développé le germe des connoiffances néceffaires à l'homme. Ce furent eux qui apprirent aux conquérans des Gaules à changer les déferts & les forêts en plaines fertiles & riantes. C'eft fous leurs voûtes facrées, dépofitaires des monumens les plus précieux pour l'Hiftoire & les plus intéreffans pour les grandes Maifons, qu'il eft libre à tous les amateurs des Sciences de les aller confulter, & qu'on trouve dans ceux qui en font chargés, les lumières & l'affabilité des vrais Savans.

Le monaftère de Saint-Denys devint l'habitation de plufieurs de nos Rois, & fut fouvent leur maifon d'inftruction; cette églife eft reftée le dépôt de leurs dépouilles mortelles. C'eft dans cet antique & vénérable édifice, qu'on peut fuivre d'âge en âge les monumens confacrés à la mémoire de nos Princes. On y verra fur le marbre & fur le bronze la rudeffe des premiers âges de notre monarchie; des efpèces de momies que des foldats, ou plus fouvent encore, des moines fabriquoient eux-mêmes : les uns pour tranfmettre à la poftérité la reffemblance groffière de leurs Généraux, & les autres à la vénération des fidèles, les images de leurs Saints.

En fuivant l'ordre des temps, nous voyons comment les productions de ce cifeau ruftique fe font infenfiblement perfectionnées, comment les Arts fe font développés, comment l'efprit de l'homme s'eft créé des principes & a

raifonné

raifonné fon ouvrage ; comment les François parvinrent à
fe faire un genre particulier d'ornement & d'architecture
inconnu jufqu'à eux ; nous verrons avec étonnement dans
l'exécution de plufieurs morceaux, régner un ton fi lugubre
& fi effrayant même, où les caractères de la mort, je dirai
plus, les effets de la putréfaction faififfent tellement par leur
expreffion, que nos plus habiles Sculpteurs auroient peut-
être, de la peine à réuffir dans ce genre fépulcral qui n'infpire
que la trifteffe & l'horreur.

Mais quittons ces temps de barbarie ; & pour nous
rapprocher des temps de la renaiffance des Arts, parcourons
les monument auxquels on a attaché quelqu'intention utile
& patriotique.

Que j'aime à voir le brave Duguefclin repofer aux côtés
de fon Prince, le fage Charles V. Ici j'apperçois qu'à
l'exemple de ce Monarque, Louis le Grand a placé Turenne
parmi les Bourbons. Louis XV eût fait fans doute le même
honneur au Maréchal de Saxe, fi la même croyance eût
exifté entre ce Monarque & fon Général.

Des monumens de cette efpèce honorent autant le Souverain qui les élève, que le héros à la gloire duquel ils
font érigés. Les uns & les autres, en nous donnant une
hiftoire fuivie, &, pour ainfi dire, parlante de leurs temps,
nous tranfmettent jufqu'aux attributs qui, dans les divers
règnes, caractériſèrent la Royauté, & nous peignent même
les mœurs groffières de leur fiècle.

A mefure que ces objets s'éloignent de nous, & fe
rapprochent de Dagobert, ils en deviennent plus précieux
& plus intéreffans. La force de nos anciens François y eft
exprimée par la longueur & le poids énorme de leurs armes ;
la rudeffe de leurs mœurs & de leur goût, par la bizarrerie

de leur accoutrement militaire ; des cottes de mailles, des corcelets, des braſſarts, des cuiſſarts, des héaumes, des gantelets, enfin des hommes factices de fer, dont toutes les articulations & les jointures flexibles en receloient de réels, impénétrables, pour ainſi dire, à toutes les atteintes qu'on leur portoit, la chûte de Philippe-Auguſte à Bovines, les efforts inutiles qu'on fit pour le percer, en ſont la preuve. Enfin tous ces reſtes de notre antique Chevalerie ſont autant d'objets curieux & piquans pour ceux qui aiment à examiner ces ſiècles ſi étrangers au bon goût, mais qui furent ceux de l'honneur.

L'Hiſtorien, qui nous peint avec tant d'exactitude les faits & l'eſprit de notre ancienne Chevalerie *(y)*, nous diſpenſe des détails abſolument étrangers à ce Diſcours, dont le ſeul objet regarde les monumens, pour ainſi dire, màtériels, qui nous repréſentent les mœurs & l'eſprit de leurs Auteurs, & des ſiècles où ils ont été exécutés.

Manier les armes avec dextérité, fut l'apanage de la Nobleſſe, comme le peu de ſcience qui ſubſiſtoit alors, étoit celui du Clergé ſéculier & régulier.

L'eſprit d'abnégation de ſoi - même & de renoncement aux choſes de ce monde, pour ne s'occuper que de celles du Ciel, vaquer à la prière, à la méditation, ſe livrer aux auſtérités ; eſprit qui peupla dans les premiers ſiècles de l'Egliſe, les déſerts de la Thébaïde, ſubſiſtoit encore du temps de Philippe Ier dans preſque toute ſa ferveur.

Quelques Religieux de l'abbaye de Moleſme, ordre de Saint - Benoît, par zèle pour la plus grande perfection religieuſe, vont en 1092, fonder dans les forêts de Cîteaux,

---

(y) M. de la Curne de Sainte-Palaye, de l'Académie royale des Inſcriptions & Belles - Lettres.

près de Nuits en Bourgogne , une nouvelle colonie de
Cénobites : soit horreur du lieu ou excès d'austérité dans
le nouvel institut , il périssoit sous Etienne, successeur de
Robert , lorsque Bernard , de l'illustre maison de Châtillon ,
vient s'y présenter & donne à ce pieux établissement une
nouvelle vie & le plus grand éclat. Ce beau génie , brillant
de toute la force & des grâces de l'éloquence , à laquelle se
joignoit une grande pureté de mœurs , acquit bientôt une
considération supérieure à l'autorité ; il s'en sert pour faire
condamner au concile de Sens les erreurs d'Abélard. Le zèle
qui le dévoroit pour la propagation de la Foi , lui fait voir
dans l'ardeur de ce temps pour la conquête des saints lieux,
un moyen qui lui parut infaillible pour l'étendre : il prend
occasion des remords de Louis VII, dit le Jeune, qui avoit
poussé trop loin la vengeance contre un vassal rebelle , en
livrant aux flammes, dans Vitry, des victimes infortunées
des crimes de leur maître , pour l'engager à expier sa faute
par une nouvelle croisade.

En vain le sage & politique Suger s'oppose à cette pieuse
mais indiscrète ardeur ; l'éloquence du Cénobite prévaut sur
la raison & l'intérêt de l'Etat ; le zèle ardent du saint Religieux
l'emporte sur l'expérience du Ministre : saint Bernard ose
annoncer & garantir des succès éclatans , Suger ne voit que
des désastres ; le Prophète & le Saint, par malheur pour la
France , vit moins bien que l'Homme d'Etat.

Louis , entraîné par cette éloquence onctueuse & persuasive
de Bernard , rassemble quatre-vingts mille hommes , & les
conduit dans la Palestine, où , comme l'avoit prévu Suger ,
ils périrent ; & ce fut avec la plus vive douleur que ce sage
administrateur vit son maître rentrer sans armée , & presque
seul dans ses Etats dépeuplés & appauvris par une expédition

3.me AGE
DU MONDE.

FRANCE
ancienne.

dont il avoit prévu le malheureux fuccès. Saint Bernard continue fes travaux apoftoliques, s'occupe à groffir fa tribu, élève une infinité de nouveaux monaftères, qu'il difperfe dans plus de vingt royaumes, & confomme en quelque forte la grande entreprife du premier fondateur, Saint Benoît, en portant la fécondité dans les campagnes arides, & en affurant à cent générations qui doivent fuccéder à la fienne, la vie, le repos, la douceur de la retraite, & les moyens de fe fanctifier.

L'expérience défaftreufe du paffé n'avoit point encore corrigé les Puiffances de l'Europe de la fureur des guerres d'outre-mer ; il en manquoit une plus malheureufe encore que les précédentes pour les en dégoûter tout-à-fait, & ce fut le plus faint de nos Rois qui la fit, & qu'elle ne découragea pas même affez pour n'en pas entreprendre une feconde, la plus funefte de toutes, puifque fes armées y furent détruites & que lui-même y perdit la vie.

Si ce Monarque, infiniment refpectable par fes talens politiques, fon courage & fes vertus chrétiennes, fe fût uniquement renfermé dans les foins du gouvernement intérieur de fes Etats, il eût été, n'en doutons pas, le plus grand Souverain de la Terre.

Il dépofa dans la chapelle qu'il fit bâtir dans fon palais, les faintes reliques qu'il put fe procurer dans la Paleftine, & celles qu'il acheta des Vénitiens. Il fonda auffi l'hopital des Quinze-vingts pour trois cents Officiers ou Soldats qui perdirent la vue dans fon expédition de la Terre-Sainte. Un zèle plus éclairé n'eût certainement point néceffité un établiffement fi extraordinaire. On lui doit l'affranchiffement des communes, & ce fut le premier pas que firent les Rois vers l'autorité dont ils jouiffent aujourd'hui.

La

La police de la ville de Paris doit à ce Monarque ses premiers règlemens. Son directeur, Robert Sorbon, jeta les premiers fondemens de la première école de Théologie de l'Univers.

Le successeur de ce saint Roi donna le premier l'exemple de ce qu'on doit au mérite, en anoblissant le plus célèbre Artiste de son temps, le fameux Raoul l'orfévre ; les exceptions à cet égard sont si rares, qu'elles ne peuvent jamais être une charge à l'Etat. Il donna donc au mérite ce qu'on a depuis prodigué à l'argent, sans donner plus de lustre à la Noblesse & de force au Trône, dont cet ordre est le principal appui : au contraire cette grâce, en levant la séparation qui existoit dans l'état des personnes, a affoibli l'heureux préjugé de la Noblesse, sans pour cela donner à la roture autre chose que les priviléges d'un rang qu'elle ne tient point de la naissance, ou d'actions utiles à la Patrie.

Ce fait illustre plus le Prince qu'un monument matériel, qui peut-être n'eût rien appris à la postérité. Une Ordonnance de Philippe-le-Bel sur le luxe, curieuse par les détails où ce Prince entre pour chaque condition, & qui peint les mœurs & les usages de ce siècle, est encore un monument du genre à peu-près de celui dont nous venons de parler, quoique ni l'un ni l'autre ne puissent entrer dans le plan de ce Discours.

Ce fut sous le règne de Philippe-le-Hardi & sous l'empereur Edouard II, que fut bâtie la superbe tour de la cathédrale de Strasbourg, de quatre cents cinquante pieds de haut, mesure de France : le chef-d'œuvre d'Ervin de Steinbach, & le plus beau monument d'architecture gothique qui existe dans l'Europe. Nous ne pouvons passer

P p

sous silence celui qui fut érigé dans la métropole de Paris, en mémoire & pour rendre grâces de la victoire remportée par Philippe-le-Bel sur les Flamands le 18 Août 1304 *(z)*.

Sous ce Monarque, le Prieur & les habitans de Saint-Saturnin, construisirent le fameux pont appelé du *Saint-Esprit*, & qui donna son nom à la ville, qu'elle a toujours porté depuis, connue jusque-là sous celui de Saint-Saturnin. Ce pont, sur un fleuve aussi profond & aussi rapide que l'est le Rhône en cet endroit, suppose dans celui qui conçut ce projet & ceux qui l'exécutèrent, des connoissances en architecture & sur-tout de la hardiesse.

On ne sait trop si l'on doit mettre au nombre des monumens du règne d'un Prince sage (*) la construction de la Bastille, dont les fondemens furent jetés en 1369, par Aubriot, Prevôt de Paris. Ce Magistrat crut sans doute donner une défense à la capitale, & ne prévit pas que cette espèce de forteresse n'auroit, par la suite des temps, d'autre destination que celle de servir de prison d'Etat.

Ce fut sous le règne de ce Prince, qui honora les Savans, (il tenoit pour maxime que *les clercs ou à sapience l'on ne peut trop honorer ; & tant que sapience sera honorée en ce royaume, il continuera à prospérité : mais quand déboutée y sera, il déchéera*) que commença la Bibliothèque royale par neuf cents volumes manuscrits, qui furent placés dans une des tours du Louvre. On auroit difficilement imaginé que d'après de si foibles commencemens elle eut dû devenir

---

(z) M. de Saintfoix attribue ce monument à Philippe de Valois avec beaucoup de fondement, & prétend qu'il fut érigé en mémoire de la victoire mémorable qu'il remporta sur les Flamands au mois d'Août 1328. *Voyez le Supplément aux Essais historiques sur Paris.*

(*) Charles V.

ce qu'elle eſt de nos jours, la plus riche & la plus précieuſe
collection de l'Univers.

La minorité & la démence de Charles VI, l'ambition
du duc de Bourgogne, le caractère impérieux d'Iſabelle de
Bavière, accumulèrent ſur le Royaume les calamités les plus
horribles : le Royaume fut livré en proie à l'Etranger ;
l'Anglois devenu le maître de preſque toute la France, fit
couronner dans Paris même, Henri VI roi de France,
enfant de ſix ans ; Charles VII reprend ſur lui ſes Etats
uſurpés : une Fille vient trouver ce Prince à Chinon, ſe
dit envoyée du Ciel pour délivrer Orléans & faire ſacrer
le Roi à Reims ; ſon enthouſiaſme ſe communique aux
Troupes, le ſiége d'Orléans eſt levé. Auxerre, Troies,
Châlons, Soiſſons rentrent au pouvoir de Charles ; Reims
lui ouvre ſes portes, il y eſt ſacré. La miſſion de Jeanne
d'Arc finiſſoit là, ſelon qu'elle l'avoit annoncé ; elle ſe jette
dans Compiegne, eſt priſe dans une ſortie, menée à
Rouen, jugée & condamnée au feu, au rapport d'une
infinité d'Hiſtoriens, & brûlée dans la place *aux Veaux* de
cette ville, où peu de temps après on éleva un monument
à ſa mémoire, qui depuis quelques années vient d'être refait
d'un meilleur goût & d'une manière plus agréable. Orléans a
conſervé auſſi un monument de ſa reconnoiſſance, qui vient
d'être placé dans la rue Royale, où il forme un objet de
décoration d'un genre aſſez ſingulier ; & cette rue qui paſſe
pour la plus belle rue des villes de France, conduit au pont
ſuperbe qu'on y a fait il y a quelques années, & qui devient
un des plus beaux monumens de ce ſiècle.

L'art de l'Imprimerie commence à être connu en France
à cette époque, & ſe communique bientôt dans toute
l'Europe. Pluſieurs villes ſe diſputent cette invention ; on

3.me AGE
DU MONDE.

FRANCE
ancienne.

montre dans la cathédrale de Straſbourg le tombeau de
Jean Mentelin, qu'on dit en avoir été l'inventeur : en
ſuppoſant la vérité de cette prétention, ce monument, d'un
homme qui a ſi bien mérité de ſes contemporains, des
Savans & de la poſtérité, mérite bien à ſon tour d'être
diſtingué des tombeaux de cette foule de morts qui n'ont eu
pour tout mérite que des titres de convention, & peut-être
pas un ſeul pris de l'eſſence de leur être & de la convenance
morale des choſes *(a)*.

Sous le règne de ſon ſucceſſeur, furent établies les
Univerſités de Bourges, de Bordeaux & les Poſtes,
devenues ſi généralement utiles *(b)*.

Louis XII augmenta la Bibliothèque. Saint Gelais fait
en deux mots le plus bel éloge de ce Prince : *Il ne
courut oncques du règne de nul des autres ſi bon temps
qu'il a fait durant le ſien.* « Il aima ſes ſujets, dit encore
» le Préſident Hénault, ſa plus forte envie fut de les rendre
» heureux, & il mérita d'en être ſurnommé *le Père*, tant il
» eſt vrai que le premier *bien* d'un Roi eſt l'amour de ſon
» peuple ; il diminua les impôts & jamais il ne les augmenta ».
L'aurore du Monarque qui nous gouverne n'annonce-t-elle
pas le *bon temps* dont parle Saint Gelais ? & le jeune
Prince ſera ſans doute comme Louis XII, le père de ſon
peuple.

(a) L'opinion la plus vraiſemblable, attribue cette invention à Jean
Guttemberg, d'une famille noble de Mayence. Polydore-Virgile, preſque
contemporain de cette invention, aſſure tenir ce fait des concitoyens même
& des contemporains de l'Inventeur. *De Inventoribus rerum, lib. II, cap. 7.*

(b) C'eſt l'opinion commune que l'invention des Poſtes eſt dûe à l'Univerſité
de Paris. Si l'Etat & les ſujets en tirent une grande utilité, la bienfaiſance
de nos Rois pour ce Corps reſpectable, l'a fait jouir d'une partie du profit
qui lui en revient, & ce bel établiſſement profite plus à ſes Membres actuels
qu'il n'a fait à ſes Inventeurs.

LES

Les Lettres & les Sciences avoient déja trouvé en Italie un asyle ou plutôt une patrie; & comme le bien tend de sa nature à se répandre, les François, sous Charles VIII & Louis XII, en avoient senti le charme dans les guerres que firent ces deux Rois par-delà les monts.

François Ier, autant fait pour les sciences par son esprit & par son goût, que pour la guerre par sa bravoure, voulut que ses Etats partageassent avec l'Italie les douceurs qu'y répandoient les Sciences & les Arts; il appelle les Savans dans son royaume, encourage par ses bienfaits ceux de sa nation, fonde le Collége Royal, & mérite le titre glorieux de *Père des Lettres*.

Henri II son fils, enthousiaste de la Chevalerie, ne fut occupé que de guerres, de tournois & de galanteries. Catherine de Médicis sa veuve, jeta en avril 1564 les fondemens du château des Tuileries; la galerie du Louvre, commencée par Charles IX, fut achevée par Henri IV en 1596. Dès 1533 on avoit commencé l'Hôtel-de-ville; le palais du Louvre, celui du Luxembourg, l'aqueduc d'Arcueil furent construits dans les temps les plus orageux de la Monarchie: preuve que les Arts étoient cultivés malgré les calamités qui désoloient le Royaume.

Heureusement pour le progrès de la raison & des Sciences sous les trois règnes suivans, ou l'une & les autres parurent étouffées par les cris du fanatisme, & noyées dans le déluge de sang que firent couler l'ambition & la superstition, des Savans au milieu des bûchers qui s'allumoient de toutes parts contre les hérétiques, & parmi le bruit des armes, les cultivèrent dans le secret; à dater de François Ier il y eut une succession non interrompue de Philosophes, de Savans, d'Historiens judicieux & exacts, de Poëtes même. Au sein

des horreurs des guerres civiles , le beau feu du génie
s'entretenoit ; aux Baïfs, aux Marots, à Ramus, à Claude
Seiffel, fuccédèrent Alciat, Tiraqueau, les Etiennes, Sleidan ;
les Dubellay, Jodelle, Belleau, Monluc, Pibrac, Ronfard,
Amiot , du Bartas, Bodin, Montaigne, d'Aubigné, Brantôme, Pafferat, Rapin , Cafaubon , Malherbe, Regnier ;
les Sainte-Marthe, les de Thou, Benjamin Priolo, Balzac,
Sarazin, Voiture & une infinité d'autres, dont le génie &
les travaux forment la chaîne qui lie les temps de l'enfance
des Sciences & des Arts, à ceux de leur virilité, c'eft-à-dire,
au règne de Louis - le - Grand , époque à laquelle ils fe
montrèrent avec le même éclat qu'aux plus beaux jours de
la Grèce & de Rome.

Ce fut encore dans le feu des factions & des guerres
civiles, que la vertu & le courage des Magiftrats brillèrent
de la plus grande fplendeur. Notre Hiftoire confervera à
jamais comme les monumens les plus précieux, la mémoire
des l'Hôpital, des le Maître, des de Thou, des Briffons,
des Séguier, des Harlay, des Servins & de quelques autres,
dont les noms immortels feront dans tous les temps , la
gloire de la Nation & l'honneur de la Magiftrature.

Le grand Henri , *qui fut de fes fujets le vainqueur
& le père* , eût été de même le père des Artiftes & des
Savans , fi le foin de réparer les malheurs de l'Etat &
d'établir fa profpérité fur des fondemens durables , n'eût
occupé fon ame toute entière. Difons encore que fi ce
Prince n'eût pas été forcé de conquérir le royaume qui
devoit lui être affuré par droit de naiffance, s'il n'eût pas
éprouvé des traverfes qu'aucun Roi de l'Univers n'a jamais
effuyées , s'il n'eût pas été contraint d'étouffer les ligues
malheureufes & deftructives, fomentées depuis long-temps

par les intrigues & la jalousie de Philippe II & par les
nouveaux systêmes de religion ; si enfin quelques années
pacifiques eussent été ajoûtées à sa carrière trop tôt terminée
par le forfait le plus abominable, & s'il n'eût enfin été
enlevé tout-à-coup à l'amour & à la vénération des François,
ce Monarque eût exécuté le vaste projet d'assoupir les
factions qui désoloient ses peuples & écrasoient les Grands,
& eût porté la Monarchie françoise au dernier terme de la
gloire & du bonheur ; peut - être encore eût - il laissé aux
successeurs de son Trône, un code fait pour les guider dans
l'art de régner pour la félicité des peuples, & non pas
seulement sur des peuples.

Ce grand Prince mort, la France fut aussitôt replongée
dans les horreurs des factions, suite nécessaire d'une longue
minorité & de l'ambition contrainte des Grands, qui,
n'attendant qu'une occasion d'éclater, la trouvent presque
toujours dans les temps d'une régence. Il est le premier
de nos Rois auquel la Nation ait élevé un monument public
de sa tendresse & de sa reconnoissance, & qu'elle voit
toujours avec attendrissement ; mais ce n'est qu'avec regret
qu'elle voit aux pieds du plus sensible des hommes & du
meilleur des Princes, des esclaves attachés en criminels,
d'un Prince qui ne voulut enchaîner que la discorde, le
fanatisme & leur affreux cortége. Au lieu de ces accessoires
de l'adulation la plus basse, que ce grand Monarque eût
certainement désavoués, que ne plaçoit-on plutôt à ses côtés
le plus honnête des hommes, le plus grand des Ministres,
le meilleur ami de son maître, l'immortel Sully *(c)!*

(c) Cette statue, envoyée par Cosme II de Médicis, fut érigée sur le
Pont neuf, le 23 Août 1614. Jean-Armand du Plessis-Richelieu, évêque
de Luçon, ne fut fait Secrétaire d'Etat que le 25 Novembre 1616. C'est

Les orages de l'enfance de Louis XIII, l'épuifement des finances abandonnées au pillage des Etrangers, ne permirent guère, pendant cette minorité, de fe livrer aux recherches du luxe & du bon goût. Outre que ce Prince, d'un caractère mélancolique & férieux ne parut pas avoir celui de la décoration, il fe trouva tellement embarraffé de tant de guerres ou de négociations, qu'il ne lui fut pas poffible de s'occuper de l'embelliffement de fa capitale. Si fon Miniftre, qui avec le plus grand génie eut le fentiment & le goût des belles chofes, n'eût point été emporté par le torrent des affaires, & fans ceffe occupé du foin de réprimer l'ambition des Grands, ou les entreprifes des Puiffances ennemies, & fur-tout de l'abaiffement de la Maifon d'Autriche, dont la jaloufie avoit été fi fatale à la France, il auroit certainement eu la gloire d'établir le règne des Arts & des Sciences ; mais on lui doit au moins celle de l'avoir préparé en fondant l'Académie Françoife. Ce fut lui qui éleva à fon Maître le monument qu'on voit à la Place Royale, qui bâtit le Palais Cardinal, actuellement le Palais Royal, nom qu'on lui donna après la donation que ce Miniftre en fit à Louis XIII.

Paffons rapidement encore fur la minorité de fon fucceffeur, & hâtons-nous d'arriver à l'époque brillante où Louis, juftement furnommé le Grand, prend en mains les rènes de l'Etat.

Le calme renaît, les Arts éplorés & tremblans fortent enfin de leurs retraites, paroiffent avec tout l'éclat qui leur eft propre, & viennent embellir un fiècle qui fut celui des

---

donc mal-à-propos que les Auteurs des Infcriptions qu'on lit fur le piédeftal de ce monument, ont fait à ce Miniftre l'honneur de lui en attribuer l'érection.

merveilles

merveilles dans tous les genres. Des fuccès rapides élèvent
la France au comble de la fplendeur & de la profpérité.
Son heuréux Monarque, adoré de fon péuple, refpecté de
fes voifins, fait triompher des ligues étrangères & de la
rivalité, trop long-temps alarmée de fon pouvoir.

Mazarin avoit introduit parmi nous un nouveau genre
de fpectacle, qui uniffoit au charme de l'harmonie & de
la mélodie, ceux de la danfe & la magie brillante des
décorations. Mairet, Rotrou, avoient déja effayé leurs forces
pour faire revivre les théâtres des Grecs & des Romains;
le génie de Corneille s'allume aux premiers traits de lumière
qui brillent fur la fcène françoife, & il l'enrichit de chef-
d'œuvres bien fupérieurs à fes modèles : Racine lui fuccède;
il égale déja fon maître en ce qu'il a de fublime, & le
furpaffe du côté de l'élégance & de la pureté du langage :
l'inimitable Molière combat & corrige les ridicules de fa
nation par fes propres armes, démafque les vices que
Defpréaux foudroie.

Tous les genres fe perfectionnent; dans la capitale de la
France, s'ouvre tout-à-coup une forte de volcan qui lance
des flammes : de ce foyer brûlant, partent de traits de feu;
quiconque en eft touché, paroît auffitôt transformé en un
autre homme : Defcartes, Gaffendi & Rohault ont frayé la
route de la faine philofophie, où entrent après eux Newton
& Léibnitz ; Boffuet, Bourdaloue, Fléchier, Fénelon;
Patru, le Maître, Cochin, rivaux des Démofthènes &
des Cicérons, annoncent, les uns les fublimes vérités de la
religion, les autres défendent les droits des citoyens contre
l'injuftice ou la puiffance de leurs oppreffeurs. Malbranche,
Pafcal, Arnaud, Nicole, montrent à l'Europe comment la
profondeur du raifonnement peut s'allier avec l'éloquence &

R r

le brillant de l'imagination. Caffini, la Hire, fondent les pro-
fondeurs du ciel, calculent les grandeurs des aftres, celles des
orbes qu'ils parcourent. D'Eftrées & Tourville, Bart, Forbin
& Dugay-Trouin, font refpecter les pavillons de la France
fur toutes les mers. Condé, Turenne, Luxembourg, Catinat,
Vendôme, Noailles, font refpecter de même fur terre les
armes du grand Monarque dont ils conduifent les armées.

Quarante ans de fuccès continuels en avoient impofé à
l'Europe ; mais ils l'alarmoient encore plus qu'ils ne l'avoient
étonnée. L'hydre de la guerre renaiffoit fans ceffe ; il falloit
l'écrafer entièrement, ou fe voir continuellement en butte à
de nouvelles atteintes. La fucceffion au trône d'Efpagne
rouvre des plaies qui faignoient encore. L'Europe fe conjure
de nouveau ; les fuccès précédens avoient épuifé en quelque
forte le fang & les reffources de l'Etat : cependant l'âge
commençoit à amortir la vigueur du Monarque.

Douze ans de revers prefque continuels firent à l'Etat
des maux dont il fe reffent encore. L'heureux & brave
Villars arrête le torrent ; mais les traces profondes de fes
ravages ne pouvoient fi-tôt fe réparer, & pour comble
d'infortune, le Monarque voit fur le déclin de fes
ans périr pour lui prefque jufqu'à l'efpoir de la poftérité
la plus brillante ; il furvit à fes arrières-petits-fils, &
meurt abîmé dans la douleur de voir celui de la France
réduit à un unique rejeton, dont la fanté chancelante
préfageoit à fes Etats, des révolutions funeftes s'il venoit à
leur manquer.

Le Monarque enfant, monta fur un Trône, pour ainfi
dire miné de toutes parts. Les monumens érigés à la gloire
de fes prédéceffeurs, fembloient n'exifter autour de fa
perfonne que pour contrafter d'une manière plus marquée

avec l'épuifement & la mifère affreufe où fes fujets étoient plongés. Tels font, pour l'ordinaire, les fruits amers d'une grandeur trop long-temps appuyée fur les fuccès militaires: & quelle leçon pour les Rois!

Mais quel génie heureux & puiffant foutiendra le jeune Monarque chancelant, & que la plus légère fecouffe peut renverfer? Le Ciel, qui toujours proportionne les remèdes aux maux, les reffources aux circonftances, le tenoit en réferve, & le montre auffitôt à la Nation.

Philippe d'Orléans fe charge du poids de l'Etat & prend les rênes du gouvernement, que la foibleffe du Monarque ne lui permettoit pas de tenir. Auffi actif que prévoyant, il voit les factions naître & les diffipe; il devine les projets des Puiffances voifines, & les déconcerte. Une longue paix répare peu-à-peu les brèches que la guerre avoit faites à l'Etat. Le cultivateur long-temps effrayé de labourer des plaines enfanglantées & couvertes d'offemens & d'armes rouillées, reprend courage; l'olive de la paix refleurit, l'abondance revient fous fon ombrage avec les fruits qui l'accompagnent. Cet autre Joas eft toujours fous le bouclier d'Abner, & un autre Joad le guide dans les fentiers de la vertu dont il a fu lui infpirer l'amour. Ce tendre arbriffeau s'élève infenfiblement, & fa cime va bientôt furmonter les plus hauts cèdres.

Une paix de vingt ans a rendu enfin à la France toute fa vigueur : un trône vaque, deux Concurrens également dignes de le remplir, fe le difputent; mais il n'y avoit qu'un trône à donner. L'incendie s'allume dans le Nord, & bientôt fes ravages s'étendent; l'Empire & la France prennent parti dans cette querelle : le repos de l'Europe en eft troublé. La victoire fuit les drapeaux de Barwik, d'Asfeldt & de

Noailles à Philifbourg : le fuccès couronne nos entreprifes en Italie. Eugène, fi fatal à la France, cède à fon afcendant. L'acquifition de la Lorraine eft le fruit d'une guerre auffi glorieufe pour le Roi, que juftement entreprife.

La mort de l'Empereur Charles VI, le dernier mâle de cette maifon d'Autriche, fi puiffante & fi redoutable à l'Europe, fait éclore des prétentions fans nombre fur les vaftes Etats qu'il laiffoit. Au nord de l'Allemagne, Frédéric III veut faire revivre des droits prefcrits fur la Siléfie, & auxquels fes prédéceffeurs avoient renoncé. L'Electeur de Bavière, fils d'un père profcrit par les Autrichiens, leur captif lui-même dans fon enfance, veut venger les anciens affronts de fa Maifon & les fiens propres : aidé de la France, il menace Vienne même. Augufte III alléguoit des droits récens, ceux de la fille aînée de l'Empereur Jofeph, fa femme ; le roi d'Efpagne étendoit les fiens à toute cette riche fucceffion ; Louis avoit des droits auffi fondés & n'en réclamoit aucun. Environnée d'ennemis ambitieux & puiffans, fans troupes, fans argent, Marie-Thérèfe, par fon courage, fait face à tous. Les Hongrois maltraités par les pères, fe dévouent avec tranfport à la défenfe de la fille, qui, hors d'état de réfifter, devient bientôt en état d'attaquer.

Des portes de Vienne, de Prague & des rives du Danube, l'incendie fe propage jufqu'à celles du Rhin & jufqu'aux frontières de la France. Louis, brillant de la vigueur de l'âge, arrive fur celles de la Flandre autrichienne, fe met à la tête de fes armées ; Courtrai, Menin, Ypres, la Kenoque, Furnes font affiégées, leurs remparts tombent en préfence de ce Monarque comme devant un autre Gédéon.

Au

Au milieu de ces fuccès, le Prince Charles de Lorraine paffe le Rhin, preffe Seckendorff, pénètre dans l'Alface avec foixante mille Autrichiens, menace la Lorraine. L'expérience, la fageffe & la valeur du maréchal de Coigny retardent les progrès de l'ennemi; mais des forces fupérieures font appréhender qu'il ne pénètre dans nos provinces. Le vertueux Sftaniflas fuit un pays qu'il rend heureux; mais qu'il ne peut défendre. A la premiere nouvelle de cet évènement inattendu, Louis quitte le théâtre de fa gloire, vole à la défenfe de la Lorraine menacée.

Le maréchal de Noailles qui avoit initié fon Maître aux connoiffances du grand art de la guerre, le précède. Le duc d'Harcourt vole de fon côté aux gorges de Phalfbourg. Le rendez-vous des troupes eft affigné à Metz; le Roi y arrive le 5 août, le 8 il y tombe malade, & prefque tout-à-coup la maladie prend un caractère terrible. Aux premieres nouvélles de fon danger on frémit dans la capitale : bientôt les extrémités du royaume répondent aux accens de fa douleur. Tout dans la France eft dans la confternation, les larmes & les prieres, la crainte & l'efpérance viennent tour-à-tour accabler & raffurer les peuples; mais l'orage fe diffipe enfin, & les jours de Louis paroiffent affurés. Le courrier qui apporte à Paris la nouvelle de la convalefcence du Roi, eft, pour ainfi dire, étouffé par les careffes du peuple. *Qu'il eft doux d'être aimé de cette forte, & qu'ai-je fait pour le mériter*, s'écrie Louis attendri jufqu'aux larmes, des tranfpors d'allégreffe de fes fujets! Peuple aimable & fenfible, idolâtre de tes maîtres, quel retour ne mérites-tu pas de leur part!

Cependant Noailles marche à l'ennemi; calculateur profond de toutes les opérations militaires, il le force à fon approche de repasser le Rhin, tandis que son disciple, & déjà son rival de gloire, le maréchal de Saxe, contient les Alliés à Courtrai, & les force par ses savantes manœuvres, à se consumer eux-mêmes.

Louis échappe à la mort qui le menaçoit, & à peine est-il rétabli, qu'aussitôt il reprend ses projets & veut finir la campagne par une expédition glorieuse qui en impose à l'ennemi, venge la nation des alarmes qu'il lui a causées, & assure la tranquillité de ses frontières. Malgré la saison qui s'avance & les obstacles qu'elle semble accumuler, il investit Fribourg, l'assiége, & s'en rend le maître, rentre triomphant dans sa capitale, & jouit des transports d'un peuple innombrable qui soupiroit après son retour, & qui d'un concert unanime le proclame *Louis le Bien-aimé*.

Tout est prévu pour la campagne suivante, & les opérations commencent par le siége de Tournai. Les Hollandois alarmés veulent qu'on risque tout pour sauver cette place. Louis, averti du projet des Alliés, se propose de les combattre lui-même; il mène avec lui son fils nouvellement marié à la seconde des Infantes d'Espagne.

Champs de Fontenoy, théâtre de la gloire du Monarque François, vous serez un monument éternel de sa tendresse pour ses sujets, & de sa pitié pour ses ennemis terrassés. La victoire balance long-temps indécise entre les deux partis également animés au carnage. L'Anglois farouche, qui fait la principale force des Alliés, paroît quelque temps écraser de sa masse énorme l'armée Françoise. Enfin cette cavalerie noble & brillante, qui fait le cortège ordinaire du Souverain, s'avance contre cette forteresse ambulante, la foudroie, la disperse, & sa destruction décide la victoire.

Louis, maître du champ de bataille, jouit un instant avec son fils, de l'ivresse d'un premier triomphe; mais les tourbillons de fumée & de poussière en se dissipant, présentent une scène d'horreur qui épouvante & attendrit également les deux Princes. C'est la fleur d'une génération presqu'entière moissonnée par la flamme & le fer. C'est parmi les débris amoncelés des armes brisées, des membres épars, que des troncs mutilés invoquent à grands cris la mort trop lente à terminer leurs souffrances.

Guerriers, à qui ce récit retrace cette journée si glorieuse & si terrible, dites-nous, quelle impression de terreur & d'attendrissement ce spectacle effroyable porta dans l'ame sensible de ces Augustes Princes? rendez-nous ces paroles mémorables que la compassion leur arracha, & faites qu'elles parviennent jusqu'au Trône du jeune Monarque qui nous gouverne? *Mon père*, s'écria le Dauphin traversant cette scène ensanglantée, *ah mon Pere ! qu'il en coûte à une ame sensible pour remporter de telles victoires. Mon fils*, lui répond le Roi pénétré de la même douleur, *ce que vous voyez, ce que vous touchez, doit vous apprendre à quel prix on achette de pareils triomphes.*

Orateurs chrétiens qui venez de prononcer les éloges funèbres de ces deux Princes magnanimes, si vous n'avez point rappelé à vos concitoyens ces élans précieux de leur ame, leurs vrais caractères vous ont échappé.

La défaite de l'armée ennemie est presqu'aussitôt suivie de la reddition de Tournai. Le combat de Mêle, la prise de Gand, celle d'Oudenarde, de Bruges, de Dendermonde, d'Ostende qui avoit résisté trois ans & demi à Spinola, & qui ne tint pas quinze jours devant Lovendhall, ajoutent à la gloire de nos armes. Il ne restoit plus pour être maître du comté de Flandre, que Nieuport, & cette ville céda bientôt à l'ascendant des François.

Les campagnes fuivantes font couronnées par des fuccès
auffi éclatans, & c'eft au fein de la victoire que Louis fignale
fa modération, offre & donne la paix à fes ennemis, content
de les avoir humiliés & de leur faire refpecter fa puiffance; s'il
s'eft armé, ce n'a été que pour repouffer leurs atteintes, & non
pour agrandir fes Etats; il ne prétend tirer d'autre avantage de
fes triomphes, que de montrer à fes ennemis qu'il fait réprimer
des entreprifes injuftes & non en former. C'eft une juftice
que l'Europe entière fe plut à lui rendre pendant fon règne,
& qu'elle ne ceffe de proclamer depuis qu'il n'eft plus.

De nouvelles prétentions élèvent de nouveaux orages;
l'Europe entière s'embrafe; le feu s'allume en Amérique,
& l'Océan qui les fépare ne peut arrêter cet affreux incendie.
Seule paifible au milieu des orages, la fage & politique
République de Hollande s'enrichit des pertes des Nations
rivales qui fe difputent des deferts. La France s'annonce par
des fuccès; mais le défaut d'harmonie dans l'exécution des
projets formés fous les yeux du Monarque, fait infenfiblement
évanouir & perdre tous les avantages d'une guerre dont les
commencemens annonçoient l'iffue la plus glorieufe. Louis
fait des facrifices énormes au bien de la paix; le calme fans
doute va réparer nos défaftres : vain efpoir, les beaux jours
de la France femblent tous écoulés; des pertes bien plus
douloureufes encore vont l'accabler.

Un jeune Prince de la plus grande efpérance eft
moiffonné comme une tendre fleur à l'aurore de fes beaux
jours. Louis Dauphin de France, dans la vigueur de l'âge,
voit fans la moindre crainte arriver une mort lente, dont
il eft la victime. Si la vertu & tous les dons de l'ame
pouvoient toucher ce monftre impitoyable, quel Prince
mérita de vivre plus long-temps? Sa tendre époufe fe confume

lentement

lentement dans les douleurs, sans que l'aspect de sa prochaine destruction ébranle son courage. Ses seuls regrets en
quittant la vie, sont de se séparer pour toujours de ses enfans;
mais la mort, en la leur enlevant, la réunit au ciel à son
auguste & tendre époux, & le même tombeau renferme ici
bas leur dépouille mortelle.

La Famille royale n'éprouve plus que des pertes de cette
nature : c'est le sage, le bienfaisant Stanislas, ce Philosophe
Roi, les délices du pays qu'il gouverne; c'est une pieuse
Reine qui ne peut survivre à la perte d'un fils & d'un père
dignes de tout son amour. Nos malheurs finiront-ils enfin?
non : la main qui s'appésantit sur la Famille royale a sans
doute des crimes à punir sur toute la nation; des corrupteurs
politiques s'emparent de toutes les avenues du Trône, & en
ferment l'accès à la Vérité & aux accens de la douleur des
peuples qu'ils écrasent.

Mais le bien & le mal ont leurs périodes & leurs vicissi-
tudes; les générations des Rois & des Sujets sont comptées:
le venin de la mort saisit le Monarque & circule dans ses
veines; sa faulx glacée l'a touché : en cet instant fatal où le
prestige cesse, la Vérité se présente avec un appareil terrible;
les sentimens naturels reprennent toute leur énergie, le cri
du cœur & de la conscience se fait entendre, la Religion
négligée reprend ses droits.

Le lit du Monarque mourant est entouré de sa famille
en larmes, des Princes de son Sang, des Ministres de la
Religion sur laquelle il s'appuie dans cette crise redoutable.
L'intérêt de l'Etat en défend l'accès aux Princes ses petits-
fils; mais si cette puissante raison nécessite ce sacrifice
douloureux de leur part, rien ne peut arrêter l'effet de la
tendresse des augustes Princesses pour le Roi leur père;
envain son amour paternel leur oppose les dangers du venin

T t

puiffant fous lequel il fuccombe, leur courage héroïque n'en eft point ébranlé; elles bravent la mort qui menace de les envelopper dans la ruine de ce tendre père, & ces auguftes victimes fe dévouent généreufement aux foins pénibles de le foulager & de le confoler, en confervant jufqu'au dernier moment l'efpoir de le dérober aux atteintes du trépas.

Des courtifans tremblans des pertes qu'ils redoutent, d'autres fondans des projets fur les révolutions néceffaires qu'opère une adminiftration nouvelle; des oififs avides de nouveautés, quelles qu'elles puiffent être, rempliffent le palais: l'inquiétude & l'efpoir volent autour d'eux, fous ces magnifiques lambris que les couleurs fombres du deuil vont bientôt obfcurcir.

Louis fent les approches de la mort; il la voit d'un œil fixe: fon ame inacceffible à la crainte, fe repofe fur la miféricorde infinie de l'Etre fuprême, par qui règnent les Rois. Il demande avec inftance le gage facré de la réconciliation, & c'eft devant lui qu'il fait l'avéu public de fes fautes, qu'il en implore le pardon, qu'il s'engage à les réparer, fi le Ciel veut lui en accorder le temps.

François, peuple fenfible, idolâtres de vos maîtres, avec quel attendriffement vous apprites les regrets du Monarque & les engagemens qu'il prenoit dans ces terribles momens! Le Ciel les reçoit, mais il veut qu'un autre les rempliffe: le décret eft porté; Louis n'eft plus!

Son fucceffeur que nous contemplons aujourd'hui fur le trône de fes pères, a fenti avant de le remplir, que les vertus ne font utiles que par l'application qu'on en fait. Inftruit dans le filence du cabinet, des grands principes du gouvernement, il s'occupe en en prenant les rênes, du foin de fe choifir un coopérateur capable de le feconder dans l'exécution de fes projets: il appelle près de lui un autre

Polyclète, qui a confumé prefque fa vie entière dans le pénible métier de gouverner les hommes, dont l'ame honnête & mûrie, pour ainfi dire, par les affaires, le temps & les revers, n'a plus qu'une paffion, l'amour du bien & les lumières néceffaires pour l'opérer.

Mais quelle que foit la vigueur de l'ame de ce Sage, elle fuccomberoit fous le poids d'une adminiftration immenfe, fi les détails n'en étoient partagés : chaque branche exige un homme tout entier ; le Monarque le fait, mais il attend pour annoncer fon choix, que les vœux de la Nation femblent le néceffiter. C'eft à un Militaire vertueux, confommé dans la fcience de la Guerre, qu'il confie ce département ; un Négociateur habile eft chargé de celui des relations politiques de l'Empire françois avec les autres Puiffances de l'Europe ; celui de la Marine eft donné à un Magiftrat, dont les grands talens fe font montrés avec éclat dans les fonctions non moins importantes que délicates de la Police de Paris : la régie des Finances eft confiée à un autre, dont le nom feul fait naître l'idée de l'intelligence unie à tout le zèle d'un citoyen vertueux. Il donne pour chef à fes Cours de juftice, un Magiftrat qui a long-temps préfidé, avec l'applaudiffement général, l'une des plus célèbres d'entr'elles ; enfin chaque branche de l'adminiftration eft régie par l'homme que la Nation eût choifi elle - même, fi ce choix lui eût été remis, mais que fes vœux du moins y appeloient. Qu'eft-ce que la France ne doit pas attendre d'un Souverain qui fait choifir ainfi (*) ?

(*) M. le Duc de la Vrillière, après le plus long fervice qu'ait fait aucun Miniftre, ayant obtenu fa retraite : S. M. a donné le département dont il étoit chargé à M. le Préfident de Malesherbes, dont les vertus & les talens héréditaires au fang des Lamoignons garantiffent à la Nation tout le bien qu'elle peut attendre de cette partie de l'adminiftration.

Contemplez, François, ce rejeton sacré de la plus augufte tige du monde; à peine affis fur fon trône, la fageffe & la juftice viennent s'y placer à fes côtés, & la bienfaifance attend à fes pieds les ordres qu'il va lui donner. Ses premières paroles font des oracles, fes premières actions des bienfaits. Pénétrons fans crainte jufqu'à lui; nous le verrons entouré des productions de ces génies immortels, qui embrafés de l'amour de leurs femblables, leur ont donné des loix, & leur donnent encore par l'hiftoire, l'expérience de tous les fiècles. C'eft-là que paffent fous fes yeux les Princes célèbres, les Héros, & fur-tout les Rois fes aïeux, & ces grands hommes vont être fes modèles.

Le grand courage de Clovis, le génie vafte & puiffant de Charlemagne, le zèle ardent, la foi vive & pure de Saint-Louis, la fageffe & la politique de Charles V, la tendreffe de Louis XII pour fes peuples, l'amour de François Ier pour les Sciences & les Lettres, la bonté, la loyauté de l'immortel Henri, la magnificence & la grandeur d'ame de Louis XIV, la douceur & la modération du Roi fon aïeul, les vertus fublimes & modeftes de fon augufte père, voilà les modèles qu'il étudie fans ceffe, & dont il fe pénètre.

Quelle carrière s'ouvre devant lui! Il brûle d'y courir, & de laiffer loin de lui, le vulgaire des Rois, dont il ne refte que les noms pour groffir la lifte de ces Princes, qui n'ont été que des êtres inutiles fur la terre, qu'ils ont au moins furchargée du poids de leur oifiveté, quand ils ne l'ont pas défolée par leurs caprices deftructeurs.

Louis connoît l'intervalle immenfe qu'il y a de la théorie à la pratique, & il ne veut pas le franchir fans s'être affuré des moyens de le faire fûrement. Il fait que les fpéculations les plus belles en apparence, n'ont fouvent d'application qu'au cabinet; que pour juger fainement des hommes &

des

des chofes, il faut avoir vu les uns & les autres; auffi veut-il tout examiner par lui-même, pour faire aux objets réels, l'application des connoiffances qu'il a acquifes par l'étude & la réflexion.

Ce jeune Roi va donc parcourir fes Etats ; fuivons François, fuivons notre augufte Monarque dans ce voyage intéreffant. Ce n'eft point une curiofité ftérile ; ce n'eft point le frivole orgueil d'étaler aux yeux de fes fujets, la pompe & l'éclat du Trône qui le guide ; c'eft le tendre intérêt qu'il prend au bonheur de fes peuples, c'eft le defir ardent de le faire lui-même, qui lui ont infpiré cette généreufe réfolution.

Il parcourt les provinces du nord de fon Empire, avec les Princes fes frères ; le génie de *Vauban* l'introduit dans les fortereffes dont il a hériffé fes frontières, & en lui montrant les règles de fon art, il lui développe toutes les reffources qu'on en tire pour l'attaque & la défenfe. Le Monarque voit à l'aide du flambeau que porte devant lui ce génie fublime, la correfpondance de toutes les parties, & comment elles fe prêtent mutuellement du fecours.

Les arfenaux s'ouvrent, & les Princes n'aperçoivent autour d'eux que de vaftes amas de toutes fortes d'armes, qu'un premier fignal de guerre va mettre dans les mains de cent bataillons, qui brûlent de fignaler leur bravoure & de voler à la gloire : le jeune Monarque vifite les places maritimes de fes provinces, & ce n'eft pas fans douleur qu'il voit l'une des plus importantes d'entre elles tellement déchue de la fplendeur qu'elle avoit encore au commencement de ce fiècle, qu'elle en eft méconnoiffable; par-tout il porte le même intérêt, la même attention, le même defir de connoître la fituation réelle des pays qu'il vifite.

U u

Il a vu dans ſes ports de *Flandre* & de *Normandie*, les détails de la conſtruction, autant que la nature des lieux peut le permettre, mais c'eſt dans le port le plus vaſte & le plus ſûr de l'Univers, qu'il va ſe mettre au fait des détails de la grande conſtruction, de l'armement de ſes flottes & de la théorie de la manœuvre.

Arrivé à *Breſt*, le Monarque avide de toutes les connoiſſances qui peuvent conduire à ſaiſir l'enſemble de la grande machine du gouvernement, viſite les chantiers, les arſenaux, les corderies, le port, entre dans tous les détails de l'armement de ces citadelles flottantes, qui portent tour-à-tour la joie ou la terreur dans toutes les parties de la terre connue. Il ne peut ſe raſſaſier du ſpectacle impoſant d'une infinité de vaiſſeaux de différentes grandeurs, qui rempliſſent ce vaſte & ſuperbe port; mais on lui en prépare un plus impoſant encore: placés ſur les remparts de la fortereſſe qui commande la rade, d'où le Monarque & les Princes peuvent embraſſer d'un coup-d'œil toute l'étendue de ce vaſte baſſin, ils voyent une flotte formidable ſur ſes ancres & prête à mettre à la voile.

Un vent frais a balayé les nuages, le ciel eſt pur & ſerein; la ſurface des mers, ridée ſeulement par un ſouffle léger, ſemble n'avoir que le degré de mouvement néceſſaire pour mettre en action ces citadelles mobiles. Les chaloupes ſont rangées, dans le meilleur ordre, à l'entrée du port; les Troupes s'avancent & s'embarquent ſans confuſion; les rames fendent l'onde, & chaque troupe arrive au vaiſſeau qui lui a été marqué.

Les ancres ſont levées; au ſignal du Commandant un monde de Matelots vole aux haubans, on appareille, les voiles ſe déployent, le vent fraîchit & les enfle, la flotte s'ébranle, prend le large & se partage pour donner à son Roi le spectacle de ces combats sanglans, qui de la surface des eaux jusqu'au plus profond des abîmes de l'Empire de Neptune effrayent ses habitans.

3.me A G E
DU MONDE.

FRANCE
moderne.

Louis contemple avec ravissement ces masses énormes qu'un signal semble avoir animées, tant leurs mouvemens sont réguliers & précis; il admire l'ordre & la netteté des signaux, qui déterminent les différentes directions qu'ils prennent, tandis que les accens aigus d'un sifflet, dans les mains d'un Maître d'équipage, annoncent & expliquent aux Matelots tout ce qu'ils ont à faire : mais ce ravissement redouble, lorsque le Monarque considère qu'un même air de vent fait mouvoir les vaisseaux des deux parts dans des directions diamétralement opposées.

Il cherche à deviner de lui-même cette ingénieuse correspondance d'une infinité de manœuvres, qui au premier coup-d'œil ne présente qu'une multitude confuse de cordages, par le moyen de laquelle on fait prendre aux vaisseaux toutes les directions possibles.

Il les voit tour-à-tour saisir ou céder l'avantage du vent, s'approcher, se prolonger, se mêler, s'éviter, se présenter tantôt un bord, tantôt l'autre; & c'est avec autant d'admiration que de surprise, qu'il découvre par les effets divers des manœuvres, ce que peut l'industrie des hommes, aidée du travail & de la réflexion, & quels efforts elle a dû faire pour trouver les moyens de s'asservir en quelque sorte les deux plus fiers des élémens & pour les subjuguer l'un par l'autre, en divisant & en oposant leurs forces réciproques.

Cependant ces foudres d'airain, dont chacun des vaisseaux est hérissé, ne cessent de gronder dans les airs qui en sont émus & embrasés; les vaisseaux semblent même disparoître par intervalles au milieu des tourbillons de flamme & de fumée qu'ils vomissent ; mais le vent qui fraîchit de plus en plus les a bientôt dissipés, & semble vouloir chasser cette masse orageuse pour aller porter loin de nos côtes la foudre & les tempêtes.

Le parti vainqueur divise & fait céder le vaincu, se met à sa poursuite ; & revirant de bord, il se rapproche de la côte pour donnner à son Souverain le spectacle d'une descente, après lui avoir donné ceux d'un embarquement & d'un combat naval. Les chaloupes sont sur les palans, & bientôt à la mer ; les troupes y descendent, d'autres troupes les attendent derrière des retranchemens pour les foudroyer à l'attérage par le feu de l'artillerie & de la mousqueterie ; mais celui de la flotte, bien supérieur, protège le débarquement.

L'ardeur qui anime les assiégeans leur permet à peine d'attendre qu'ils atteignent la terre ; ils s'y précipitent, se rangent à mesure qu'ils sont descendus, & après s'être formés dans le meilleur ordre, ils marchent aux retranchemens sous la protection du feu de la flotte, les attaquent, s'en rendent maîtres, & poursuivant leur avantage, ils se disposent à l'attaque d'un fort ; mais au milieu de ce spectacle intéressant, on apperçoit à l'horizon une masse de nuages qui menace d'un orage prochain, le Commandant de la flotte fait le signal de ralliement, les vaisseaux dispersés se rassemblent, rentrent dans le port & les troupes dans la ville.

Cependant l'air se charge de sombres vapeurs, les vents commencent à souffler des divers points de l'horizon, ils forcissent, frémissent & se choquent ; leur violence a soulevé les mers, les vagues écumantes semblent d'énormes montagnes qui se heurtent, se surmontent & s'écrasent tour-à-tour ; la foudre gronde, de brillans éclairs sillonnent à longs traits

un

un ciel embrumé. On voit dans le lointain des vaisseaux battus par l'orage, qui semblent ne rien craindre davantage que le port auquel tendoient tous leurs vœux une heure auparavant, & qui tâchent de gagner la haute mer. On voit les efforts qu'ils font pour s'éloigner de la terre vers laquelle la tempête les pousse ; la mer en furie vient se briser sur la côte avec un bruit effrayant : des barques sont portées avec violence sur la grève par les vagues courroucées, & des pêcheurs, surpris par l'orage en gagnant la terre, n'ont qu'à peine le choix de la place où ils se trouvent forcés de s'échouer au risque de s'y briser avec leurs frêles nacelles.

Le Monarque sensible, à qui la vie du moindre de ses sujets est précieuse, ému jusqu'au fond de l'ame des dangers que courent ceux que la tempête a surpris, donne ses ordres pour qu'on porte des secours à tous ceux qui en sont susceptibles, & fait des vœux pour ceux qui ne sont point à portée de jouir des effets de sa bienfaisance, de quelque nation qu'ils puissent être, ce sentiment embrassant en lui l'humanité entière ; & après avoir fait jouir la ville de *Brest*, pendant quelques jours, de sa présence auguste, il va visiter le port de l'*Orient* d'où partent les expéditions pour le Bengale, & dont les retours accumulent chaque année dans ses Etats, un mobilier précieux : il visite ensuite celui de *Rochefort*, ainsi que cette ville autrefois le boulevard de l'hérésie, & dont l'attachement à son Prince & à l'Orthodoxie, a si bien depuis expié les erreurs.

Louis & les Princes ses frères, arrivent à la capitale de la *Guyenne* ; la magnificence de son port les frappe d'étonnement & d'admiration ; à peine le nombre des navires qui y abordent, laisse-t-il distinguer l'élément qui les porte. Les uns débarquent les productions des climats étrangers ;

3.me A G E
DU MONDE.

FRANCE
moderne.

X x

les autres embarquent, pour les différens ports de l'Afrique, de l'Amérique & des Indes, le superflu des fabriques nationales.

Le jeune Monarque veut tout voir, tout connoître : vingt mille bras en action dans les chantiers de cette ville opulente, l'instruisent des détails de la construction & de l'armement de sa Marine marchande. Le canon de la citadelle a annoncé l'entrée du Roi & des Princes dans cette ville antique & presque renouvelée sous le dernier règne, ville dont les dehors leur présentent la plus vaste, la plus riche & la plus intéressante perspective de l'Europe.

Ils s'attendrissent à la vue de l'image de leur auguste aïeul, dont la douceur & la bonté, alliées aux traits de la majesté, sont rendus par le bronze avec la plus vive & la plus noble expression. Les Princes se dérobent avec peine aux transports des habitans de cette ville florissante, pour faire jouir d'autres pays du charme de leur présence.

Ce qui frappe le plus les Princes dans les provinces méridionales, c'est ce canal fameux, imaginé, conduit & exécuté par l'immortel *Riquet* pour la jonction de la Méditerranée & de l'Océan. C'est en suivant ce grand ouvrage digne d'être mis au rang des chef-d'œuvres de l'esprit humain, qu'ils ne peuvent se lasser d'admirer à quelle hauteur le génie peut atteindre, en voyant tous les obstacles qu'il a fallu vaincre pour consommer cette vaste & sublime entreprise; mais Louis est aussi affligé que surpris de voir que la communication de Narbonne au canal Royal, poussée aux deux tiers de son terme, ait été interrompue. Si un aperçu rapide l'empêche d'en pénétrer actuellement les raisons, cet objet l'a trop frappé pour ne pas s'en occuper en son temps; les eaux qui entretiennent la navigation de ce canal, arrosent cent villes, & portent dans les campagnes la fraîcheur & la fécondité.

Le Capitole de l'antique & superbe *Toulouse* fixe les regards des Princes ; *Narbonne* & ses antiquités, *Béfiers* par sa situation, les agrémens dont jouit cette ville charmante, les restes de sa splendeur antique, n'excitent pas moins leur admiration ; mais plus que toute autre *Montpellier* devenue la cité la plus confidérable du Languedoc depuis que les Etats de la province y ont leurs féances ; affemblée augufte par la nobleffe & la qualité des perfonnes des différens ordres qui la compofent ; ville intéréffante par les merveilles qu'elle renferme, tant anciennes que modernes, au nombre defquelles fon Ecole de Médecine a tenu long-temps le premier rang de celles de ce genre dans l'Europe.

Quel fpectacle pompeux que celui que préfentent au Monarque & aux Princes, les divers afpects de cette fuperbe plate-forme fur laquelle ils voient la ftatue de Louis-le-Grand, qui femble commander aux Pyrénées & à la Méditerranée, & conduire encore les travaux de ce magnifique aqueduc qui fournit toute l'eau néceffaire aux befoins des habitans *(d)*.

Les veftiges de la fplendeur antique de *Nîmes*, *d'Arles*,

(d) Les travaux énormes qu'ont exigé l'aqueduc & la place dont on vient de parler, font fur le point d'être terminés, & devront leur perfection au Prélat qui préfide actuellement les Etats de cette province, Prélat dont le zèle pour le bien du Languedoc égale les lumières, fous l'adminiftration duquel une infinité d'établiffemens utiles ont été perfectionnés, & qui chaque jour s'occupe de tout ce qui peut être fufceptible d'amélioration ou d'embelliffement. Telle eft la ftatue équeftre de Louis XIV, que les Etats de la province fe propofent de décorer de tous les attributs qui peuvent retracer les évènemens glorieux du règne de ce grand Prince, & fur le piédeftal de laquelle on lit cette fimple, mais fuperbe infcription : *à Louis XIV après fa mort* ; infcription qui éloigne toute idée de flatterie, puifque c'eft à cette époque que l'envie éteint d'ordinaire l'encens que l'adulation brûle aux Princes de leur vivant.

d'Aix & d'Orange, s'attirent de leur part une attention particulière , & les ruines des grandes fabriques qu'ils y trouvent, leur font connoître tout le cas que les Maîtres du monde faifoient de ce pays favorifé des plus douces influences du ciel, & actuellement foumis à l'empire de l'augufte Maifon de Bourbon : mais *Marfeille* & plus encore *Toulon*, font bien faits pour leur donner la plus haute idée de la puiffance de la nation fur laquelle Elle règne ; la première par fon opulence, l'immenfité de fon commerce ; l'autre par l'étendue, la magnificence & la fûreté de fon port.

Louis arrive à *Lyon* ; un peuple innombrable l'attend dans cette riche cité ; des arcs de triomphe font préparés ; déjà tout retentit des acclamations qu'excite la préfence d'un Maître adoré : la première & la plus augufte Métropole de fon royaume lui ouvre fes portes ; c'eft l'ouvrage de la piété des Rois fes prédéceffeurs, au moins pour la plus grande partie. Le Monarque ne peut fe défendre de l'impreffion d'une fainte terreur en confidérant la fombre majefté de ce Temple vénérable & l'augufte fimplicité du fervice Divin qui y eft célébré par le Collège des plus nobles Miniftres des faints autels.

Le génie de *Colbert* ouvre aux Princes une infinité d'ateliers, où l'on n'apperçoit de toutes parts que des monceaux d'or & de foie tout prêts à être mis en œuvre. Ils contemplent avec raviffement l'induftrie de cinquante mille ouvriers qui le difputent dans leurs travaux, à l'élégance, à la variété, à la fraîcheur des guirlandes, dont fe pare la Déeffe du printemps. C'eft l'art des *Vaucanfon* qui conduit ce peuple immenfe, qu'on voit céder mécaniquement aux impreffions de leur génie. Ils admirent la fage prévoyance des Magiftrats dans la conftruction des dépôts & greniers publics , tant pour

le

le foulagement des malades, que pour la fûreté de la fubfiftance d'un peuple innombrable & toujours occupé (*e*). La magnificence de fon Hôtel-de-ville, celle de fes places dans l'une defquelles ils revoient encore l'image d'un de leurs aïeux, la fabrique étonnante des quais & des ponts qui contiennent le fleuve impétueux qui lave les murs de cette antique cité, & qui femblent embellir le cours de cette autre rivière majeftueufe & tranquille qui la traverfe.

Il vifite cette province que Louis-le-Grand foumit en moins d'un mois à fon obéiffance, & dans la rigueur d'un des plus rudes hivers. De cette ville regardée, jufqu'à ce célèbre Conquérant, comme imprenable (*Dôle*), le jeune Roi ne voit plus que la beauté de fa fituation dans un fol riant & fertile, & des murs entiers renverfés. Il vifite cette ville jadis Impériale & libre, maintenant la capitale du comté de Bourgogne (*Befançon*), célèbre dans l'antiquité, dont elle offre encore de précieux reftes. Il veut voir dans fa province de Bourgogne, le premier fief de fa Couronne, les reftes de la grandeur paffée de ces Princes qui furent jadis en rivalité de puiffance avec les Rois fes prédéceffeurs, & vifite les tombeaux de ces Ducs, vaffaux redoutables qui marchoient prefque de pair avec leurs Souverains.

Par-tout le jeune Monarque a vu des communications faciles, des routes parfaitement alignées, folidement faites, bien entretenues, agréablement plantées (*f*), des chauffées

---

(*e*) C'eft à M. *Soufflot*, architecte du Roi, que cette ville doit fes édifices les plus confidérables & les mieux entendus. La capitale va être inceffamment décorée d'une Bafilique au-deffus de tout ce qu'on connoît en France en ce genre.

(*f*) Le Gouvernement, fous le règne dernier, a porté une attention particulière fur cette partie intéreffante, & dans l'Europe entière on ne voit rien de comparable à la beauté & à la perfection des grandes routes qui traverfent ce royaume dans tous les fens.

fuperbes, contre lefquelles les efforts des fleuves les plus rapides vont fe brifer, des ponts folides & hardis; mais toute cette magnificence, dirigée à l'utilité publique, ne l'empêche pas de fentir tout ce que ces immenfes travaux ont coûté de fueurs & de peines aux habitans des campagnes (*g*). Si

---

(*g*) Quand on fait attention à l'immenfité des travaux publics qui ont été faits en France fous les deux règnes précédens, on eft étonné qu'un efpace de cent trente ans, agité de guerres longues & infiniment coûteufes, ait permis de s'en occuper & de les porter au point où on les voit; mais l'étonnement redouble lorfqu'on vient à confidérer que ces travaux énormes font le fruit gratuit des fueurs des malheureux arrachés aux labeurs de l'agriculture & de la reproduction : ufage cruel, qui n'a pu prendre fa fource que dans des temps auffi barbares que lui-même; c'eft-à-dire, dans ceux de l'anarchie féodale, où des Seigneurs, perpétuellement conjurés les uns contre les autres, donnoient afile aux gens de la campagne dans ces temps de calamité; mais la caufe a ceffé, & l'on a laiffé fubfifter l'effet.

Il eft conftant qu'il n'eft point de charges publiques plus onéreufes aux peuples, & plus deftructives de l'agriculture, la première fource de l'opulence & de la félicité des Nations.

Des Magiftrats éclairés & bien intentionnés, fe font particulièrement occupés de cet objet; M. de Fontette dans la généralité de Caen, & M. Turgot dans celle du Limoufin : mais plus ils ont approfondi la matière, plus ils fe font convaincus que les corvées font l'impôt qui pèfe le plus, & le plus inégalement, fur les fujets, en ce qu'il porte prefque tout entier fur le cultivateur & le manouvrier.

C'eft mal-à-propos que les Subdélégués prétendent qu'on n'exige ces fortes de travaux que dans les faifons où l'on eft le moins occupé de ceux de la culture des terres; mais voyons quel temps on peut faifir dans l'année fans faire un très-grand tort aux habitans de la campagne. Sera-ce du 1.er Mars au 1.er Novembre, ou de cette époque au 1.er Mars fuivant : nous allons prouver que dans l'un & l'autre cas, les corvées ne font pas moins onéreufes ?

C'eft au commencement de Mars qu'on travaille à femer les menus grains tels que l'avoine, l'orge, les pois, les fèves, la vefce, les lentilles, le blé de Turquie, le lin, le chanvre, &c. Ce travail remplit les deux mois de Mars & d'Avril. Suivent les premiers labours pour rompre les jachères, pour voiturer les engrais, ce qui conduit au temps de la fauchaifon qui fuit immédiatement la moiffon, à laquelle fuccèdent fans interruption les travaux de la femaille des feigles, méteils & fromens qui rempliffent les mois de Septembre & Octobre; ce cercle de travaux occupe le cultivateur fept mois de l'année : les *cinq autres*

les heureux habitans des villes lui ont offert par-tout l'image de l'opulence, cette écorce brillante n'a point couvert à ſes yeux la nudité de la partie la plus laborieuſe & la plus utile de ſes ſujets.

Il l'a vue, cette portion intéreſſante de la Nation, ſe

ſont remplis par le battage des grains, leur tranſport dans les marchés publics & d'autres travaux indiſpenſables.

Que reſte-il donc au cultivateur & au manouvrier à donner aux corvées ſans prendre ſur le travail de l'un & la ſubſiſtance de l'autre? comment apprécier le tort que cela fait à tous deux? mais ſuppoſons que ce ſoit encore le temps le moins précieux pour l'un, il eſt certain que tous les momens le ſont pour l'autre. C'eſt au moins le plus rigoureux de l'année pour les hommes & le plus fatigant pour les bêtes de trait; c'eſt le temps où les pluies ont effondré les grands chemins, ou ceux de traverſe des villages aux grandes routes, ſont, pour ainſi dire impraticables; ce qui briſe les voitures & les harnois, & crève les chevaux ou les bœufs.

Ajoutons les déplacemens à des diſtances ſouvent aſſez fortes pour faire perdre aux uns & aux autres un temps conſidérable. Voyons d'autre côté le malheureux manouvrier venant de loin, portant ſes vivres & ſes outils, fatigué de ſa route, forcé de ſe mettre au travail tout en arrivant, & de ne le quitter que pour reprendre avec ſes outils, le chemin de ſa chaumière, où le travail, qui l'attend le lendemain, ſoit le même, ſoit autre, lui permet à peine de prendre le temps néceſſaire pour ſe délaſſer. Que ſera-ce encore ſi ce malheureux eſt aſſailli dans ſa route, pendant ſon travail, ou au retour par la pluie, la neige & les frimats, comme il doit arriver dans cette ſaiſon, & qu'après avoir perdu la ſubſiſtance du jour, il rentre au ſein d'une famille qui, éprouvant elle-même le beſoin, eſt hors d'état de fournir à ceux d'un chef qui la nourrit : ce qui n'eſt que trop ordinaire?

Mais ſi, comme il eſt vrai, les corvées n'ont point de temps déterminé, il ſeroit, je ne dis pas difficile, mais impoſſible d'évaluer le tort que chaque jour, pris ſur la culture, fait à la reproduction.

Il faut eſpérer que dorénavant on adoptera le plan judicieux que ſe ſont fait & qu'ont ſuivi les deux Magiſtrats dont nous avons parlé, & qu'une impoſition modérée qui diſtribuera le fardeau dans la proportion des facultés d'un chacun, le fera porter ſur tous ſans exception. Il eſt certain que le produit de cette impoſition bien adminiſtrée, ſuffira & au-delà, non-ſeulement pour payer des gens de journée, mais des Entrepreneurs des voitures néceſſaires pour la confection, entretien & réparation des ponts & chauſſées du Royaume,

préfenter à fon paffage, il l'a vue éblouie de l'éclat de fon diadème & de la magnificence de fon cortége, interdite, muette d'un faint refpeȼt, profternée à fes pieds, & n'ofant qu'à peine exprimer les tranfports que lui infpire la préfence augufte de fon Maître & de fon Père.

Voici donc l'heureux inftant arrivé où ce Monarque fenfible, grave profondément dans fon ame cette fentence vertueufe, puifée dans la légiflation des Rois qui ont le plus honoré le Trône : *Le premier devoir d'un Souverain eft de protéger tous fes fujets ; mais il doit une protection plus marquée au citoyen cultivateur, qui le premier a droit aux fruits qu'il fait naître, pour le Prince, pour fes armées & pour l'habitant des villes.*

Louis, dans fa courfe, a confidéré en Roi philofophe l'homme fon femblable fous tous fes rapports, & calculé en légiflateur fes befoins, fes facultés, fes forces & fes droits; il veut en Père tendre verfer fur tous fes fujets, qui font tous fes enfans, & dans la proportion de leurs befoins, les fecours dépofés dans fes mains royales. C'eft en parcourant fes provinces, & en portant fur tous les objets une égale attention, qu'il s'eft mis en état de connoître les abus & les remèdes pour les appliquer à propos.

Montpellier, Dijon, Reims, Valenciennes, Rouen,

& que par ce moyen les travaux commencés pourront fe fuivre fans interruption au lieu qu'il peut arriver que les ouvrages fe dégradent à mefure qu'on les fait ; lorfqu'on les interrompt avant qu'ils aient acquis la folidité & la perfection dont ils font fufceptibles; ce qui multiplie les travaux à l'infini, & écrafe à la longue les habitans des campagnes.

C'eft le vœu de tous les bons citoyens & des ames fenfibles que ce fyftème foit adopté & fuivi, & nous devons efpérer que fous une adminiftration auffi fage que l'eft celle d'aujourd'hui, nous le verrons s'étendre à toutes les provinces, après l'expérience des heureux effets qu'il a produits, tant dans la généralité de Caen que dans celle de Limoges.

Rennes

Rennes lui ont encore offert des monumens érigés à la gloire du Roi son aïeul, & ils font d'autant plus intéreffans pour lui, qu'ils prouvent l'amour & le refpect des François pour leurs Souverains ; fentiment dont le Monarque vient de faire la douce épreuve, & qu'il eft sûr de trouver toujours au même degré dans tous les cœurs françois.

Louis arrive enfin dans fa capitale, fuivi du même cortège. Il a voulu connoître fon royaume dans un certain détail, & autant que les befoins des Provinces & les affaires du Gouvernement le lui ont pu permettre ; dédaignera-t-il cette ville fuperbe qui en eft le plus bel ornement ? lorfqu'il eft allé chercher dans fes vaftes Etats, les lumières qui doivent le guider dans le labyrinthe de l'adminiftration, négligera-t-il le foyer dont elles partent ? Si telle eft la nature de l'homme, que les merveilles qui font le plus à fa portée, font d'ordinaire celle qui lui font le plus indifférentes, & qu'il fe fait de cette proximité, une excufe à fa négligence ; il fait qu'un Roi n'a rien à négliger.

En rentrant dans Paris après avoir parcouru fes Etats, Louis s'eft convaincu, en revoyant cette immenfe & fuperbe capitale, qui lui offre l'abrégé de toutes les merveilles, que nul Potentat, dans l'Europe, ne l'égale en puiffance & en richeffes de tous les genres. Il a vu par-tout une population nombreufe, une Nation douce, fenfible, fociable, induftrieufe, amie des arts, laborieufe, capable de tout lorfqu'on fait employer fes talens ; la beauté, la fécondité du climat, fa température agréable, y donnent une abondance & une variété infinies de productions : fi quelques-uns des avantages, dont la France jouit, lui font communs avec les autres Etats de l'Europe, elle en a de particuliers, quelle ne partage avec aucun d'eux ; ceux qu'elle ne rend pas fes tributaires

3.me AGE
DU MONDE.

FRANCE
moderne.

Z z

pour les befoins effentiels de la vie, le font de fon induftrie, toujours féconde, toujours variée.

Après quelques momens de repos, le jeune Monarque veut parcourir cette vafte enceinte qui offre par-tout à fes regards, l'attention du Gouvernement à procurer à chaque claffe de citoyens, des délaffemens & des plaifirs de fon goût & le plus à portée de fes facultés. Il s'arrête en paffant devant ce magnifique arc de triomphe, chargé des trophées de la gloire de Louis-le-Grand *(h)* ; la comparaifon qu'il en fait avec les veftiges qu'il a vus de ceux que les Romains élevèrent jadis en divers lieux de fon royaume, le met en état de fe convaincre que ce beau fiècle a du moins égalé ceux de Philippe & d'Alexandre, d'Augufte & des Médicis, en une infinité de chofes, & qu'il les a furpaffés en beaucoup d'autres. Tous les états fe confondent dans cette grande & magnifique promenade *(i)* qu'il parcourt ; tous courent au-devant d'un maître adoré ; tous font éclater les tranfports les plus vifs de fon retour : quel triomphe fut jamais auffi doux !

Il quitte ces lieux enchantés pour aller vifiter ce premier atelier du monde, où les teintes des *Julienne* le difputent à la pourpre de Tyr, à l'or & à l'azur de l'Orient ; où le travail, difons mieux, l'art aveugle des ouvriers, égale, fans le fentir, les chef-d'œuvres des Raphaël, des Pouffin, des le Brun, des Detroy ; manufacture célèbre, qui les multiplie pour en décorer les palais de nos Rois, ceux des Princes de l'Europe, ceux même des Puiffances de l'Afie *(k)*.

Le Monarque y voit de toutes parts les principaux traits de l'Hiftoire facrée & profane, les exploits glorieux des Princes fes ancêtres, leurs jardins, leurs palais, leurs nobles

---

(h) La porte Saint-Denys. | *(i)* Les Boulevards. | *(k)* Les Gobelins.

amufemens, le coftume de chaque âge ; le tout exprimé
avec une vérité qui tient du prodige. Il paffe de cet atelier
magique à ce jardin unique dans l'Univers, où la Nature
fecondée de l'art, étale avec magnificence & dans le plus
bel ordre, toutes les richeffes du règne végétal ; où la
température des divers climats de la Terre fe trouve réunie
& ménagée felon le befoin de chacune des plantes, dont la
variété infinie égale le nombre.

Il entre enfuite dans ce magnifique Cabinet qui contient
la plus riche & la plus précieufe collection des productions
de la Nature dans tous les genres ; tous les règnes s'y
trouvent raffemblés, & rangés felon leurs efpèces avec un
ordre admirable ; le Monarque y voit jufqu'à fes caprices
même. Toutes les merveilles qu'elle opère en fecret, toutes
fes richeffes font étalées à fes yeux. Louis obferve d'un œil
curieux, comment cette mère commune de tous les êtres
élabore dans fon fein les pierres les plus communes & les
plus précieufes, les métaux les plus craffes & les plus purs :
ici font les habitans des eaux, dont les plus petits femblent
encore fe mouvoir dans l'élément qui leur eft propre ; là font
ceux des airs, à qui l'art a fu conferver tous les caractères
des êtres vivants. L'éclat de leur parure, le caractère
attaché à leur efpèce, fe peignent encore dans leur extérieur ; les reptiles dangereux ne confervent heureufement
de leur exiftence que la riche parure dont la Nature les avoit
embellis.

Ces êtres fans nombre, efpèce intermédiaire qui fait la
chaîne entre le règne animal & le végétal, émaillent ce
brillant parterre conchiologique, où les formes les plus
agréables le difputent au coloris le plus vif & le plus varié.
Quelle magnificence la Nature étale aux yeux du Prince ? Le

génie supérieur qui a su pénétrer ses plus secrettes opérations, devient pour lui l'interprète de ses mystères *(l)*.

Le Monarque sort dans le ravissement de ce riche Cabinet, où il a vu tant de merveilles rassemblées, pour visiter ce Collége auguste, & le premier du monde pour la science & la piété, dont Richelieu peut être regardé comme le fondateur *(m)* ; d'une main hardie il découvre l'urne qui renferme tout ce qui reste de la dépouille mortelle de ce vaste génie, & veut interroger les manes de ce grand Ministre ; à la voix du Monarque ce grand homme semble reprendre une nouvelle vie, & du fond de son tombeau on entend sortir ces paroles mémorables :

« Descendant de l'auguste tige du plus saint des Rois,
» contemple ce monument élevé sur les fondemens inébranlables
» de la foi de nos pères ; ces Ministres qui t'environnent,
» organes & interprètes de ses dogmes sacrés, en sont les
» fidèles dépositaires. C'est contre les murs de ce temple
» vénérable, que les efforts de l'incrédulité viennent se briser ;
» le Chef de l'Eglise revère lui-même les oracles qui sortent
» de ce saint tabernacle. Tes aïeux se sont toujours glorifiés
» du titre de fils aînés de cette mère commune de tous les
» Chrétiens : héritier que tu es de leur puissance & de leurs
» vertus, sois comme eux son fils chéri, son soutien, son
» protecteur.

» Ouvre ce livre qui fut mon ouvrage ; il contient tous les
» mystères de la politique, dont j'ai mis les ressorts en jeu
» pour abaisser les Puissances ennemies de la France, pour
» détruire dans le pays où tu regnes aujourd'hui, l'esprit de
» faction, pour ramener les Grands, toujours divisés entr'eux,

____

(l) Le Jardin des plantes du Roi, & son cabinet d'Histoire Naturelle.
(m) La Sorbonne.

mais

mais toujours unis contre leurs Souverains, à l'obéissance que «
doivent au Prince tous les sujets, quels qu'ils soient, pour «
délivrer enfin leurs vassaux malheureux de l'oppression & de «
la tyrannie sous laquelle ils gémissoient depuis si long-temps. «
Peut-être j'excédai les bornes dans les moyens que j'employai ; «
mais le mal étoit à son comble, & exigeoit des remèdes «
puissans. Autrefois cantonnés & fortifiés dans leurs châteaux, «
les Grands vivoient isolés ; ils embellissent aujourd'hui ton «
cortege, & donnent à ton trône un éclat, une splendeur qu'il «
n'avoit point eus jusqu'à moi. Tel fut mon ouvrage, c'est à «
toi, Prince magnanime, de perpétuer cette harmonie entre «
les Grands de ton royaume, tes peuples & toi *(n)*. «

Le génie, les talens, le courage & les vertus ne manquèrent «
en aucun temps à la Nation que tu gouvernes ; mais elle «
manquoit elle-même d'Ecrivains capables de les célébrer «
dignement. J'osai le premier former le projet d'épurer «
l'idiome rude & barbare que parloient nos pères, de «
substituer à la grossière naïveté de leur jargon, l'harmonie, «
la douceur, l'élégance, le nombre, la pureté & l'énergie du «
langage des Grecs & des Romains ; & bientôt je fis revivre «
dans ma patrie Isocrates, Démosthènes & Cicéron ; Héro- «
dote, Thucydide, Xénophon, Salluste & Tacite ; Sophocle «
& Euripide ; Aristophane, Ménandre, Plaute & Térence ; «
Bion, Moschus & Théocrite ; Horace & Virgile ; Pindare, «
Alcée, Sapho & Horace : je consommai, pour ainsi dire, «
tout seul ce que plusieurs siècles & plusieurs pays n'avoient «
fait que dans un long espace de temps. «

Le succès a passé mon attente ; la langue Françoise, «
aujourd'hui la langue de l'Europe, est devenue celle de la «
Politique & de la Philosophie ; prenant tous les caractères, «

(n) Testament politique du Cardinal de Richelieu.

A a a

» se pliant à tous les genres, elle a produit dans chacun d'eux
» des chef-d'œuvres sans nombre ; & ses succès prodigieux dont
» l'Europe s'étonne, qu'elle admire & qu'elle s'efforce d'imiter,
» sont le fruit de mes veilles, de mes vues, de mon zèle pour
» l'honneur du nom François, & des travaux continuels de cet
» Aréopage célèbre de Savans & de Beaux-esprits, dont j'ai
» posé les premiers fondemens ; tribunal respectable qui par
» la suite est devenu le modèle d'autres établissemens du même
» genre, où tout ce qui est du ressort du génie, de l'esprit & du
» goût, est discuté, éclairci & jugé sans appel (*o*).

» C'est de ces foyers divers que partent ces traits de
» lumière qui portent dans les sciences abstraites le jour le
» plus vif ; c'est à ce jour pur & brillant que les disciples de
» Gassendi, Rohault & Descartes se sont éclairés sur tous les
» objets qui sont du ressort du Génie & de la Géométrie
» transcendante. C'est de-là que nous sont venus les Pascal,
» les Varignon, Auzout, de l'Hôpital, la Hire, Saurin,
» Picard, Roëmer, Sauveur, Bouguer, la Caille, Clairaut,
» Maupertuis, la Condamine & une infinité d'autres, qui ont
» illustré les règnes précédens, & ceux qui illustrent actuel-
» lement & par la suite illustreront le tien. Ce sont eux qui
» ont produit les Tournefort, les Vaillant, les Jussieu & leurs
» dignes successeurs : dans un autre genre, les Lémery, les
» Geoffroi, les Rouelle & ceux qui marchent actuellement sur
» leurs traces : ce sont eux qui fixèrent parmi nous les Cassini, les
» Huyghens, qui y ont toujours eu des émules dignes d'eux :
» c'est par eux encore que Bélidor, Leroy, Vaucanson & tant
» d'autres ont porté dans la Mécanique toute la profondeur du
» calcul & du raisonnement ; comme l'a fait l'illustre Rameau
» dans la Musique, & après lui des Savans du premier ordre,

____

(*o*) L'Académie Françoise établie en 1635.

qui n'ont pas dédaigné de porter le flambeau de la Géométrie «
dans cet art, qui jufqu'à eux n'avoit paru que du reffort du «
goût *(p)*. «

D'autres chargés d'éternifer les exploits de tes prédéceffeurs «
& les tiens par des monumens durables, en compofent avec «
les métaux les plus précieux, l'immortelle hiftoire qu'ils ornent «
d'infcriptions, dont l'énoncé précis peint en deux mots les «
plus grands traits de leur vie, ou portent dans celle des temps «
les plus reculés le flambeau de la faine critique, & débrouillent «
l'obfcurité des fiècles paffés & le cahos de la favante antiquité «
dans fes reftes précieux ; tous enfin concourent par leurs talens «
divers, à former ce corps de lumière dont l'éclat rejaillira fur «
tous les fiècles à venir *(q)*. «

Vifite ce fanctuaire des Mufes, qui contient fous fes «
voûtes facrées les monumens les plus durables que le génie «
de l'homme ait pu élever à la gloire des Dieux, des Héros «
& à la fienne même. En parcourant ce vafte & riche dépôt «
des connoiffances humaines, tu pourras calculer & connoître «
l'ifluence des Sciences & des Lettres fur la Religion, les «
mœurs, les ufages & les loix ; fur les arts de befoin & «
d'agrément. Vingt règnes fuffirent à peine à la perfection de «
cet édifice immenfe ; le génie de Louis-le-Grand y préfide ; «
vois-le entouré des génies qui illuftrèrent fon fiècle : du haut «
du Parnaffe, où il domine, il femble encore les échauffer, «
les exciter à produire, leur infpirer enfin ces chants fublimes «
qui immortalifèrent fon nom & fes exploits glorieux *(r)*. «

Vois de ce côté les fondemens de ta croyance, ces livres «
infpirés par l'efprit de Dieu, & les interprètes des dogmes «

(*p*) L'Académie des Sciences établie en 1666.
(*q*) L'Académie des Infcriptions établie en 1693.
(*r*) La Bibliothèque du Roi.

» facrés de la Religion qu'ont profeffée tes ancêtres ; les Pères
» & les Docteurs de l'Eglife , les triomphes de l'orthodoxie
» fur l'efprit de menfonge : de cet autre côté eft l'hiftoire de
» tous les âges , vafte dépôt des effets funeftes des paffions
» des hommes , des fondations & renverfemens d'Empires.
» Quelques traits de vertus brillent d'un vif éclat à travers cet
» amas immenfe de crimes & de mifères ; ici tu verras dans
» le cahos des fyftêmes luire quelques traits de vérité , là tu
» ne verras que les délires des Mythologiftes , dont les arts
» d'imitation ont faifi la dépouille & dont ils fe font enrichis.

» Mais tu vas commencer ici à trouver des objets plus
» fatisfaifans pour la raifon. Ouvre ces Orateurs Grecs , entends-
» les difcuter les plus grands intérêts : jamais tant de pompe &
» de majefté n'accompagna le raifonnement. Tu frémiras aux
» traits terribles des Sophocles , des Euripides ; mais ton ame
» s'élèvera aux traits fublimes de Pindare , comme ton cœur
» s'ouvrira aux douces impreffions du fentiment qu'ont fi
» bien fu exprimer les chantres de la Nature dans les Poëfies
» paftorales.

» Paffe des Grecs aux Romains ; entends ce défenfeur des
» citoyens opprimés , ce foutien de la République chancelante ,
» ce Prince des Orateurs , victime & martyr de fon zèle pour la
» gloire & la liberté de fon pays. Vois cette foule d'Ecrivains
» immortels qui ont illuftré l'empire du premier Augufte :
» attends pour toi les mêmes honneurs , fi tu fais aux Lettres
» le même accueil ; mais tu feras mieux , tu les mériteras par tes
» vertus , tu forceras leur hommage ; & je vois déjà ce fouverain
» du Parnaffe (*f*) , environné des Mufes & de Chantres
» fublimes , te réferver une place à fes côtés.

____

(*f*) Louis XIV fur le Parnaffe françois , Monument de Titon du Tillet ;
érigé à la gloire de ce grand Prince.

Defcends

5.me A G É
DU MONDE.

FRANCE
moderne.

Defcends aux Auteurs modernes, égaux à leurs modèles «
en plufieurs genres, & leurs maîtres dans une infinité d'autres. «
Parcours les différentes pièces de cette immenfe collection; «
vois à quel prix, par quels travaux tant de richeffes littéraires «
ont été fauvées des ravages du temps & de l'ignorance des «
Barbares qui les poffédoient. Le zèle des Savans, qui te «
les ont procurés, n'a pu être rallenti, ni par l'intervalle des «
mers qu'il leur a fallu franchir, ni par la férocité des Nations «
auxquelles il a fallu, pour ainfi dire, les arracher. Les «
fyrtes orageufes, les neiges du Caucafe, les fables brûlans «
de l'Arabie, n'ont pu les arrêter. L'Indous, le Brachmane, «
le Chinois, ont eux - mêmes contribué à enrichir ce «
précieux tréfor, auquel nul autre fur la terre ne peut être «
comparé (*t*). «

Viens-en contempler un d'un genre différent; jette les «
yeux fur ce vafte & précieux amas des richeffes de l'Anti- «
quité; tu vois rangées dans le plus bel ordre, d'immenfes «
fuites des Souverains qui ont affligé la Terre par leur ambition, «
ou qui l'ont confolée par leurs vertus : mais ce qui doit le «
plus t'intéreffer, c'eft celle des évènemens confignés fur les «
métaux les plus précieux, & qui t'offre l'Hiftoire des deux «
règnes qui ont précédé le tien (*u*). Achève cet intéreffant «
examen, en jettant les yeux fur les effets magiques d'un art «
qui reproduit & multiplie les chef-d'œuvres de la peinture, «
de la fculpture & de l'architecture (*x*). Tels font, avec «
l'Imprimerie du Louvre (*y*), les fruits heureux de la première «
impulfion que j'ai donnée au génie. «

(*t*) La Bibliothèque des Manufcrits.
(*u*) Le Cabinet des Médailles.
(*x*) Le Cabinet des Eftampes.
(*y*) Etablie par le Cardinal de Richelieu. *Voyez* les obfervations à la
fuite du Difcours.

Bbb

» Tu viens de parcourir, en homme & en Prince qui veut
» réellement s'inftruire, ce dépôt univerfel des travaux des
» génénérations qui ne font plus ; leurs manes qui repofent ici
» font encore animées du fouffle Divin qui les infpira : va
» maintenant par ta préfence augufte, exciter l'ardeur de ceux
» qui ne refpirent actuellement, que pour la gloire & l'im-
» mortalité qu'ils décernent aux autres en fe la procurant à
» eux-mêmes.

» Contemple près d'ici cette bafilique fuperbe, commencée
» fous les aufpices de ton aïeul, & qui va te devoir fa per-
» fection. Hâte-toi de faire jouir les habitans de ta Capitale
» du monument le plus augufte de ce genre qui la puiffe
» décorer (z). Vois à l'une de fes extrémité cete maffe énorme
» dont l'extérieur ne préfente qu'un plan irrégulier, monte fur
» la plate-forme qui le termine, fixe ton œil à ce cylindre
» tranfparent ; fuis le cours de ces fphères brillantes qui meublent
» la profondeur incommenfurable des cieux, tu pourras calculer
» leurs grandeurs, leurs diftances, leurs marches diverfes &
» même jufqu'à celle de ces planètes errantes, dont les retours
» non prévus jufqu'au fiècle précédent, avoient fi long-temps
» effrayé l'ignorance, qu'un des plus profonds raifonneurs de
» notre temps n'a pu guérir de ces terreurs imaginaires (a).
» Defcends de-là dans ces fouterrains ténébreux ; compares-y
» les effets divers de la lumière & de l'obfcurité, de la chaleur
» & du froid, de l'air libre & de l'air concentré. Que de
» phénomènes l'expérience que tu vas faire va t'expliquer !
» tu verras par la fuite l'application des connoiffances que tu
» auras acquifes. La plupart d'entre elles font arrivées à la
» perfection dont elles font fufceptibles ; porte maintenant tous

(z) La nouvelle Eglife de Sainte-Géneviève.
(a) L'Obfervatoire bâti en 1665.

tes soins à les entretenir à ce point utile de maturité où «
elles sont parvenues, à hâter celle des nouvelles décou- «
vertes, & sur-tout à prévenir leur décadence, qui annon- «
ceroit le retour prochain de la barbarie. Heureux d'avoir «
préparé le règne des Beaux arts ; c'est à toi, Prince auguste, «
à jouir des fruits de l'arbre que j'ai planté, & à te reposer «
sous son ombre délicieuse ! »

L'ombre se tut à ces mots, & rentra dans le silence & la
nuit éternelle du tombeau.

Le jeune Monarque, animé de plus en plus du desir de
connoître tout ce que sa Capitale renferme de plus rare &
de plus précieux, poursuit cette visite intéressante. Condé,
Turenne & Louvois l'attendent aux portes de cet immense
& superbe édifice destiné à servir de tombeau à la valeur ; ils
l'introduisent sous ces voûtes majestueuses qui inspirent un
saint respect. Le Monarque va d'abord aux pieds des autels
offrir ses hommages au Roi des Rois, parmi ces restes de
vénérables Bataillons échappés aux ravages de la guerre,
prosternés sur le marbre & adorant comme lui le Dieu qui
sanctifia leurs combats. Leur foi leur espérance se raniment
en la présence de leur Maître, & ils demandent au Dieu
des armées une longue suite d'heureux jours pour ce Prince
l'objet de leur amour & de leur vénération ; c'est dans ce
Temple auguste que Louis reconnoît le Tabernacle du Dieu
vivant, décoré de toute la pompe & de tout l'éclat qui le
caractérisent ; le génie de l'homme semble s'être surpassé dans
la distribution & les ornemens de cet édifice majestueux.

Le jeune Monarque ne veut point sortir de ce noble
asile de la valeur, sans avoir vu de plus près ces Vétérans
blanchis au service de ses pères & de la patrie. Il les voit
ces vieillards, courbés par l'âge ou défigurés par d'honorables

cicatrices, muets par refpect en préfence de leur nouveau Maître ; mais leurs bras éloquens, au défaut de leur bouche, expriment au Prince leurs tranfports en montrant les tableaux qui décorent les murs de cette fuperbe retraite, qui lui retracent les exploits glorieux de Louis-le-Grand, de Louis le Bien-aimé, parmi lefquels il reconnoît fon augufte Père, partageant avec fon aïeul les lauriers cueillis aux champs de Fontenoy (*b*).

Un fpectacle non moins intéreffant pour le cœur du jeune Monarque, l'attend à quelque diftance de ce monument qu'il ne quitte qu'à regret : il marche du tombeau de la valeur au berceau de l'honneur. Noaillés, le grand Maurice & d'Argenfon l'attendent fous les portiques de ce nouvel afile, élevé par la tendreffe paternelle du feu Roi pour la jeune Nobleffe fans fortune & fans appui : ces Héros & ce Miniftre lui en ouvrent les portes.

Une douce émotion s'empare auffitôt de l'ame de ce Prince fenfible, en voyant ces bataillons novices, l'efpoir de la Nation, préluder dans des combats où l'intelligence & l'adreffe fe fignalent à l'envi, à ces fcènes fanglantes, où ils mettront par la fuite en ufage toutes les reffources de l'art combinées avec tous les efforts de la valeur. O, mes concitoyens, qui ne feroit attendri en voyant nôtre jeune Maître compter en ce moment parmi fes titres les plus glorieux, celui de père de fa Nobleffe infortunée, titre qu'il daigne accepter, & dont il fe promet bien de remplir tous les devoirs (*c*) !

(*b*) L'Hôtel royal des Invalides bâti en 1671 ; il y avoit eu en 1605, une Maifon de fondation royale, fous le titre de la *Charité chrétienne*, pour les Officiers eftropiés au fervice.

(*c*) L'Ecole Royale-militaire fondée par le feu Roi, par Edit de Janvier 1751.

En

En rentrant dans fa capitale, le Monarque jouit de toute la pompe d'un fpectacle auſſi magnifique qu'il eſt intéreſſant. Un fleuve majeſtueux baigne les murs de fon Palais; des jardins fuperbes fur ces deux rives, étalent toutes les richeſſes de la Nature & de l'Art. C'eſt dans les fiens fur - tout que le génie de *le Nôtre* fe montre jufque dans les moindres détails. Un canal fpacieux, chargé de toutes les denrées qui fervent à l'approviſionnement de cette vaſte capitale, fuffit pour donner aux étrangers une idée de l'immenſité de fa confommation. Des ponts folides & bien entretenus offrent des communications faciles à tous les quartiers. Edifices facrés & civils, places publiques, monumens qui y font érigés, palais fuperbes, jardins, fpectacles, tout enfin y préſente l'image de l'opulence & du bonheur.

3.me AGE
DU MONDE.

FRANCE
moderne.

L'attention des Magiſtrats s'y étend à tous les objets poſſibles : *propreté, clarté, fûreté* femblent être les mots d'ordre & de ralliement des Officiers prépofés à la police de cette ville immenfe ; mais le jeune Monarque n'ignore pas qu'une écorce brillante cache fouvent une misère réelle; que la fraîcheur & l'embonpoint font fouvent des apparences trompeufes qui déguifent & récèlent un principe de def-truction. Il fait que tous les excès fe rapprochent & fe confondent dans une enceinte qui renferme le vingtième à-peu-près de la population de fes Etats, & que la maigreur & la confomption des provinces, font le réfultat néceſſaire de l'embonpoint exceſſif de la capitale. Que fi la machine fi artiſtement montée par les *d'Argenfons*, entretient l'harmonie parmi un million de citoyens, on en a peut-être, après eux, trop compliqué le mécanifme & le jeu, en en multipliant les reſſorts à l'infini.

En parcourant l'intérieur de fa capitale, Louis voit avec

tranfport au centre même de cette ville le premier des Bourbons expofé à la vénération & aux hommages publics ; il le contemple comme le modèle auquel il defire le plus de reffembler (*d*). Dans une Place embellie d'édifices fymétriques & toute environnée d'un Portique immenfe, funefte jadis à la France par la mort du fecond des Henris, confacrée depuis fous de meilleurs aufpices à la gloire d'un Monarque, qui mérita le glorieux furnom de *Jufte* ; Louis admire un monument que la reconnoiffance du Cardinal *de Richelieu* éleva à un Maître qui l'avoit comblé de biens & de dignités (*e*).

La grandeur de Louis XIV femble fe reproduire avec tout fon éclat aux yeux de l'Héritier de fon Trône, lorfqu'il confidère ce monument fublime de fa gloire, qui en fera un pour la poftérité la plus reculée de la tendre & profonde vénération du Maréchal Duc *de la Feuillade* pour le Roi fon maître (*f*). Louis remarque enfuite fur fon paffage un dépôt public d'une forme jufqu'alors inufitée dans fon royaume, depuis les amphithéâtres qu'y avoient élevés les Romains (*g*) ; dépôt qui prouve l'attention du Gouvernement & des Magiftrats pour la fubfiftance du peuple nombreux qui remplit la capitale.

Il paffe de-là à cette Place magnifique que la ville de Paris confacra à fon Souverain dans des temps moins profpères, mais non moins glorieux pour le Monarque & la

---

(*d*) Statue équeftre de Henri IV, érigée fur le Pont-neuf le 23 Août 1614.

(*e*) Statue équeftre de Louis XIII, érigée à la Place Royale, le 27 Septembre 1639.

(*f*) La Place des Victoires & la Statue pédeftre de Louis-le-Grand, élevée, par le Maréchal *de la Feuillade*, le 28 Mars 1686.

(*g*) La Halle au blé, monument conftruit aux frais de la ville de Paris.

France (*h*) ; & si cinquante ans de gloire & de prospérités n'étoient pas des titres suffisans pour établir la grandeur de ce Prince, les revers qu'il éprouva sur le déclin de ses ans, la manière dont il les soutint & le succès qui couronna ses entreprises, la prouveroient encore mieux.

3.me AGE DU MONDE.

FRANCE moderne.

Il arrive enfin à cette Place récemment construite à la gloire du Roi son aïeul ; son ame est pénétrée de tendresse & de respect en reconnoissant sur le bronze que l'amour public lui a consacré, ces traits réguliers & majestueux que tempéroit la douceur de son ame, qui fut dans tous les temps le caractère essentiel de ce Prince, digne de tous nos regrets (*i*) ; Place dont chaque côté présente les points de vue les plus intéressans, & qui se trouve terminée par la plus magnifique plantation de l'Univers (*k*).

Jamais les édifices publics, les temples ne furent portés au point de grandeur & de magnificence où ils l'ont été sous le dernier règne ; chaque hôtel surpasse presque aujourd'hui en magnificence les palais des Souverains qui régnèrent avant Henri-le-Grand, & réunissent à l'élégance extérieure, toute l'intelligence & le goût possibles dans la distribution & la décoration des appartemens.

Des hôpitaux en grand nombre & richement dotés, marquent de la manière la plus expresse l'intérêt qu'ont pris nos Souverains aux maux qui affligent l'humanité, & le desir de la soulager ; cet intérêt porte même sur les maux moraux comme sur les maux physiques : de vastes maisons aussi considérables, pour ainsi dire, que des villes du troisième ordre, & plus peuplées, ont été construites hors de l'enceinte

---

(*h*) La Place Vendôme & la Statue équestre de Louis-le-Grand, en 1699.
(*i*) La Place de Louis XV avec sa Statue équestre en 1763.
(*k*) Les Champs Elisées défoncés, nivelés & replantés à la même époque.

de la Capitale pour la correction des sujets de l'un & l'autre sexe (*l*).

Depuis long-temps le Gouvernement avoit pourvu à la subsistance & à l'éducation des tristes fruits du libertinage ou de la misère, & sous le règne dernier il a fait reconstruire de fond en comble l'ancien hôpital des Enfans-trouvés, près de l'église métropolitaine, édifice qui n'est pas encore achevé, mais il faut espérer que des circonstances plus heureuses, & la charité publique, donneront quelque jour à ce monument de bienfaisance la perfection dont il est susceptible, & que l'exiguité du terrein n'a pas permis de lui donner jusqu'à présent (*m*).

C'est dans les mêmes vues de bienfaisance & de tendresse pour ses peuples, que le feu Roi a ordonné la construction d'un nouvel amphithéâtre pour son Académie de Chirurgie, qui depuis environ quarante ans a porté dans le grand art de guérir les lumières les plus sûres, & dont les utiles leçons ont fructifié à un point étonnant dans les armées & dans les provinces pour le bien du service & la conservation des peuples (*n*).

Cet édifice, de la plus belle construction pour l'objet auquel il est destiné, réunit tout ce qui peut concourir au succès des choses qui s'y traitent. Le jeune Monarque, à la prévoyance & à l'activité duquel rien n'échappe, a voulu mettre lui-même le sceau de la perfection à ce monument de la bienfaisance de son aïeul, en scellant de sa main sacrée, sous les colonnes de cet édifice intéressant, une suite de médailles, qui apprendront à la postérité les intentions de

---

(*l*) Le Château royal de Bicêtre & l'Hôpital général de la Salpêtrière.
(*m*) L'Hôpital des Enfans-trouvés.
(*n*) Le nouvel Amphithéâtre de l'Académie Royale de Chirurgie.

Louis

Louis le Bien-aimé, & les siennes propres, pour les progrès
d'un art si utile à l'humanité.

En opposition avec son palais, le Prince a vu s'élever,
comme par enchantement, un édifice aussi magnifique dans
sa construction que bien entendu dans toutes ses parties,
& qui devient une décoration du plus grand effet pour la
rive opposée du fleuve majestueux qui partage la reine des
cités. Le premier emploi dont ce monument a été honoré,
& dont il s'honorera à l'avenir, a été de consacrer sur les
métaux les plus précieux l'empreinte auguste de son jeune
Souverain (*o*).

Mais si la capitale offre aux regards du Monarque tant
& de si grandes merveilles, son propre palais n'en rassemble
pas moins, & de plus étonnantes encore. Indépendamment
des Compagnies savantes qui y ont leur lieu d'assemblée (*p*),
il réunit celles des arts d'imitation en tous les genres (*q*);
les Artistes les plus célèbres y ont leur logement, & cette
longue & magnifique galerie, qui unit les deux plus superbes palais du monde, de l'aveu de tous les connoisseurs,
n'est habitée que par ces hommes rares qui ne conçoivent
& n'exécutent que des chef-d'œuvres. La partie supérieure
de cette même galerie, contient des richesses que nul autre
Souverain, quel qu'il soit, ne peut sans doute égaler (*r*).
Louis se propose même d'y voir, comme en un point,
toutes les forteresses de ses Etats, même celles de ses voisins;

(*o*) L'Hôtel des Monnoies.

(*p*) Les Académies Françoises, des Sciences & des Inscriptions y tiennent
leurs séances.

(*q*) Les Académies de Peinture, Sculpture & Architecture, y sont aussi
logées, & les Artistes les plus célèbres ont leur logement, tant au Louvre,
que dans les galeries.

(*r*) La galerie des Plans.

D d d

& d'un feul regard, calculer fur leur force ou leur foibleffe, géométriquement connues, ce qu'il y a d'efforts à faire pour attaquer les unes & défendre les autres. C'eft de ce même enfemble de bâtimens que fortent des monumens de la plus précieufe efpèce, & qui donneront aux fiècles à venir, la plus haute idée du génie & de la gloire de la nation Françoife, les Médailles & les chef-d'œuvres de Typographie (ſ). Le jeune Monarque ne veut rien perdre de tant de merveilles, & porte fur chacune d'elles le regard de l'intelligence, du goût & de la protection. S'il rentre dans le palais de fes pères, que de magnificence en relève l'augufte fplendeur ! Tout ce qui peut contribuer à donner de la majefté de nos Rois la plus haute idée, s'y trouve réuni ; grandeur dans l'enfemble, magnificence & goût dans la décoration, intelligence dans la diftribution : voilà les principaux traits qui caractérifent ce palais auffi vafte que fuperbe. Ce que l'Art a ajouté aux beautés de la fituation de fon magnifique jardin, n'a fait qu'embellir la Nature.

C'eft dans la folennité de la fête du plus faint de nos Rois que Louis veut voir réunies les productions diverfes des Artiftes de l'Ecole françoife. Il vient donc honorer de fa préfence ce fanctuaire des Beaux-arts, échauffer le génie, encourager les talens. Un cercle d'Artiftes, glorieux de voir leur Maître applaudir à leurs efforts, l'environnent ; & ce Prince s'applaudit lui-même de fe trouver au milieu d'eux, & femble s'honorer d'avoir en ce moment les Arts & les Talens pour fa garde.

Arrivé au centre de ce vafte falon, le jeune Monarque voit d'un coup-d'œil briller de toutes parts les productions variées des Artiftes françois ; il lui femble que les Pouffin,

____

(ſ) La Monnoie des Médailles & l'Imprimerie Royale.

le Brun, Jouvenet, le Sueur, Boullongne, Coypel, Mignard, Parrocel, Lemoine, Rigaud, Reſtóu, Boucher & Vanloo lui ſont rendus, & qu'ils vont enrichir ſon ſiècle de nouvelles merveilles, tant les Artiſtes modernes ſont près de la perfection de ces grands maîtres, dans les ſujets divers que chacun d'eux a traités.

Ici les traits les plus frappans ou les plus édifians de l'hiſtoire ſacrée, qui doivent décorer nos temples, ſont rendus avec tout l'éclat & toute la pompe qu'exigent l'importance & la majeſté des ſujets ; là les plus intéreſſans de l'hiſtoire profane ſont peints avec toute la force & la vérité de la Nature : les allégories heureuſes ſont traitées de même par le pinceau des plus grands maîtres ; Louis admirant cette ſuite de chef-d'œuvres, leur aſſigne auſſi-tôt la première place parmi les productions de cet art enchanteur, & ordonne qu'ils ſoient inceſſamment reproduits par l'or & la ſoie, pour en décorer ſes palais (*t*).

Une autre ſuite offre les images effrayantes de ces ſcènes ſanglantes, triſtes effets des paſſions des Rois belliqueux ; plus l'Art a mis de vérité dans ſes expreſſions, plus le Monarque ſenſible s'affermit dans la réſolution d'écarter ce fléau politique de ſes heureux Etats, autant toutefois que ſa gloire & l'intérêt de la patrie ne ſeront pas compromis (*u*).

Ici ſont les images de ces nobles amuſemens des Princes, diſtractions néceſſaires pour des eſprits toujours occupés des plus grands intérêts, & ſurchargés du poids des affaires ; c'eſt un monſtre hériſſé qui, écumant de rage, ſuccombe au milieu de cent chiens enſanglantés, ſous les efforts d'un puiſſant limier, qui triomphe enfin de toute ſa réſiſtance : c'eſt un cerf timide, qui après avoir fait perdre cent fois ſa trace à la

---

(*t*) L'Hiſtoire. | (*u*) Les Batailles.

3.me AGE DU MONDE.

FRANCE moderne.

meute trompée, tombe d'épuisement dans sa courfe ; c'en eft un autre qui, penfant trouver fon falut dans les eaux, n'y trouve que la mort à laquelle il croyoit échapper, au milieu d'une multitude de chiens qui le preffent de toutes parts & le déchirent.

Mais quel fpectacle touchant fe préfente aux yeux du Monarque attendri ! c'eft Diane au milieu de fes nymphes & d'un peuple de chaffeurs troublés, qui fe précipite & tend une main fecourable à l'un de ces mortels obfcurs dont les utiles travaux font vivre l'homme opulent, qu'un cerf furieux, fillonnant la terre de fon bois, vient de frapper d'un coup mortel. Quel intérêt, quelle fenfibilité le Peintre a fu mettre dans l'action & fur le vifage de la Déeffe compatiffante ! Les fecours de toute efpèce font prodigués à cet infortuné, & fa famille en larmes, acquiert dès ce moment, les droits les plus facrés à la protection de cette Divinité fenfible & bienfaifante. Louis, fous les voiles de la fiction, reconnoît cette fcène intéreffante, & les objets de fa pitié, pénétrés de l'intérêt que la Déeffe prend à leur douleur, femblent prefque bénir un accident qui fait éclater tant de vertus (*x*).

Une fête villageoife va produire dans l'ame du jeune Monarque une émotion d'un autre genre; mais plus douce, plus agréable. D'une chaumière parée de fleurs champêtres & de pampres, on voit fortir une foule de villageois & de villageoifes de tous âges, précédés de chalumeaux & de mufettes : que cette gaieté naïve qui brille fur tous ces vifages eft intéreffante ! La troupe ruftique s'achemine vers l'églife ; c'eft fans doute un mariage qui va fe faire. Au milieu de fes compagnes, vêtues de blanc, parées de fleurs, paroît une fimple Bergère, conduite par fon Berger, qui va devenir

______

(*x*) Chaffes.

fon

ſon époux : une couronne de roſes, un ruban bleu en écharpe ſont tout ce qui la diſtingue de ſes compagnes auſſi charmantes qu'elle ; mais la candeur & l'innocence qui brillent ſur ſon front, contribuent plus aiſément encore à faire diſtinguer la ſage *Roſière de Salenci* (*y*). Tout le village s'eſt réuni pour décorer la maiſon qui attend cet heureux couple au retour de la cérémonie qui va couronner leur chaſte amour. La ſageſſe ainſi récompenſée dans la perſonne de cette ſimple & timide Bergère, devient pour ſes compagnes une leçon utile. Veut-on en étendre le fruit ? que le village de *Salenci* ne ſoit pas le ſeul au monde où un ſimple chapeau de roſes devienne le prix le plus flatteur de la vertu : multiplions ces peintures morales, & parons-en l'intérieur des maiſons ruſtiques (*z*).

D'autres ſcènes champêtres, des ſujets ingénieux & piquans ornent ce côté du ſalon ; la Nature s'y reproduit ſous mille formes qui intéreſſent également le goût & le ſentiment. Ici, du ſommet des montagnes âpres & eſcarpées, les neiges fondues ſe précipitent en torrent avec un fracas horrible, & ſemblent menacer d'une ruine totale, de riches moiſſons qui couvrent des plaines riantes. Là de nombreux troupeaux errent dans des prairies émaillées : un temple en ruine, des colonnes renverſées ſur le penchant de cette colline, atteſtent les outrages du temps & la fragilité des ouvrages des hommes (*a*).

Celui-ci offre une ſuite d'images où tous les caractères ſont ſaiſis avec une vérité étonnante. Ici c'eſt la fraîcheur & le coloris de la jeuneſſe qui brillantent, par la main des

3.me AGE
DU MONDE.

FRANCE
moderne.

(*y*) Cette louable inſtitution vient de s'étendre dans pluſieurs endroits ; on ne ſauroit donner trop d'éloges à ceux qui imitent de ſi bonnes choſes.

(*z*) Fêtes villageoiſes. | (*a*) Payſages.

E e e

grâces, ces traits formés pour l'amour. Là une gaieté vive, des yeux pleins de feu expriment la pétulance de la jeuneſſe. La virilité s'y montre ſous des traits plus formés & plus fièrement prononcés : des rides, quelques reſtes de coloris, ces cheveux blancs annoncent la vieilleſſe, un front profondément ſillonné, des yeux éteints, un teint flétri, des muſcles, affaiſſés, la caducité. Mais ce qui ſurprend le plus, c'eſt que le caractère moral de chacun de ces portraits eſt auſſi heureuſement exprimé, que les traits rendent bien la reſſemblance. Dans cette ſuite de portraits de toutes les conditions, Louis reconnoît une partie de ceux dont le concours brillant embellit ſa Cour (b).

Mais parmi ce nombre infini de merveilles, le jeune Monarque donne une attention particulière aux productions d'un Artiſte qui a porté au plus haut degré la magie de la peinture. La Nature, dans ſes tableaux, eſt rendue ſous tous ſes rapports de repos & d'activité, & eſt toujours la Nature : l'air même, ce fluide, notre premier aliment, le premier mobile de nos reſſorts, le véhicule de nos ſenſations diverſes ; & qui, par ſon exceſſive ſubtilité, ſemble ne pouvoir être ſaiſi par aucun de nos ſens : l'air, dis-je, eſt rendu ſenſible ſur les toiles par l'artifice de ce pinceau magique.

Louis ſe croit tranſporté par enchantement ſur ces mêmes rivages qu'il vient de quitter. Ce ſont exactement les mêmes ; c'eſt la Nature, c'eſt la vie. Il revoit ces ports, ces magaſins, ces chantiers, où un monde d'ouvriers paroît occupé à embarquer nos denrées, ou à débarquer les retours des plages lointaines & des travaux de la conſtruction ou du radoub. Il lui ſemble même entendre le bruit des haches & des marteaux, dont les coups ſont répétés par les échos qui les

────────────────────

(b) Portraits.

multiplient ; le fifflement des vents qui enflent les voiles & qui vont bientôt faire difparoître à la vûe de mères & d'époufes éplorées , les objets de leur affection qu'elles ne reverront peut-être plus.

Plus loin on voit le foir d'un beau jour. L'aftre brillant qui anime la Nature difparoît dans un lit d'or & de pourpre que réfléchit le cryftal des ondes ; tandis que la lumière argentine de la Lune remplace, au côté oppofé, ce vif éclat, & colore d'une teinte douce , des rivages que la Nature paroît s'être plu à embellir.

A ce beau jour fuccède la plus belle des nuits : tout dans la Nature paroît dans le filence & le repos ; fauf la tendre Philomèle , dont les accens mélodieux font retentir les bof-quets , & le Pilote , qui , l'œil fixe fur fa bouffole , ne peut fe livrer aux douceurs du fommeil. Voyez fur le tillac la partie de l'équipage qui veille avec lui , fe livrer à des jeux innocens pour charmer l'ennui d'une longue navigation ; & tandis que la Lune , parvenue au méridien , femble fe complaire à éclairer cette fcène charmante , les habitans de l'humide élément fe jouent aux deux flancs du vaiffeau qu'un vent frais fait voler fur la furface des ondes.

Mais la bonace ne peut être l'état permanent du plus inconftant & du plus redoutable des élémens. Les fiers Aquilons, joignant leur fracas au bruit du tonnerre, au feu des éclairs, femblent leur difputer le droit affreux d'épou-vanter la terre & l'onde. La mer, émue jufqu'au fond de fes abîmes , fe courrouce & s'élève ; des vaiffeaux, affalés fous une côte de fer , malgré les efforts des matelots, s'y brifent avec un bruit horrible : les triftes reftes de l'équipage paroiffent fur la grève dans l'action la plus violente, pour fauver quelques malheureux qui luttent encore contre la mer

& la mort ; tandis que d'autres, le défefpoir dans les yeux, les bras élevés, invoquent l'affiftance du Ciel pour des enfans & des amis infortunés qui ont difparu dans les flots, ou qui difputent au trépas les reftes d'une vie, dont la violence des ondes femble avoir brifé tous les refforts.

Plus loin, fous des rochers efcarpés qui foutiennent une forterefle antique & redoutable, ont voit des pêcheurs tirant avec effort dans leurs barques, des filets remplis de mille efpèces de poiffons. D'autres, plus éloignés, regagnent avec précipitation la terre, à la vue d'une voile ennemie qu'on aperçoit à peine dans le lointain, tandis que les premiers, fous la protection de la forterefle, continuent tranquillement leur pêche *(c)*.

Mais quelle eft donc cette frabrique immenfe qui offre le fpectacle du triomphe le plus pompeux, & dont tous les objets font tellement prononcés, qu'ils femblent s'élancer de la toile au-devant du Monarque attentif à ce fpectacle raviffant ; c'eft fans doute la Reine des Cieux qui parcourt fon vafte Empire : majeftueufement affife fur un char étincelant de lumière, elle s'appuie fur la jeune Hébé qui la foutient légèrement dans fes bras ; les Amours, la prenant pour leur mère, voltigent autour d'elle, les uns fe jouent dans les plis de la draperie brillante qui la pare ; d'autres, jetant fur fon paffage les fleurs les plus odoriférantes, parfument l'air qu'elle refpire. L'Aurore achève de rouler les fombres voiles de la nuit, & le père du jour, le brillant Phébus, commence à dorer le fommet des montagnes, & à peindre de l'or le plus pur l'azur des Cieux. La jeune Iris, meffagère des Dieux, traverfant d'un vol

---

(c) Ports de France & divers fujets de Marine.

rapide

rapide l'espace immense des régions célestes, annonce aux astres leur Souveraine, & multiplie sur son passage les voûtes colorées qui doivent embellir cette pompe triomphale. Les zéphirs aîlés traînent son char, dont la Déesse du printemps guide les rênes qu'elle a pris soin de tresser de ses dons brillans. Les grâces tiennent suspendue de leurs mains légères, la couronne de lys & de roses dont elles veulent parer sa tête. Le roi des airs, l'aigle, plane au-dessous des nuages transparens, & couvrant de ses ailes la Déesse & son cortége, tempère ainsi l'éclat & l'ardeur des rayons brûlans de l'astre du jour; Cérès, Vertumne & Pomone lui présentent, dans des corbeilles, les fruits de leurs travaux champêtres, qui deviennent pour elle les tributs les plus agréables : les muses chantent en son honneur des hymnes harmonieux; Apollon conduit ces concerts célestes : les cieux, les airs, la terre & l'onde forment son empire; les Dieux sont ses sujets. Cette Divinité vivifie & embellit la Nature; tous les êtres sont dans le ravissement en sa présence : les mortels qui osent élever jusqu'à elle leurs regards, sont éblouis de l'éclat radieux qu'elle répand; mais L O U I S seul peut le soutenir, & son cœur ne pouvant s'y méprendre, reconnoît sans peine, sous les traits de cette brillante Immortelle, l'auguste Princesse qu'il chérit (*d*).

Après avoir ainsi parcouru & admiré les productions variées de la peinture, le jeune Monarque passe à celles de la sculpture, sa sœur & sa rivale, qui partant de la même source & tendant au même but, l'imitation de la Nature, a droit à la même estime, & mérite d'autant plus de protection, que ses productions durables, ornant les villes,

______
(*d*) Apothéose à la Reine.

F f f

les places publiques, les fontaines, les mausolées, l'intérieur des galeries, les dehors des grands édifices, d'images des Rois & des Héros, contribuent en quelque sorte à leur immortalité, & font naître dans les autres le desir d'acquérir de la gloire & de mériter les mêmes honneurs de leurs contemporains *(e)*.

Le premier marbre qu'apperçoit le Monarque, pénètre son ame de l'émotion la plus vive & la plus tendre ; c'est l'image de son auguste & vertueux père, à côté de celle de son aïeul. La vie n'a rien de plus animé que ces deux figures : la grâce y égale la noblesse, & l'impression qu'elles font sur ce fils attendri, est si forte qu'il ne peut la dérober à ceux qui l'entourent ; mais l'attention qu'il croit devoir aux autres productions de ce grand Art, calme peu-à-peu cette vive émotion. « Je reconnois, dit le Monarque, la plupart de
» ces illustres guerriers qui servirent mes pères, mais ceux-ci
» avoient terminé leur glorieuse carrière avant que j'aie pu
» les connoître.... » *Ce sont, Sire,* répond le Sage qui toujours l'accompagne, *les Maréchaux de Barwick, d'Asfeld, de Broglio, de Coigny, de Saxe, de Lowendhal, de Maillebois, de Belle-Isle, de Noailles, d'Isenghien, de Duras, de Balincourt.*

Le Monarque, après avoir fixé avec attention les traits héroïques de chacun de ces vaillans Généraux, & caractérisé particulièrement leurs talens divers par des traits historiques honorables à leur mémoire, ordonne aussi-tôt que ces nobles images décorent son Ecole militaire, & soient les objets continuels des méditations, ainsi que de la vénération de ses jeunes Elèves ses enfans, qui s'exercent dans le métier des armes.

(e) Académie de Sculpture.

A l'un des angles de ce salon si intéressant, & où le
Monarque vient d'admirer tant de merveilles, se présente une
galerie immense, dont l'œil peut à peine sonder la profondeur.
Quelle admiration excite en lui la nature & la quantité des
richesses qu'elle renferme! C'est le spectacle magnifique de
toutes les forteresses qui défendent ses frontières, & d'une
grande partie des places fortes des Puissances voisines, depuis
les Alpes & les Pyrénées jusqu'aux embouchures de la Meuse
& du Rhin.

Telle est la fidélité de ces reliefs qui passent sous les yeux
de notre jeune Maître, & sur lesquels il plane, pour ainsi
dire, qu'il ne perd pas le moindre détail de tous les objets qu'il
a précédemment connus en visitant les provinces frontières
de ses Etats.

Parmi les différentes positions, qu'il examine, il considère
dans les unes l'âpreté du site : telles sont les places qui
défendent les gorges des Alpes & des Pyrénées ; dans
d'autres, il admire l'aménité de leur situation. Il voit ici ce
que la Nature a produit pour la défense des unes, & là
ce que le génie des *Vaubans* a employé pour suppléer à
ce qu'elle a refusé à d'autres ; le résultat de cet intéressant
examen lui procure des lumières certaines sur l'art de la
construction des places.

Ici, sont des ports superbes, où le travail de l'homme semble
avoir dérobé à Neptune une partie de son empire, pour mettre
des flottes nombreuses à l'abri de son courroux ou de ses caprices ; là, des bassins creusés des mains de la Nature même, &
pour la sûreté desquels l'on n'a eu que de légers efforts à faire.

« Quel est ce rocher âpre & infertile, au milieu de cette
grève , qui porte à son sommet les caractères d'un asile «
consacré à la Religion , & qui présente en même temps «

» l'appareil formidable d'une forterefſe imprenable, demande » le Monarque ?..... » *Sire*, lui répond le gardien de ce précieux dépôt, *c'eſt le mont Saint - Michel*..... Le Prince frémit à ce nom terrible, de la cruelle néceſſité où ſont les meilleurs Rois de réprimer les entrepriſes des hommes pervers ; & il a éprouvé le même ſentiment toutes les fois qu'il a apperçu dans l'intérieur de ſes Etats de ces monumens de vengeance.

S'il voit avec plaiſir des villes immenſes & décorées de places vaſtes & ſuperbes, de magnifiques édifices dont les défenſes ſont ornées de plantations agréables, ſon cœur eſt navré à l'aſpect de ces villes déſolées, dont les enceintes ouvertes de tous côtés par l'effort redoublé de ces foudres d'airain qui les mettent en poudre, ne préſentent que des monceaux de ruines qui ſemblent encore teintes du ſang de ces vaillans guerriers, qui aux dépens de leur vie ont ſoutenu contre les efforts redoublés des ennemis, ces remparts jadis imprenables ; mais que les temps & plus encore la ſcience de l'attaque des places, ont renverſés. Ce ſpectacle de déſolation excite encore en ſon ame ſenſible une impreſſion d'horreur, en conſidérant tout ce que la guerre traîne après elle de calamités ; mais il n'en ſent pas moins la ſageſſe des Rois ſes prédéceſſeurs, qui ont mis entre eux & la jalouſie des Puiſſances qui les environnoient, des barrières ſi redoutables par leurs maſſes impoſantes, & ſi difficiles à forcer.

Convaincu, d'après cet examen intéreſſant & réfléchi, qu'aucun Potentat de l'univers ne réunit à tant d'avantages, dont le climat fortuné de la France jouit, d'auſſi puiſſans moyens de les faire valoir & de les ſoutenir, Louis paſſe auſſitôt de cette galerie la plus vaſte du monde, qui contient

ce

ce précieux tréfor & l'unique de fon genre, à fon Académie
d'Architecture (*f*).

C'eft-là qu'il voit l'extrait de toute la fcience des Anciens
dans les modèles qu'on lui préfente de ces reftes précieux,
dont les débris refpirent encore la magnificence & la
grandeur ; mais quand il les compare à ce périftile majeftueux
qui forme la façade de fon immenfe palais, & dont rien
dans l'Antiquité ne lui offre de modèle, il voit alors que
les génies françois ont été, comme ceux d'Athènes & de
Rome, capables des conceptions les plus nobles & les plus
grandes, fi même, à certains égards, ils ne les ont furpaffés.
Le génie puiffant & fublime de l'immortel *Buonarotti*,
femble avoir infpiré *Perrault* dans la compofition du périftile
du Louvre ; auffi Louis en en confidérant les deffins, en
portant fes regards fur ceux de la partie de l'églife des
Invalides qu'on appelle le *Dôme*, les modèles du premier
ordre du portail de Saint-Sulpice par *Servandoni*, ceux des
bafiliques de Sainte-Geneviève & de la Magdeleine à côté
des plus fuperbes monumens qui exiftent actuellement en
Europe, il n'héfite point à prononcer que *Michel-Ange*
& fes plus illuftres fucceffeurs n'ont prefque eu fur les
Architectes françois que le mérite de l'antériorité.

Outre une infinité de modèles en relief, Louis voit toute
cette illuftre Ecole meublée de plans, dont les uns font de
grandes idées jetées fur le papier pour la feule inftruction
des Elèves, & dont les autres repréfentent les grands
monumens d'architecture qui embelliffent fa capitale. Mais
le Monarque femble en remarquer un dont la magnificence
& l'étendue le frappent, & s'y arrête avec une forte de

(*f*) Salle des Plans en relief aux galeries du Louvre. *Voyez* cet article
des Obfervations.

Ggg

complaifance. L'Artifte, qui l'a conçu, lui en explique le motif & l'objet; c'eft le projet de décoration d'une magnifique Place, que l'amour de fes fujets fe propofe de confacrer à fa gloire en perfpective même de fon palais, où fon image en bronze doit être fixée & environnée de tous les attributs de la bienfaifance, vrais caractères de l'ame de cet augufte Prince (*g*).

Enfin, de quelque côté qu'il jette les yeux, il aperçoit les puiffans effets de la protection des Souverains amis des arts, & par-tout il a vu leurs efforts égaler la Nature, & toujours l'embellir.

Louis s'arrache avec peine à ces objets divers de fon admiration; mais un autre genre de production l'attend au temple du Dieu de l'harmonie, où il va fe rendre avec fon augufte époufe.

C'eft-là que l'illufion, portée à fon comble, ravit tous les fens à la fois; il veut que tous les arts reffentent les effets de fa protection : il veut les honorer & les encourager par fa préfence; il veut fur-tout hâter les progrès d'un art enchanteur, fait pour occuper les loifirs des Grands, que chacun cultive à préfent, & qui fait les délices de la fociété.

Mais à peine une affemblée auffi brillante que nombreufe aperçoit-elle ce couple augufte, que tout dans ce magique féjour, retentit des acclamations de la plus vive allégreffe. Les illuftres époux font pénétrés de ces tranfports de l'amour de leurs fujets, & partagent la joie qu'ils infpirent; les héros de la fcène même, fe laiffant entraîner par le charme de l'ivreffe publique, oublient aifément ce qu'ils font alors, &

(*g*) *Voyez* l'idée de l'Auteur fur le projet de place & de monument qui doit y être placé en perfpective, & fur les bords de la Seine.

plus encore ce qu'ils doivent faire, pour s'unir aux tranfports des fpectateurs.

Le Monarque s'eft plus d'une fois aperçu que l'aimable Nation fur laquelle il règne, fufceptible de tous les goûts honnêtes, n'a befoin que de voir s'ouvrir devant elle des routes nouvelles dans la carrière des Beaux-arts, pour y faire autant & plus de chemin que fes modèles, outre les objets dans lefquels ils ont porté les premiers le flambeau du génie.

Un Etranger vient enrichir notre fcène lyrique d'un nouveau genre, le Prince & la Nation l'accueillent & lui marquent auffi-tôt toute la confidération qu'on doit à un bienfaiteur de fon genre; car il l'eft, puifqu'il vient augmenter chez nous la fomme des jouiffances agréables. Les fujets que ce nouvel Amphion met fur la fcène françoife, font choifis parmi ce que l'antiquité, dans fes temps héroïques, offre de plus intéreffant, l'héroïfme de la tendreffe conjugale & de la piété filiale. Toutes les reffources de la mélodie & de l'harmonie font employées pour embellir ce riche canevas, & pour ajouter à l'intérêt des fituations tour-à-tour terribles ou attendriffantes, dont ces deux poëmes font remplies.

C'eft un époux défefpéré de la perte d'une époufe adorée, dont l'amour le met au-deffus de toutes les craintes pour l'arracher à l'empire de la mort, & qui triomphe de l'infen-fibilité de ce monftre inexorable. C'eft un père partagé entre la Nature, fa gloire & la foumiffion qu'il doit aux décrets éternels, qui fe réfout à immoler aux Dieux & aux Grecs fa fille chérie; c'eft une mère éperdue qui n'écoutant que la Nature révoltée, s'oppofe au facrifice d'un objet digne de toute fa tendreffe; c'eft cette tendre victime, auffi intéreffante par fa piété que par fa jeuneffe & fes grâces, qui fe dévoue fans balancer aux intérêts de fa patrie, & qui fait céder, par un courage étranger à fon fexe, la Nature & l'amour à l'obéiffance qu'elle doit aux Dieux & à fon père : c'eft enfin un amant paffionné & furieux, un héros implacable, qui renonce à la gloire fon idole, pour n'écouter qu'une paffion terrible à laquelle il veut tout plier ; mais une Divinité bienfaifante, touchée de tant de piété, de foumiffion, arrête le bras du facrificateur, déjà levé fur l'innocente victime parée & enchaînée à l'autel, récompenfe au même inftant la vertu héroïque & pure de cette jeune princeffe en la rendant aux vœux d'Agamemnon fon père, en rappelant à la vie une mère accablée du coup qui doit percer fa fille chérie, & qu'elle retrouve dans fes bras ; enfin, en couronnant ceux d'un amant généreux, qui n'eût pu furvivre à l'objet de fa tendreffe.

Avec quelle force & quelle vérité ce peintre fublime des grandes fituations les rend toutes ! fes accens, tantot fiers & terribles, tantôt pathétiques & déchirans, vont fouiller tous les replis du cœur, & y développent tous les fentimens que peuvent avouer la Nature & la raifon.

C'eft à ce fpectacle touchant que notre augufte Souveraine, non moins intéreffante qu'Iphigénie, partage avec le Monarque fon époux, ces fentimens d'affection paternelle qu'ils ont pour leurs fujets, & c'eft au milieu d'eux qu'elle aime à jouir des tranfports que fa préfence infpire. Ce cri du cœur françois, ces élans de l'ame, ont excité dans la fienne l'émotion la plus vive. Des larmes, oui François, des larmes en font les marques ; mais quel prix cette Princeffe adorable n'ajoute-t-elle pas à ces naïves expreffions de fa fenfibilité, par le témoignage qu'elle rend à vos fentimens ? « François, » il n'eft que vous fur la terre, s'écrie-t-elle avec tranfport,

oui,

oui, il n'eſt que vous de capables d'aimer ainſi vos maîtres; »
témoignage échappé de ſon ame dans le raviſſement que lui
inſpire votre vénération pour vos Princes; témoignage enfin
qui les honore autant que la Nation ſoumiſe à leur heureux
Empire *(h)*.

Mais les plaiſirs ne font rien perdre au Monarque de
l'attention qu'il doit aux affaires. S'il ſe permet quelques
diſtractions agréables, c'eſt qu'il ſent la néceſſité de délaſſer
par intervalle l'eſprit, pour le rendre plus capable d'une
application ſoutenue. S'étant aperçu que les intérêts particuliers, toujours en oppoſition avec l'intérêt général, ont
porté le déſordre & la confuſion dans les diverſes parties
de l'adminiſtration, & ſur-tout dans les finances qui en
ſont l'ame; il veut qu'une économie bien entendue répare
les brèches faites par des diſſipations précédentes; que les
revenus de l'Etat aillent dorénavant à leur véritable deſtination, ſans s'en détourner comme par le paſſé: il s'occupe
enſuite du ſoin le plus important de tous, celui de redonner
à la Juſtice ſon cours ordinaire, & une conſiſtance nouvelle &
plus aſſurée aux Tribunaux juſqu'alors avoués par la Nation,
& qui ont toujours eu ſa confiance.

Ce Monarque plein d'équité & de ſageſſe, n'ignore
pas que la punition la plus méritée a ſes limites; que des
Magiſtrats qu'un excès de zèle, ſans doute, a pu faire ſortir
des bornes de la ſoumiſſion qu'ils doivent toujours aux ordres
de leur Souverain, ont aſſez expié leurs torts, & que la
Nation n'a que trop long-temps reſſenti le contre-coup de
la peine qui leur a été infligée. Le Prince conſent donc à
les rendre à leurs fonctions, à leur famille, à leurs affaires;
mais il veut à l'avenir éclairer leur zèle, & lui preſcrire des

---

(h) Académie royale de Muſique.

H h h

bornes qu'il ne puisse franchir par la suite des temps. De sages règlemens vont donc fixer déformais la discipline de ces Compagnies auguftes & dignes de toute la vénération & de la reconnoissance des peuples, lorfqu'elles n'excèdent point la portion d'autorité qui leur a été confiée.

Il vient donc environné de toute la pompe royale, fiéger en perfonne dans le fanctuaire de la Justice ; & c'est en préfence des Princes de fon Sang, de fon premier Magistrat, des Pairs & des Grands de la Nation, qui environnent fon Trône, que fa bouche prononce des oracles de paix & le rétablissement des Magiftrats de fon Parlement, qu'il leur rend enfin l'exercice des fonctions les plus nobles dont les hommes puissent jamais être honorés.

Après s'être annoncé à fes peuples comme l'Elu du Seigneur pour les gouverner, Louis veut que fa miffion, qu'il tient de Dieu & de fon droit, foit confirmée par cette efpèce de Sacrement, qui, depuis Clovis I. jufqu'à lui, a imprimé fur tous nos Souverains ce caractère auguste qui unit à la plénitude de puiffance celle des grâces néceffaires, pour en ufer dans les vues de la Providence pour le bien de leurs fujets, lorfqu'ils font fidèles à leurs falutaires impreffions.

C'est dans cet efprit que notre jeune Monarque, qui a déjà fait l'expérience des follicitudes du trône, part pour *Reims*, où il doit recevoir par l'onction facrée, la grâce d'en haut, pour fuppléer à ce qui manque à un pouvoir qui n'étoit encore fondé que fur des conventions humaines, & qui va être confirmé par le Ciel même.

Quel concours fur la route de ce Prince ! que de vœux l'accompagnent ! que de bénédictions l'attendent ! La justice & la paix, heureux emblèmes des biens dont il veut faire jouir fes fujets, le reçoivent aux portes de cette antique cité, jadis l'honneur de la Gaule Belgique ; des arcs de triomphe, élevés fur fon paffage & chargés d'ingénieufes allégories, lui retracent la fplendeur de la ville des Céfars , de la Souveraine du Monde ; & c'eft fous des trophées qu'il parvient au veftibule de la Métropole.(*i*).

Le Pontife de cet augufte temple, l'attend au milieu de

3.me AGE
DU MONDE.

FRANCE
moderne.

(*i*) La glorieufe prérogative, qui diftingue la ville de *Reims* entre toutes les autres villes du royaume , & dont elle eft en poffeffion depuis plufieurs fiècles , prérogative qui l'affocie en quelque forte au bienfait de la Providence dans le précieux don qu'elle nous a fait en la perfonne de Louis XVI, engage fes habitans à chaque mutation de Souverain ; à fignaler leur refpect & leur amour pour les maîtres que le Ciel nous donne; & à qui , de tous ceux que nous offre notre Hiftoire , doit-on plus qu'à celui fous l'empire duquel nous avons le bonheur de vivre ?

Auffi , dans le choix des décorations , dont les Officiers municipaux de cette ville ont cru devoir embellir les lieux de paffage de Sa Majefté , on a préféré aux plus riches, celles qui pouvoient caractérifer le mieux les vertus qu'Elle a montrées en montant au Trône, & dont chaque jour nous fentons les heureux effets; la religion, la juftice, la pitié pour les malheureux, la bien-faifance, la protection qu'elle accorde au commerce & à l'induftrie. Chacune de ces vertus y avoit fon autel ou un monument qui la caractérifoit. Chaque autel ou chaque monument étoit particulièrement caractérifé par les emblèmes les plus ingénieufement imaginés, & les infcriptions les plus énergiques (les auteurs de toutes ces allégories , ainfi que des infcriptions, font M^{rs} les abbés *Bergeat* & *Deloche*, Chanoines de l'églife de Reims).

M. Doyen, fur les deffins duquel ces diverfes décorations ont été exécutées, n'a fait en cette occafion que confirmer la haute opinion que le Public a de fon génie, & dont tous les ouvrages que nous avons de lui, portent l'empreinte la plus marquée.

Quant à la décoration de la Métropole, elle répondoit parfaitement à l'efprit & à l'efpèce de l'augufte cérémonie pour laquelle elle étoit ordonnée. On n'attendoit pas moins de *M. le Maréchal Duc de Duras*, premier Gentilhomme de la Chambre en exercice, dont on connoît le goût pour approprier à chaque folennité, la forte de décoration qui lui convient, foit qu'elle ait pour objet un acte religieux auquel la pompe extérieure puiffe ajouter, ou quelqu'évènement heureux pour l'Etat ou pour la Famille Royale à célébrer ; auffi tout a-t-il été ordonné, de forte que, malgré la multitude & la variété des objets, il n'y a pas eu la moindre confufion , & que tout s'y eft fait dans le plus grand ordre par la manière dont tout avoit été prévu & arrangé.

fon clergé pour le conduire aux pieds des faints autels où ce premier Monarque du monde chrétien vient préfenter fon offande à la Majefté fuprême, & dépofer dans fes tabernacles le fymbole de fa vaffalité, & après les juftes actions de grâces qu'il lui doit, fon ame fe pénètre des grandes & fublimes vérités qui lui font annoncées par un autre Prélat, & qui préparent fon cœur à l'augufte folennité qui va l'unir encore plus particulièrement à la nation dont il s'eft annoncé plutôt comme le père que comme le maître.

C'eft au milieu des miniftres du Très-Haut que Louis eft conduit le lendemain à cette brillante & fainte cérémonie; c'eft au milieu des plus auguftes repréfentans de la nation, devant Dieu qui reçoit fes engagèmens & qui les ratifie, que *votre Roi, François, jure de vous rendre heureux : il tiendra fon ferment.*

Auffitôt le Pontife fait couler fur fa tête, comme autrefois Samuël fur Saül & David, l'huile fainte; fes épaules; fes bras, fes mains font ointes de cette onction célefte qui, en le faifant en quelque forte Pontife & Roi, lui communique la force d'en haut pour foutenir le fardeau de la royauté, & l'élève au-deffus de tous les Ordres, comme l'huile furmonte tous les autres liquides, pour nous fervir des expreffions de Saint Cyprien, dans l'explication que donne ce faint Docteur de la cérémonie myftérieufe de l'onction des Prêtres & des Rois. Le Pontife le revêt enfuite des ornemens de fa dignité, lui met dans les mains les fymboles de fa puiffance, & préfente fur fa tête la couronne du plus grand des Empereurs d'occident, que foutiennent les deux Ordres des Pairs, par l'entremife defquels il reçoit les fermens de tous fes fujets.

Ah,

Ah, qui rendra, François, l'attendriffement, dont l'objet facré de cette myftérieufe cérémonie, les coopérateurs & les témoins de cet acte folennel font pénétrés ! Que les larmes qu'on répand de toutes parts, font délicieufes ! non, jamais les ames ne furent auffi puiffamment, auffi profondément remuées ; & quel cœur ne fe fentit brifer à cet inftant, où l'augufte époufe de notre jeune Monarque, furchargée & en quelque forte accablée des fentimens divers que lui faifoient éprouver chaque moment, chaque circonftance de cette folennité, fe trouva forcée de difparoître pour fe débarraffer d'une partie de ce fardeau délicieux, mais qui épuife à la fin les forces d'une ame qui fent vivement ! Un moment d'abfence a fuffi pour calmer la violente agitation qu'ont excitée chaque acte de cette impofante folennité, & pour la mettre en état de foutenir les épreuves nouvelles auxquelles on va mettre encore fa fenfibilité.

A peine elle reparoît, qu'elle fe voit elle-même l'objet des acclamations, & qu'elle partage avec fon augufte époux les hommages qu'on lui rend. Ce font les Miniftres des Puiffances étrangères, témoins de l'émotion de cette augufte Princeffe, & fur qui elle a fait l'impreffion la plus forte & la plus attendriffante, qui donnent eux-mêmes le ton; avec quelle ardeur on s'empreffe à répondre à de fi juftes tranfports ! Tout eft François dans ces momens intéreffans qui, pour nous fervir des propres termes de Sa Majefté, *ont pénétré fon cœur d'un fentiment profond qui ne s'effacera jamais (k).*

Les Etrangers même deviennent François dans ce jour folennel, & s'uniffent du fond de l'ame à ce concert d'acclamations & de bénédictions qui portent, pour ainfi dire,

_____

(k) Lettre du Roi à M. l'Archevêque de Paris, 12 Juin 1775.

notre jeune Maître fur le Trône. Des fables brûlans de l'Afrique, du fein même de ces Nations prefque auffi féroces que les animaux cruels que cette contrée nourrit, un habitant du mont Atlas, témoin de cette mémorable époque, eft tout-à-coup transformé en un autre homme : oui, mes concitoyens, fes pleurs & fes tranfports l'ont naturalifé ; c'eft un François depuis le jour intéreffant où notre jeune Roi, placé fur fon Trône dans toute la pompe & l'éclat de la majefté par fes frères même, les Princes de fon Sang, les Grands de fon royaume, reçoit les hommages de la Nation entière par ces auguftes repréfentans. Au moment où un peuple innombrable, introduit tout-à-coup dans ce Temple vénérable, fe profterne & adore le Roi des Rois dans fa vive image ; & mêlant fes acclamations au chant des hymnes de triomphe, au fon des inftrumens guerriers, au bruit des falves redoublées de l'artillerie & de la moufqueterie, furmonte, par l'éclat des cris de *vive le Roi*, & étouffe, pour ainfi dire, tout autre bruit ; tandis que l'airain fufpendu dans les airs, annonce au loin l'heureufe fin de la plus brillante & de la plus augufte des cérémonies ; bientôt, des extrémités du royaume, les tranfports de l'allégreffe univerfelle répondent à ceux qu'excite dans *Reims* ce fortuné moment.

Yvreffe précieufe, que vous répondez bien à l'affection paternelle que Louis porte à fes peuples ! Quelle preuve plus authentique en voulez-vous, François, que l'ordre qui brife les barrières que l'ufage met entre vos Maîtres & vous, que le refus que fait ce Prince des décorations dont on veut embellir les lieux de fon paffage, en ce qu'elles pourroient vous dérober le plaifir inexprimable de porter vos regards fur lui, & dérober fon peuple aux fiens ? que la douce popularité de votre bon Roi, qui lui fait en quelque forte oublier son rang pour se confondre parmi vous, prendre part à vos fêtes, partager vos transports, & recevoir indistinctement les hommages de toutes les classes de ses sujets ; que de voir ce jeune Monarque après la plus brillante cavalcade, déposer aux pieds des autels, l'orgueil du rang suprême pour le soulagement des pauvres malades ; que sa tendre pitié pour les malheureux souffrans, qui lui fait surmonter les révoltes de la Nature, afin de leur procurer la guérison ?

Si par le plus ancien, le plus sacré des contrats, la Nation se trouve enfin engagée à ce Maître adoré par le seul droit de sa naissance, ce Prince auguste veut encore qu'elle lui soit plus particulièrement unie par le lien des bienfaits. Il connoît trop les devoirs mutuels des Princes & des sujets, pour ignorer qu'il n'est point de contrat sans réciprocité ; & c'est dans l'auguste solennité, dont nous venons d'être les témoins, que ce nouveau Salomon vient de contracter librement la plus sainte des obligations, celle de faire le bonheur de ses peuples. C'est aux pieds de la Religion, son flambeau & son guide, qu'il en a pris l'engagement solennel ; c'est dans le Code sacré qu'il a lû en même temps ses droits & ses devoirs, & qu'il s'en est pénétré pour les remplir dignement ; & cette onction mystérieuse, gage d'une protection spéciale de la Providence, semble dévouer plus particulièrement notre jeune Souverain aux soins de son Etat, & lier plus étroitement les sujets à leur maître, en faisant à l'un & aux autres, de leurs obligations réciproques, un devoir plus saint & plus rigoureux.

François, qui en si peu de temps venez d'être les témoins de ces étonnantes & heureuses révolutions, que ne devez-vous pas vous promettre d'un règne qui s'annonce par de tels prodiges de fageffe & de juftice ? & ces prodiges font opérés par un Monarque qui compte à peine quatre luftres. Parcourez les faftes de votre hiftoire, & voyez dans tous les âges de la monarchie, fi aucun des Rois fes prédéceffeurs s'annonça à fes peuples d'une manière qui fît mieux augurer de fon gouvernement.

Que de Souverains ont long-temps occupé le Trône fans jamais avoir rien fait qui les recommande à la poftérité, qui toujours indifférente & froide fur le paffé, juge avec une égale impartialité les Princes & les peuples, & met feule le fceau à la véritable gloire, dont une baffe adulation a cependant confacré les éloges fur le marbre & le bronze ; éloges démentis par les générations fuivantes, & qui font aujourd'hui leur opprobre ! Que la flatterie foit donc pour jamais bannie des nôtres, & que la vérité feule s'y montre dans tout fon éclat.

Partageons également notre amour & notre reconnoiffance entre le Monarque chéri, & l'augufte Princeffe dont la tendreffe & les charmes jettent des fleurs fur les peines inféparables d'un Trône qu'elle embellit par l'affemblage de toutes les vertus ; que bientôt l'image facrée de LOUIS-AUGUSTE foit fixée par le temps même fur *l'obélifque de l'Immortalité*, & que cent générations de fujets viennent à leur tour y lire avec attendriffement & graver dans leur cœur, comme une leçon fublime, cette courte, mais énergique infcription, REGI BENEFICO, titre fi bien mérité, puifqu'il peint notre bonheur, dont ce Prince eft la première fource.

MONUMENT

MONUMENT

CONSACRÉ

À LA GLOIRE DU ROI

ET DE LA FRANCE.

DESCRIPTION

D'un Projet de Monument à ériger dans une Place publique, à la gloire de Louis XVI & de la France.

DU sommet d'un rocher escarpé, & environné de profondes cavités d'où sortent des torrens d'eau qui tombent avec fracas, & vont se perdre dans des abymes, s'élève un obélisque de marbre blanc, dont la hauteur répond à la magnificence des édifices qui l'environnent. Un globe d'azur, parsemé de trois fleurs-de-lys, rend l'écusson de la France, termine la cime tronquée de l'obélisque; & sur le globe est fixé un coq de bronze doré, agitant ses ailes, exprimant l'audace, la vigilance & la fierté: caractères des anciens Gaulois, & le vrai symbole de la nation Françoise.

La *Renommée*, les ailes déployées, s'élance du haut des airs, & reste suspendue vers le milieu du Monument : elle sonne de la trompette, & invite les peuples à se réunir pour célébrer la gloire & les vertus du héros de la France.

Le *Temps*, également personnifié, après s'être précipité jusqu'au socle de l'obélisque, & avoir reçu le médaillon du Prince régnant, des mains de la *Vertu* qui en étoit la dépositaire, s'empresse de le fixer à l'obélisque. Armé d'un marteau, il frappe à coups redoublés le crampon où est passé l'anneau de la chaîne qui tient au médaillon, & semble prononcer ces mots, *Nunquam peribit opus meum.* Les *Heures* & les *Siècles*, génies du *Temps*, après avoir enchaîné le médaillon par le bas & au pourtour de l'obélisque, sont occupés à briser la faux, pour marquer que bien loin d'en vouloir faire usage pour détruire à l'avenir le Monument, eux & le Temps le prennent à jamais sous leur sauvegarde. Le Temps ainsi caractérisé aura les traits du sage coopérateur que le jeune Monarque s'est choisi.

Deux *Génies* placés au-dessus du médaillon, sont occupés, l'un à poser sur le buste du *Prince* la couronne de l'immortalité, désignée par un serpent en cercle : l'autre, tenant une tige de lys, paroît caresser avec la fleur la *Renommée* qui le domine.

K k k ij

Le bufte du *Prince* régnant, qui eft du métal le plus précieux, l'or, fe trouve fixé fur un grand médaillon de forme antique, du plus beau porphire. Quatre rameaux différens ceignent le pourtour du médaillon, & fe réuniffent par les extrémités. Les deux fupérieurs font, l'un de chêne & l'autre de palmier : le premier exprime la force, le fecond l'allégreffe. Les deux inférieurs font, l'un de laurier, & l'autre d'olivier : le premier défigne les triomphes, & le dernier la paix.

Sur le côté oppofé de l'obélifque, où eft le médaillon du Roi, l'on apperçoit une très-grande médaille de bronze rouge, affujettie au Monument par la même chaîne qui fixe le médaillon du Roi. Cette médaille repréfente deux buftes accolés, avec cette légende au bas, *Concordia fratrum*, & défigne *Caftor* & *Pollux*, dont l'un reffemble à Monsieur, & l'autre à Monfieur le Comte d'Artois : l'on s'eft feulement permis d'ajouter au pourtour de chacun des deux buftes, les noms de ces deux auguftes Princes.

Sur un des angles du focle de l'obélifque, fe trouve la *Vertu*, à demi voilée & debout, ainfi qu'on vient de l'obferver, fymbole qui eft le caractériftique exact de toutes les auguftes *Princeffes*, filles du feu Roi. Cette figure, ayant le bras droit élevé, montre de la main cette infcription, *REGI BENEFICO*, & fixant le peuple, femble lui adreffer ces paroles : *Voilà votre jeune Maître qui fera déformais votre bonheur.* La draperie large qui la couvre, contribue à la rendre majeftueufe, ainfi que fes aïles à demi déployées : une flamme placée fur fa tête la caractérife particulièrement.

Au côté droit de la *Vertu*, & à fes pieds, paroît la *France*, affife fur le milieu du focle de l'obélifque, couverte de fon manteau royal, la couronne fur la tête : fon bras gauche porte un faifceau, exprimant la puiffance & les forces réunies, & fa main droite tient le fceptre, qu'elle préfente dans l'attitude du commandement abfolu. A fes pieds font amoncelés tous les caractères diftinctifs de la couronne de France, & les attributs des honneurs, des récompenfes accordées à la valeur, à la naiffance & au mérite. Les traits majeftueux & céleftes de notre *augufte Princeffe* feront gravés fur cette figure, & les artiftes, heureux d'avoir un fi beau modèle à rendre, fe furpafferont fans doute en exprimant la noble fierté que doit avoir la *France*, à l'inftant même qu'elle encourage le *Génie* vengeur du *Prince* & le fien, à terraffer

les

les monftres audacieux du défordre , qui ont défolé les peuples par leur intrigue fourde & deftructive , par leur rapacité , & par leur licence effrénée de tout ofer.

Le premier de ces deux Génies vengeurs , armé d'un foudre, *Vibrata in fuperbos fulmina,* dont il vient de frapper les monftres, conferve toujours fon attitude menaçante , & paroit encore dans l'action la plus animée du combat..... Le fecond *Génie* eft celui de la *Reine,* répréfenté par la *France.* Ce *Génie* a pris la figure d'un aigle de la plus grande force , ayant fes ailes déployées, portant fa tête menaçante , dont le plumage eft encore hériffé de fureur fur les monftres qu'il a déchirés avec autant d'ardeur que le vautour de *Prométhée,* & paroît toujours faire entendre fes fifflemens aigus.

Ces deux *Génies,* dont les forces femblent fe réunir, fe trouvent grouppés enfemble fur les bords du précipice, & dominant fur leurs ennemis terraffés, jouiffent déja de leurs triomphes.

Les monftres abbattus tombent dans des précipices affreux, & leurs têtes coupables vont s'écrafer fur les rochers. Leur rage fe tourne contre eux-mêmes : les ferpens, les torches, les poignards, dont leurs mains criminelles font armées, ne fervent plus qu'à leur propre ruine : ils finiffent par fe déchirer & fe poignarder entr'eux; les rochers fufpendus fur leurs têtes fe détachent, s'écroulent & tombent fur eux dans des gouffres & des abymes où les torrens fe perdent.

Les monftres ainfi exterminés , & la *France* vengée, le calme femble renaître tout-à-coup. *Pallas* & la *Paix* veulent être témoins de fon triomphe : l'une & l'autre, fixées au pied du monument, fur les côtés de la France & de la Vertu, font fuivies de leur cortège pompeux, & annoncent déja aux peuples le bonheur le plus durable.

La déeffe *Pallas,* fous les traits de Madame, le cafque en tête, fièrement affife fur un lion foumis, le bras gauche appuyé fur fon bouclier, repofe fa main droite fur la crinière du lion, qui tourne fa tête du côté de la France, porte fa langue fur fes pieds, & exprime ainfi fes careffes. *Pallas* eft fuivie de plufieurs Génies qui , après avoir traîné avec effort un canon fur fon affût, jouent entr'eux avec leurs armes & un drapeau : ces Génies font coiffés dans les divers coftumes des guerriers du fiècle préfent, armés de même, & grouppés fans confufion.

L11

Cette marche guerrière est suivie du Commerçant naturaliste, montrant d'une main le mot de *Protectio* écrit sur un ballot. Son habillement est celui d'un Nautonnier françois, qui doit être environné de toutes les espèces de productions de la terre, de la mer & de l'air, tant animées qu'inanimées.

La France doit à juste titre se glorifier d'avoir donné naissance au plus célèbre des hommes dans la connoissance de la Nature, & ne cesse encore de lui devoir de nouvelles découvertes. Si la carrière d'un si grand homme doit avoir un terme parmi nous, pourquoi la Renommée de ce monument glorieux ne deviendroit-elle pas la compagne de celle de ses travaux? Des êtres si extraordinaires, qui furent pour ainsi dire les dépositaires des secrets de la Nature, qui les ont révélés & rendus sensibles à l'humanité même la plus grossière, font bien faits, sans doute, pour embellir le cortège des grands Rois, & mériter comme eux les palmes de l'immortalité.

Sur l'autre côté, & en face de *Pallas*, l'on voit la déesse de la *Paix*, ayant les traits de Madame la Comtesse d'Artois, présentant son rameau d'Olivier d'une main, & de l'autre montrant au *Prince* les fruits qui sortent de la corne d'abondance versée par un Zéphir, & placée sur ce char. Cet objet de décoration occupe la face de l'obélisque, opposée à celle où se trouve le canon : il est chargé de toutes espèces de productions propres à sustenter les hommes, lesquelles désignent l'Abondance, compagne de la Paix.

A l'extrémité du char, formant le quatrième angle du monument, & vis-à-vis du Commerçant naturaliste, paroît un Laboureur appuyé sur un joug de bœuf, un soc de charrue renversé à ses pieds, & un chien de berger est à ses côtés. D'une main, il montre le mot de *Libertas*, qui finit d'être gravé par un Génie sur un boisseau censé rempli de blé.

Ce Cultivateur est sous le costume d'un ancien Gaulois, & ressemble au noble citoyen si connu dans l'Europe entière, sous le titre d'*Ami des hommes* : le titre seul de Restaurateur de l'art le plus utile à l'humanité, l'Agriculture, lui doit suffire pour mériter une place au pied du monument élevé à la gloire de son auguste Souverain, qui dès sa tendre enfance, se déclara le protecteur de cette portion d'hommes si utiles à l'humanité, sans en excepter même les Rois.

Au bas du rocher, & au côté oppofé à la principale face de l'obélifque, l'on voit fortir un vaiffeau de deffous une large voûte de rochers portant le monument. La déeffe de la *Seine* paroît noblement grouppée & affife fur la proue de ce vaiffeau, & reçoit les hommages & les tributs de celle de la *Marne*, fortant des eaux, & fuivie de Naïades ; ces deux Déeffes font alliance enfemble (*a*). La première reffemblera a MADAME CLOTILDE DE FRANCE, & la feconde à MADAME ELIZABETH DE FRANCE.

Neptune, armé de fon trident, guide lui-même le vaiffeau des Déeffes, que précédent des Syrènes, des Dauphins, & un Triton fonnant de la trompe, qui forment le cortége de leur Souverain. Ce vaiffeau caractérife les armes de la ville de Paris. Le Gouverneur de cette capitale eft cenfé en tenir le gouvernail. Les Mythologiftes alliant fouvent les attributs des diverfes Divinités, rien ne s'oppofe donc à ce que les armes de *Mars* ne forment avec le trident de *Neptune*, qu'un feul faifceau ; & à ce que les Artiftes empruntent les traits du noble & brave guerrier Gouverneur de cette ville, pour repréfenter le Dieu des mers, qui ne fauroit être plus heureufement caractérifé (*b*).

Sur une des quatre faces du piedeftal de l'obélifque, doit être fixé un grand bas-relief, repréfentant la féance que SA MAJESTÉ a tenue le 11 de Novembre 1774, en fon Palais de Juftice, pour y rétablir le Parlement dans fes fonctions ordinaires. Le Roi doit y paroître affis fur fon trône, environné des Princes de fon Sang & des Pairs de fon royaume ; &, après avoir délibéré avec eux & fon principal Magiftrat, ordonne à tous les Membres de fon Parlement de reprendre leurs fonctions, après leur avoir exprimé fes volontés.

Les trois autres faces de la bafe de l'obélifque, ou cartels, refteront dénués de toute efpèce d'ornement, pour qu'à l'avenir on puiffe encore y fixer, par des infcriptions & des bas-reliefs en bronze,

---

(*a*) L'on obfervera que c'eft précifément à la hauteur de Paris que ces deux rivières fe confondent & ne forment plus qu'un fleuve.

(*b*) Lorfqu'on conçut le projet de ce Monument, M. le Maréchal-Duc de Briffac étoit Gouverneur de Paris ; & M. le Duc de Coffé fon fils, vient de lui fuccéder.

les autres évènemens remarquables qui illuſtreront le plus le règne préſent, & qu'on croira dignes par conſéquent de faire époque dans l'Hiſtoire.

Nota. L'Auteur du Monument a propoſé un local pour le placer. Ce local ayant pour perſpective une Place vaſte & magnifiquement décorée, dont le plan eſt fait, le Monument ſeroit élevé ſur le bord de la rivière, de manière à n'embarraſſer ni la navigation, ni le travail des ports, ni le roulage des voitures.

Placé entre le Pont-neuf & le Pont Royal, il ſeroit vu à de très-grandes diſtances, tant au dedans qu'au dehors de la ville. On verra plus au long, dans une ample Diſſertation *ſur les Monumens publics*, du même Auteur, les moyens qu'il donné pour conſtruire celui dont il s'agit, quoiqu'à l'inſpection de cette immenſe Fabrique, elle paroiſſe devoir entraîner les plus grands fraïs.

Le *Parnaſſe François*, qu'a fait exécuter en bronze *Titon du Tillet*, eſt chargé d'un tiers plus de figures que le Monument propoſé. Il eſt même démontré, par les calculs des plus fameux Artiſtes dans chacun des genres que ce monument comporte, qu'il ne coûteroit guère plus que la ſtatue équeſtre de Louis XV, & la place où elle a été érigée, telle que nous la voyons.

Les proportions de notre Monument exécuté en grand, ſelon le local propoſé, ſeroient de quatre-vingt-dix pieds de diamètre à la baſe du rocher, ou plutôt au niveau de l'eau où ce rocher prendroit naiſſance. Le Monument, de ſa baſe à ſon ſommet, auroit cent cinquante pieds de hauteur; ſavoir, le rocher trente-deux, & l'obéliſque cent dix-huit, le coq compris.

Les figures ſeroient plus ou moins grandes. Les Génies ſeroient de quatre juſqu'à ſix pieds de hauteur; les figures moyennes de onze à douze, les grandes de quinze, & les plus coloſſales de dix-huit pieds.

MONUMENT À LA GLOIRE DU ROI ET DE LA FRANCE.

PAR M. L'ABBÉ DE LUBERSAC VIC. GÉAL DE NARBONNE, ABBÉ DE NOBLAC ET Pr DE BRIVE.

ESQUISSE AU PREMIER TRAIT.

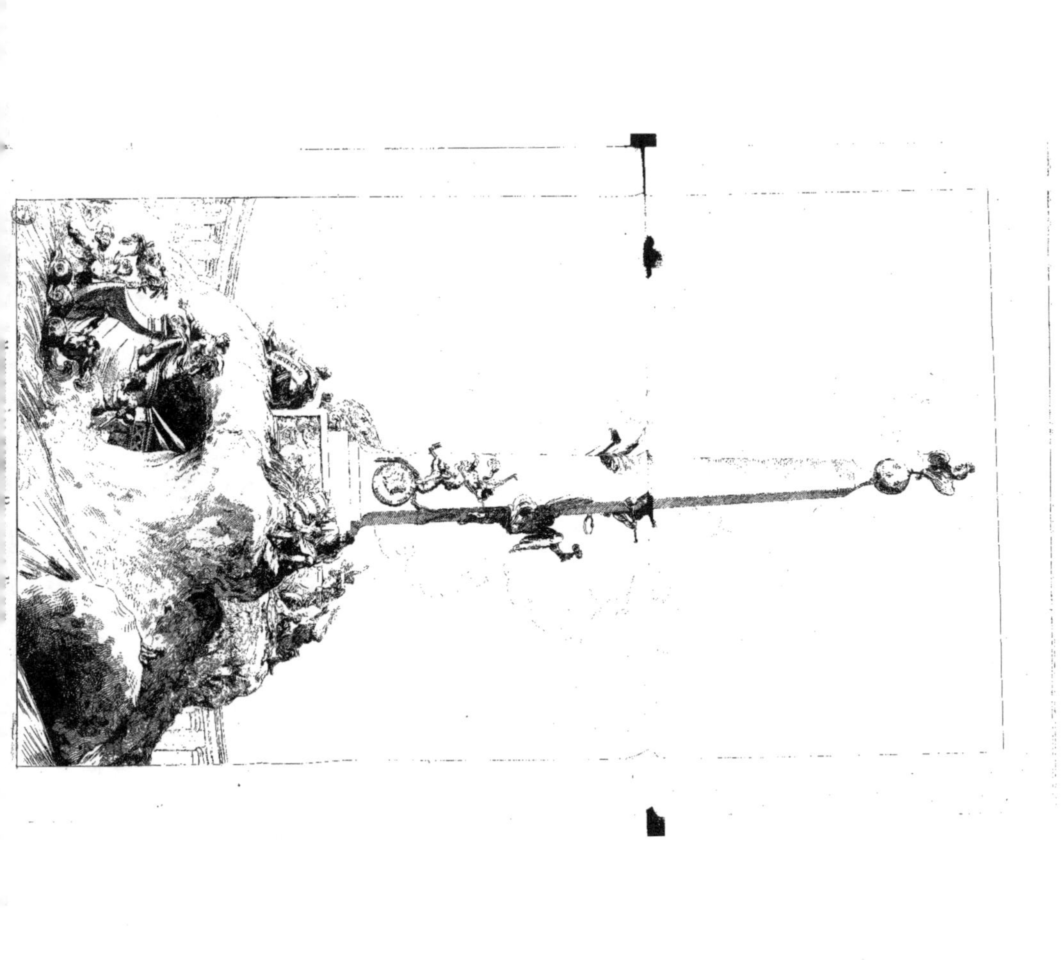

OBSERVATIONS

PARTICULIÈRES

Sur les Monumens de la Capitale de la France.

PLACES PUBLIQUES.

PLACE ROYALE.

LA première Place publique qui ait été régulièrement construite dans Paris, est la *Place royale* située au quartier du *Marais*. Personne n'ignore que le roi Henri II fut blessé d'un éclat de lance, qui lui entra dans l'œil, à un tournois donné devant le palais des Tournelles que ce Prince habitoit, accident dont il mourut. Après sa mort, Catherine de Médicis sa veuve, prit ce palais en haine, & fit construire celui des Tuileries.

Un Médecin de Henri III, homme bien intentionné, obtint de ce Roi les matériaux du palais des Tournelles, desquels il crut tirer un parti suffisant pour faire bâtir une maison (a), dont l'objet étoit d'y entretenir les pauvres dans les différens genres de travail auxquels ils pourroient être propres, soit par leur âge, soit par leurs infirmités. Cet honnête homme se ruina pour cette louable entreprise qui n'eut pas lieu. Le palais fut effectivement démoli, & sur cet emplacement on construisit ce vaste cloître qu'on nomme aujourd'hui la *Place royale*, où nous voyons la statue équestre de Louis XIII, vêtu à la romaine, parce qu'il plut aux Artistes de ce règne & à ceux du suivant, d'imaginer que dans un monument public, c'étoit le seul habillement qui pût apparemment convenir à des Monarques françois ; en quoi ils n'ont été que trop imités par ceux du règne dernier. La statue & le cheval ne sont pas du même jet ni du même auteur ; le cheval est de *Daniel de Volterre*.

(a) L'on voit au Cabinet des Estampes du Roi, deux rouleaux de parchemin, d'environ cinquante pieds de long, sur lesquels sont très-bien dessinés les plans de cet hôpital, & les processions auxquelles assistoit très-régulièrement Henri III & toute sa Cour.

a

marcha la pique à la main : il la mit fur l'épaule en y entrant, paffa devant *M. le Dauphin*; & laiffant la ftatue à gauche, il la falua de la pique.

Le Gouverneur & le Prévôt des Marchands, fuivis de leurs Gardes, pafsèrent auffi devant la ftatue en la faluant.

M. le Dauphin qui vouloit voir l'illumination, dont la ftatue du Roi devoit être éclairée, & le feu d'artifice qu'on devoit tirer à la place de Grève, en attendant que la nuit fût venue, alla prendre le divertiffement de l'Opéra.

PLACE VENDÔME.

LA place de Louis-le-Grand, autrement dite *la place Vendôme*, eft une des plus grandes, & inconteftablement la plus régulière & la mieux décorée de l'Univers. Le petit portail des Capucines eft l'un des ornemens les mieux entendus qui puiffent terminer le débouché qu'elle a du côté du nord. La ftatue équeftre qui eft placée au centre, a quelques beautés; mais on ne conçoit point le mauvais goût des Artiftes qui ont coiffé d'une énorme perruque un roi vêtu à la romaine; perruque que les mouvemens d'un cheval, dont l'action doit être animée & relevée, ne peuvent que déranger à tous momens, & par conféquent embarraffer le Cavalier.

PLACE DE LOUIS XV.

QUAND l'Architecte, qui donna les deffins de la *place de Louis XV*, voulut faire approuver fon projet, il en fit le plan en relief, & il eut foin de le placer au-deffous du fpectateur, pour qu'il ne perdît rien des détails; mais le fpectateur trompé, fit à fon tour illufion à l'Artifte, qui ne fongea point que fa Place ne pouvoit faire d'effet qu'à vue d'oifeau.

Ce qu'on pourroit actuellement faire de mieux, ce feroit de retirer des matériaux mal employés, de combler des foffés qui ne font aucun effet, & d'employer les mêmes matériaux à terminer le quai qui eft en face de la Place.

La ftatue équeftre du feu Roi, pour laquelle cette Place a été faite, réunit en même temps de grandes beautés & de grands défauts, qu'on ne peut ni ne doit diffimuler pour l'inftruction des jeunes Artiftes, qui, par refpect pour les grands Maîtres, copient jufqu'à leurs fautes, quand on ne les éclaire pas. La poftérité faura gré à M. de Voltaire d'avoir commenté le grand Corneille, & de ne s'en être pas laiffé impofer par un grand nom. Nous oferons donc juger *Bouchardon*, quel que foit notre refpect pour les talens de ce grand artifte.

Dans un monument du genre de celui dont il eft queftion, il y a deux chofes à confidérer, l'homme & le cheval : & dans ce dernier il y en a trois : favoir, l'avant-main, le corps & l'arrière-main : à prendre chacune de ces parties en particulier, les connoiffeurs y trouveront les plus grandes perfections.

La tête eft belle, bien placée, bien attachée à l'encolure, qui n'eft ni effilée ni trop fournie, & toutes fes parties font dans leurs juftes proportions.

Ceux qui trouvent la tête trop élevée, & qui prétendent qu'elle cache le

Cavalier,

Cavalier, en jugeroient mieux s'ils étoient fur un plan parallèle au fommet du piédeftal. Le pli en eft noble & plein de grâce.

Les épaules font la plus belle partie de ce cheval, on y voit le jeu des mufcles, pour opérer la belle attitude que l'Artifte a donnée à la jambe gauche de l'animal. Les extrémités antérieures font pleines de détails où les connoiffeurs trouveront des beautés fans nombre. Les dos, les reins, les côtés, les flancs, toutes les parties qui forment le corps, peuvent foutenir l'examen le plus rigoureux. On en peut dire autant de toutes les parties de l'arrière-main; mais ce qu'on peut avec raifon reprendre dans le célèbre Artifte qui a exécuté ce monument, c'eft:

1.º D'avoir pris fon modèle trop vieux, quoique le cheval qu'il a copié eût été dans fon jeune âge un des plus parfaits de fon genre, ce qui fait que la copie participe en général des altérations que la vieilleffe avoit opérées dans l'original, & que les connoiffeurs fentent fi bien.

2.º L'allure indéterminée qu'il a donnée à l'animal: cette allure, en effet, n'eft ni le *pas* où le cheval a toujours trois pieds fur le fol; ce qui auroit entièrement évité un pli trop fort dans la cuiffe droite, & cette jambe en l'air à laquelle il a fallu donner un appui factice qui produit un mauvais effet.

Ce ne peut être auffi le *trot, Bouchardon* n'auroit certainement pas choifi l'allure la plus défagréable pour un Monarque qui entre dans fa Capitale, & par conféquent la moins propre pour fon objet.

Ce n'eft point non plus le *paffage*; cet air de manége, qui doit être raccourci, n'eft pas celui qu'a le cheval, puifqu'il eft très-alongé dans le déploiement de la cuiffe & de la jambe de derrière: d'ailleurs, cet air exige de la part du cavalier une attention que ne doit point avoir un Monarque, qui la doit toute entière aux témoignages d'amour & de refpect qu'il reçoit de fes Peuples, au milieu defquels on le fuppofe. Plus de docilité aux confeils du feu *Comte de Luberfac*, l'homme du monde, permettons-nous de le dire, le plus profond dans l'art de l'équitation, & qui certainement connut le mieux les formes exquifes du cheval, eût fait éviter à cet Artifte célèbre les défauts qu'on peut lui reprocher à cet égard. Il eût fallu de plus qu'il eût fait une étude particulière & approfondie de la nature de cet animal, ce que peu d'Artiftes, Sculpteurs ou Peintres, ont fait jufqu'ici, & ce qu'a entrepris avec conftance & un grand travail, le fieur *Sally*, pour exécuter à Coppenhague un monument du même genre.

Avec les défauts dont nous venons de rendre compte, ce cheval eft fans contredit le plus beau de tous ceux qu'on a connus jufqu'ici, & ne reffemble en rien à ces maffes informes que nous voyons dans divers quartiers de cette Capitale.

Quant à la pofition de l'homme, les amateurs en cavalerie les plus difficiles à contenter, auroient bien de la peine à y reprendre la moindre chofe. L'*affiette*, cette partie la plus effentielle de l'homme de cheval, eft dans la plus exacte règle; les cuiffes font bien pofées, fans être ni trop en avant ni trop en arrière;

les jambes tombent fans roideur ; & telle eft l'union de toutes les parties, que l'homme & le cheval femblent ne faire qu'un feul & même corps. *Bouchardon* paroît avoir fixé la feule vraie, la feule belle pofition ; & s'il s'élève de nouvelles difficultés fur ce point le plus effentiel en cavalerie, on peut renvoyer les maîtres à ce modèle, qui en eft un de nobleffe, de liberté & de grâces ; le corps étant bien d'aplomb fur fa bafe néceffaire, qui font les feffes ; la tête bien placée fur les épaules ; les épaules bien fur les hanches. Les vrais connoiffeurs defireroient feulement, que le bras & le poignet de la main de la bride fuffent un peu plus arrondis ; que le doigt *index* ne fût pas ouvert, & que le poignet tombât un peu moins : fi encore il falloit que le Roi fût vêtu à la romaine, pour éviter les étriers & les étrivières, qui donnent de la roideur à la jambe, on eût voulu que le coftume romain eût été obfervé en tout ; il étoit donc effentiel de ne point donner au cheval une bride à la françoife, que les Romains, qui ne fe fervoient que de filets, n'ont jamais connue.

Les vrais connoiffeurs obfervent encore avec jufte raifon, que le cheval eft trop grand pour le cavalier, ou le cavalier trop petit pour le cheval : Nous concluons qu'effectivement cela nous femble tel ; que le feu Roi ayant environ cinq pieds cinq pouces, il pouvoit très-bien monter un cheval de quatre pieds dix pouces, vraie taille de cheval de guerre, mais non pas un cheval de cinq pieds ; qu'ainfi le Sculpteur auroit dû partir d'après la taille même du Monarque, pour le monter fur un cheval de guerre ou de parade d'une taille proportionnée à la fienne, ainfi que nous venons de l'obferver. L'on croit encore que fi la ftatue du Roi avoit dix pouces de hauteur de plus qu'elle n'a, & que le cheval en eût feulement fix, alors les proportions feroient beaucoup plus exactes, fur-tout pour l'efpace immenfe qui environne le monument.

Enfin l'on voudroit que le piédeftal eût un pied de moins d'élévation, ce qui feroit que le cheval & le cavalier en paroîtroient beaucoup plus fournis, étant moins dévorés par l'air.

L'on ne peut rien voir d'auffi lourd & d'auffi mal imaginé que les quatre figures qui flanquent les angles du piédeftal, fi ce n'eft les ornemens qu'on a mis au pourtour de fon fommet.

Quant aux deux bâtimens en colonnades qui décorent le côté du nord de cette Place, l'architecture en eft un peu maigre pour l'efpace qu'ils occupent : Les critiques judicieufes & multipliées qu'on a faites du tout enfemble, nous difpenfent d'entrer en de plus grands détails. Cependant en examinant dans leur vrai point d'optique les deux façades décorées qui terminent cette Place au nord, on y remarque de grandes beautés ; les ornemens des travées font bien entendus & fupérieurement traités. Si ce n'eft pas tout-à-fait ce qu'il falloit faire, on doit au moins à l'Architecte la juftice de convenir que ce qui eft fait, l'eft très-bien dans fon genre.

MAISONS ROYALES
ET PALAIS DES PRINCES.

PALAIS DU LOUVRE ET DES TUILERIES.

Si jamais on achève le *Louvre*, il est incontestable que ce Palais, sera le premier & le plus superbe des édifices connus. Quelques personnes pensent que le troisième ordre substitué par *Perrault* à l'attique du premier plan, alourdit ce bel & magnifique ensemble, & que la suppression des quatre pavillons qui flanquoient les angles, & la substitution des frontons triangulaires aux quatre donjons qui avoient été faits au milieu des quatre faces, diminuent infiniment de la majesté de ce vaste & régulier édifice.

Le *château des Tuileries*, ouvrage de Catherine de Médicis, ne fut d'abord composé que du donjon du milieu, des deux galeries qui le flanquent du côté du jardin, & des deux pavillons qui le terminent de chaque côté. Les galeries qui sont adossées aux deux ailes, sont très-artistement noyées entre les deux pavillons qui terminoient alors le château & le donjon qui est au centre. Louis XIV y fit depuis ajouter deux autres ailes à pilastres corinthiens, d'une proportion colossale, & le château fut terminé à ses deux extrémités par deux grands pavillons, dont l'élévation & la beauté ajoutent infiniment à la majesté de ce vaste ensemble.

On ne peut rien desirer ni ajouter à la beauté du jardin, qui fut, comme on le sait, exécuté sur les dessins du plus grand Artiste dans ce genre, le fameux *le Nôtre*. Les terrasses qui entourent ce jardin sont parfaitement bien entendues; mais le fer-à-cheval qui le termine, est sans contredit la plus magnifique décoration de ce genre qui ait jamais été imaginée; & les extrémités en sont heureusement couronnées de deux groupes de marbre de la plus belle exécution, qui annoncent avec éclat l'entrée du Monarque dans son palais; en général, les groupes, les vases, les statues qui décorent le parterre & le bas des rampes du fer-à-cheval sont autant de chef-d'œuvres. On desireroit seulement qu'on pût raccorder les extrémités de ce magnifique jardin d'une maniere plus convenable à la Place qui le termine.

Les *Galeries du Louvre*, qui unissent le château des Tuileries à ce palais superbe, font une décoration de la plus grande richesse au magnifique canal qui se trouve entre le pont-neuf & le pont-royal; mais comme cette suite immense de bâtimens est l'ouvrage de plusieurs règnes, chacun des constructeurs a eu son intention particulière; ce qui fait que cette longue façade n'a rien de régulier que la partie qui commence au pavillon de Flore, & finit au second guichet en remontant. On doit regretter que l'alignement n'en ait pas été pris fur le Louvre, qui fut commencé fous Henri II, & dans le même temps que les galeries furent faites.

PALAIS DU LUXEMBOURG.

Le *palais du Luxembourg*, conftruit par les ordres de Marie de Médicis, eft l'un des palais le plus régulier du Monde. Des critiques trouvent le petit dôme ouvert qui eft fur la galerie de l'entrée, mefquin, & d'un goût mauvais & même ridicule. La terraffe de la cour qui eft en avant du bâtiment, a été certainement mal imaginée & plus incommode encore; c'eft véritablement un hors-d'œuvre difficile à fupprimer. L'efcalier eft mal placé, d'une conftruction lourde, fombre & fatigante. La face du palais du côté des jardins, n'a rien abfolument à reprendre. Les deux galeries qui forment les côtés de la cour, accompagnent très-bien ce bel édifice. Nous ne dirons autre chofe de celle qu'on appelle la *Galerie de Rubens*, fi ce n'eft qu'elle contient l'hiftoire de Marie de Médicis, en vingt-quatre tableaux qui font autant de chef-d'œuvres du Prince de l'École flamande. L'apothéofe de l'immortel Henri eft une des plus grandes & des plus fuperbes fabriques qu'on ait conçues & exécutées en peinture. Le génie du Chantre de ce grand Roi s'eft peut-être allumé plus d'une fois aux traits fublimes du grand Peintre qui a compofé cet étonnant & magique tableau : il feroit bien à defirer que fon génie eût également infpiré ceux qui furent chargés de la décoration du piédeftal de la ftatue équeftre de ce Prince ; ils n'auroient certainement pas mis aux pieds du meilleur des hommes, du plus grand des Rois, des efclaves liés de cordes, fans expreffion & fans goût : Ce Prince fut trop humain pour fe croire honoré par une femblable décoration, fi ce monument eût été élevé de fon vivant. Sully debout, aux côtés de fon maître, embraffant un de fes genoux, deviendroit pour le François un fpectacle bien autrement intéreffant, que ces images de l'humanité flétrie aux pieds du Monarque qui connut le mieux le prix des hommes, & qui les aima le plus.

En examinant le monument dont nous parlons, on ne peut trop s'étonner de le trouver, pour ainfi dire, enféveli ; & que l'objet de l'amour & de la vénération des François, placé au centre de la Capitale, ne foit pas autrement décoré. Nous croyons donc que M.rs les Officiers prépofés à l'exécution des projets d'embelliffement & d'utilité de cette Ville, nous fauront gré de leur propofer quelques idées qui ne fe bornent pas à la décoration, mais dont le but principal eft l'utilité publique.

Nous renvoyons à la fin de ces obfervations, un plan d'embelliffement pour cette partie, la plus intéreffante & la plus fréquentée de la Capitale.

PALAIS ROYAL.

PALAIS ROYAL.

Le *Palais royal*, bâti par le Cardinal de Richelieu, qui, en mourant, eut l'orgueil de le léguer à son Roi, étoit un édifice d'une construction peu élégante. Les parties qu'on y a ajoutées depuis, c'est-à-dire les appartemens qui donnent sur le petit jardin & la galerie, sont d'un genre bien différent. L'appartement actuel de M. le Duc d'Orléans, du côté de la cour des Fontaines, a de l'élégance & une certaine grandeur, mais contraste trop avec le dessin général. Dans la reconstruction de ce Palais, on a bien fait de supprimer cette petite façade maussade qui le masquoit, ainsi que cette lourde terrasse qui déroboit le coup-d'œil du jardin ; le pavillon quarré qui occupe le centre de cet édifice, écrase le reste. Quoi qu'il en soit, peu de Palais ressemblent à celui-ci pour la distribution intérieure, & sur-tout par rapport aux richesses qu'il contient, singulièrement en peintures des trois Ecoles. Celle d'Italie y domine, vu l'immensité de chef-d'œuvres de tous genres qui s'y trouvent réunis, & que les amateurs étrangers s'empressent d'aller admirer, assurés d'y avoir un accès facile.

PALAIS BOURBON.

Le *Palais Bourbon* s'annonce comme l'habitation d'un grand Prince ; les accessoires en sont très-bien entendus ; la distribution intérieure en est commode & vaste ; l'élégance, la richesse & la majesté s'y trouvent réunies dans tous les points.

Les communs y forment, pour ainsi dire, une petite ville, qui sans offusquer le Palais, contribue infiniment à l'embellissement de la Capitale du côté de la rivière. En considérant ce Palais par les dehors, on le trouve un peu trop guirlandé ; mais ce genre élégant de décoration semble annoncer que *Mars*, après avoir parcouru les divers palais des Divinités, s'est fixé à celui de *Flore*.

HÔTEL DES INVALIDES.

L'*Hôtel des Invalides* est un monument qui mérite d'être considéré sous tous ses rapports, comme l'un des édifices qui remplit le mieux tous les objets de sa destination. Il fait également honneur au Monarque qui l'a conçu & à M. *de Louvois*, son Ministre qui l'a fait exécuter. Il semble effectivement que tout ce que l'art est capable de produire pour rendre un monument de ce genre aussi commode que majestueux, se soit réuni pour celui-ci. L'architecture, la peinture & la sculpture y brillent de toutes parts, & paroissent s'être entendues pour contribuer à former un tout harmonieux, & enfin le rendre digne de remplir en tous points son objet.

Ce monument a été décrit tant de fois que ce feroit une fuperfluité d'entrer ici dans de nouveaux détails. Les connoiffeurs admirent la coupe & les belles proportions du dôme, fur-tout dans fon intérieur, ainfi que les étonnantes & magiques peintures qui le décorent; mais le peuple ne voit d'admirable dans cet hôtel que fes énormes marmites, ce qui prouve que tout eft relatif.

Quatre mille Guerriers, caffés par l'âge, couverts de cicatrices ou mutilés pour le fervice de la patrie, y font logés, nourris & entretenus pour le refte de leur vie, & y repofent après leur mort : c'eft un État particulier dont les membres ont payé le tribut à Céfar, & Céfar en eft le père.

OBSERVATIONS de l'Auteur fur ce monument.

Dès-lors que les Officiers & les Soldats ont droit, après un certain temps de fervice fixé par le Prince, de fe retirer & d'aller fe repofer pour l'éternité dans ce tombeau de la valeur; pourquoi les Officiers généraux n'auroient-ils pas la même prérogative ? Ne feroit-il pas à defirer qu'au centre de ce fuperbe & vafte dôme on élevât un maufolée à l'honneur des Maréchaux de France, & que ce cénotaphe fût fimplement furmonté d'une ftatue coloffale de marbre blanc, repréfentant la *France* éplorée s'appuyant fur une urne, & tenant d'une main une grande table ou cartel de marbre noir, fur lequel feroient feulement gravés les noms de ces Chefs illuftres, avec la date de leur mort : que dans les chapelles du dôme il y eût auffi d'autres tombeaux ou fimples cartels, pour y infcrire les noms des Officiers généraux felon leurs grades, quand bien même ils feroient décédés loin de la Capitale, à la guerre ou dans leurs châteaux. Ce nécrologe honorable pour les Maifons nobles leur fourniroit en quelque forte des titres nouveaux & d'une authenti-cité inconteftable.

L'on defireroit encore que les Maifons qui ont eu & ont l'honneur d'avoir des Maréchaux de France, fiffent faire à leurs frais, en pierre de *Liais*, les ftatues de ces illuftres ancêtres, dans le coftume guerrier & de leur temps; que ces ftatues euffent fix pieds de proportion, & qu'on les plaçât au pourtour de l'intérieur des galeries de la cour. Cette fuite de Généraux deviendroit affurément pour les vieux ferviteurs du Roi & de la Patrie, qui habitent cette retraite militaire, un fpectacle bien fatisfaifant; & quel contentement n'au-roient-ils pas de pouvoir fixer fans ceffe l'image de ces illuftres Guerriers fous les ordres defquels ils auroient combattu !

ÉCOLE ROYALE-MILITAIRE.

Un des monumens qui peint le mieux la bonté de Louis XV, c'eft fans contredit l'*École royale-militaire*, que nous avons déjà nommée le *berceau de l'honneur*; en effet, rien ne caractérife fi bien le cœur de ce Monarque, dont l'Étranger comme le François, ont loué mille fois la douceur, la modération, la juftice & la bonté, que cet établiffement élevé par fes ordres, fous le miniftère du *Comte d'Argenfon*, & fous la conduite d'un excellent & zélé citoyen le *ſieur Duvernay*, qui ſacrifia le reſte de ſes jours à conſolider dans toutes les parties d'adminiſtration ce nouveau monument. Qu'il nous ſoit permis d'ajouter ici que le *Comte de Luberſac* concourut également à la formation de cette nouvelle École, en ce qu'il fut chargé directement, par le feu Roi, de former des Officiers dans les exercices militaires, & ſingulièrement dans la partie de l'équitation, pour conduire d'après les principes, règlemens & diſcipline établis à l'École des Chevaux-légers de la garde, la nouvelle École-militaire, & que encore aujourd'hui il s'y trouve de ces mêmes Officiers, élèves du *Comte de Luberſac*. Cet établiſſement fut donc conſacré à y recevoir la jeune Nobleſſe dont les pères ont conſumé leur vie ou leur fortune au ſervice de la patrie. Si les manes ſacrés de cet auguſte Père de la Nobleſſe avoient pu voir de la nuit du tombeau les témoignages touchans de ſa reconnoiſſance, ils en euſſent été certainement attendris. Vit-on jamais en effet un ſpectacle plus intéreſſant que cette pyramide vivante élevée à l'honneur de ce Monarque, au ſervice qui fut fait pour lui dans la chapélle de l'École Royale-militaire, où tous les Élèves, en grand deuil, furent placés par étages & en gradins juſqu'au ſommet de ce catafalque de l'eſpèce la plus neuve, & qui étoit terminé par le cénotaphe du Monarque défunt ?

Quant à l'édifice en lui-même, qui, outre l'utilité de ſon objet, réunit tout ce qui peut concourir à former les Officiers les plus inſtruits, & par conſé-quent les meilleurs de nos armées, il a de grandes beautés, dans les parties ſur-tout qui ont été faites pour être décorées ; mais on a conſidérablement retranché du premier plan.

Un reproche fondé qu'on peut faire à l'Architecte, eſt d'avoir fait au pour-tour & dans l'intérieur du champ de Mars des terraſſes qui, en rétréciſſant conſidérablement l'enceinte, ont mis dans l'impoſſibilité de la faire ſervir à l'objet pour lequel elle avoit été deſtinée.

ÉCOLE MILITAIRE DES CHEVAUX-LÉGERS
DE LA GARDE ORDINAIRE DU ROI.

PERSONNE ne doute des avantages qui réſultent pour le ſervice, de l'inſ-truction des Officiers dans les diverſes parties de l'art militaire. On ſait que depuis long-tems on a établi des Cours de Mathématiques pour les Élèves de la Marine royale, pour le Génie, l'Artillerie, les Ingénieurs-géographes, ceux des ponts & chauſſées ; & que de ces diverſes Écoles il eſt ſorti une infinité de ſujets de la plus grande diſtinction. L'École des Pages du Roi & de la Maiſon royale, a été de même une pépinière d'excellens Officiers ; mais avant l'établiſſement de celle des *Chevaux-légers de la garde*, aucune n'avoit réuni cet enſemble de connoiſſances & d'exercices qui rendent l'Officier parfaitement inſtruit.

Feu M. le *Duc de Chaulnes*, Commandant ce Corps de Nobleſſe, toujours fixé ſous les yeux du Roi à Verſailles, porta les plus grands ſoins à ce que les furnuméraires s'exerçaffent dans les diverfes manœuvres du reffort de l'Homme de guerre. M. *de Bongars*, Maréchal-des-logis de la Compagnie, montra du zèle, préfenta même quelques règlemens de difcipline qu'on fit obferver aux furnuméraires. Cet Officier ayant prefqu'auffi-tôt paffé à l'École Royale-militaire, pour y occuper la place de Chef des exercices ; & M. le *Duc de Chaulnes* connoiffant les talens du *Comte de Luberfac*, voulut fe l'affocier pour exécuter fon entreprife, à peine encore à fon berceau. Il le propofa au Roi pour une Cornette dans fon Corps, & l'ayant obtenue, il lui confia abfolument le foin de toute la conduite de ce nouvel établiffement.

Le zèle, l'activité du *Comte de Luberfac*, fecondés de l'expérience la plus confommée, fingulièrement dans les diverfes parties qui conftituent l'homme de cheval, en un mot, le defir d'être utile à fon Corps & à toute la Nobleffe, portèrent cet Officier à ouvrir une carrière abfolument inconnue jufqu'à lui. Se trouvant, pour ainfi dire, placé dans fon propre élément, il commença par jeter des fondemens folides ; & à peine fon édifice fut-il élevé, que prefqu'auffi-tôt on le vit habité par cent vingt Élèves, l'élite de la Nobleffe du royaume. Ce nouvel établiffement, qui atteignit rapidement à la perfection, réuniffoit abfolument tout ce qui peut concourir à compléter l'inftruction d'un Gentilhomme qui fe deftine à la profeffion des armes ; tous les exercices qui en développant, en fortifiant le corps, peuvent contribuer à rendre l'homme fouple, adroit & vigoureux, tels que le maniement des armes, l'efcrime, le nager, l'équitation, le voltiger, la danfe, y étoient enfeignés de la manière la plus claire & par des méthodes rigoureufement démontrées.

Tout ce qui peut orner & enrichir le cœur & l'efprit de connoiffances propres pour foi-même, pour le monde & pour le fervice, y étoit également pratiqué, principes de Religion, Mathématiques, Fortifications, Deffin, Écriture, Géographie, Hiftoire, Langue allemande, cours de Belles-lettres, conférences fur le Droit public, les intérêts des Princes, les Ordonnances militaires, formoient les divers objets dont on occupoit fans ceffe & avec le plus grand ordre les jeunes Élèves ; & jufqu'aux heures étoient tellement bien diftribuées, qu'ils trouvoient encore du temps pour fe livrer à des récréations honnêtes, ou même à l'étude des connoiffances pour lefquelles ils fe trouvoient un attrait plus particulier.

La réputation de cette École s'étendit tellement dans toute la France, que bientôt on y vit arriver tout ce que la Cour & le royaume avoient de plus illuftre jeuneffe, & l'on peut même affurer que toute l'Europe connut cet établiffement, puifque de jeunes Seigneurs Italiens, Ruffes, Hollandois même y furent reçus avec l'agrément du Roi : difons encore que cette École a fourni d'excellens Écuyers au feu Roi, à feu M. le Dauphin ; des Officiers de la plus grande capacité, fingulièrement pour la partie de l'équitation, aux Gardes-du-corps, aux Carabiniers, aux divers corps de Cavalerie, Dragons & même Infanterie ; qu'elle fut le modèle de l'École Royale-militaire, dont les places les plus importantes ont été depuis données à des Élèves des Chevaux-légers.

On

On peut affurer encore qu'elle a donné naiffance aux Écoles d'équitation, qui fe font établies dans les corps de Cavalerie, dont les Colonels ont préféré les Élèves de l'établiffement des Chevaux-légers, pour leur donner la direction de celles qu'ils établirent dans leurs Régimens, ainfi qu'aux Écoles vétérinaires ; celles enfin qui fe font formées chez les Étrangers, l'ont également été d'après l'exemple qu'en avoit donné le feu *Comte de Luberfac.*

L'éducation qu'on donnoit aux jeunes Militaires dans cette École, n'étoit pas feulement de fimple théorie ; mais on leur faifoit encore faire l'application des connoiffances mathématiques fur le terrein, en conftruifant des fortifications, en retranchant des camps, en levant des plans, en faifant des courfes de têtes & de bague dans une vafte carrière, de fréquentes promenades au dehors, & des évolutions fur toutes fortes de terreins, fur des montagnes, en plaine, dans des bois ; & par-tout on tiroit parti, pour leur inftruction, de la variété des terreins, pour leur apprendre comment on pourroit y attaquer ou s'y défendre, dans toutes les fuppofitions de forces ou d'infériorité.

Un vafte cabinet de plans deffinés & en relief, un parc d'artillerie très-complet : des leçons fur l'armement du Cavalier, l'équipement du cheval, la ferrure, l'entretien, l'embouchure, la connoiffance des chevaux, l'anatomie de cet animal, fur la partie curative de fes maladies, rempliffoient toute l'étendue du plan qu'on peut former pour faire un Officier accompli.

L'Inftituteur de ce noble & brillant établiffement, que le feu Roi, feu M. le Dauphin père du Roi actuel, le feu roi de Pologne Staniflas, feu M. le Duc de Bourgogne, fes auguftes frères, les Princes du Sang, enfin toute la Cour, honorèrent fucceffivement de leur préfence, ne crut pas qu'un Officier qui veut remplir les devoirs de fa charge, & mériter les diftinctions dont on honore le Militaire, dût négliger le moindre de ces objets : & ce qui ne s'étoit point fait jufqu'à lui, il les réunit tous pour en faire le cours d'inftruction militaire le plus complet qui jamais ait exifté nulle part.

Après des expériences les plus multipliées fur tous les objets de l'éducation militaire, fuivies des plus heureux effets ; après les travaux les plus pénibles, dont les Militaires furent témoins, ce noble & généreux citoyen mourut dans le grade de Maréchal des Camps & Armées du Roi, regretté de toute la Nobleffe, & fingulièrement de fon augufte Prince, le meilleur des Maîtres, qui dans mille occafions, voulut bien publier hautement tout le cas qu'il faifoit de la probité & du zèle ardent que ce fidèle fujet n'avoit ceffé de montrer pendant trente-huit années de fervices les plus conftans auprès de fa perfonne ou dans fes Armées.

M. le *Duc de Chaulnes*, jaloux de perpétuer dans fon Corps cet établiffe-ment fi utile au noble Militaire qui y fervoit, jeta enfuite les yeux fur d'autres Officiers formés dans cette même École, pour remplacer le *Comte de Luberfac* qui s'en étoit retiré : & aujourd'hui encore, les mêmes règlemens de difcipline y font toujours fuivis & pratiqués avec fuccès, par M.rs *de Mongardet* & *de Sauvi-gney*, Majors de la Troupe, fous le commandement de M. *le Duc d'Aiguillon.*

d

MAISON ROYALE DE SAINT-CYR.

S'il étoit possible qu'un Souverain pût voir tout ce qu'il importe de faire pour le bien de ses Etats & la gloire de son règne, nul Prince ne fut doué de cette utile sagacité au même degré que Louis XIV ; il suffisoit de lui montrer le bien pour exciter en son ame le desir le plus vif de le procurer. L'établissement de Saint-Cyr, entre mille autres exemples, en est une des meilleures preuves.

Personne n'ignore par quels degrés Françoise d'Aubigné, Marquise de Maintenon, parvint à cette haute faveur qu'elle conserva jusqu'à la mort de Louis XIV, & qui lui survécut en quelque sorte ; puisqu'elle jouit encore près de quatre ans après dans sa retraite de Saint-Cyr de la plus grande considération.

Du moment où elle fut sûre de posséder, sans concurrence, la confiance & la faveur de son Roi, elle voulut que le public applaudît à son élévation en formant quelque établissement utile qui lui conciliât la faveur de la Noblesse & les suffrages de la nation, en rassemblant à Noisi plusieurs filles de qualité pour leur donner une éducation convenable à leur naissance & à l'état qu'elles pourroient tenir un jour dans le monde.

Louis XIV applaudit à des intentions si louables ; & pour coopérer à cette bonne œuvre, il unit dès 1686 à cet établissement naissant les revenus de la manse abbatiale de S. Denys ; mais cette réunion ne fut consommée par le Pape qu'en 1690 : & pour que ce monument fût durable, le Roi fit bâtir au bout du grand parc de Versailles, une maison vaste & commode pour y recevoir & élever trois cens Demoiselles de familles nobles.

Madame de Maintenon prit la qualité de Supérieure perpétuelle de cette maison, avec tous les droits attachés au titre de fondatrice. Ce fut elle, qui, de concert avec l'Evêque de Chartres *Godet Desmarets*, fit les règlemens de cette maison, pour laquelle elle eut constamment la tendresse d'une mère, où elle alloit souvent se délasser du poids des grandeurs. Louis XIV ne dédaigna pas d'examiner lui-même ce règlement, d'y suppléer à quelques omissions, & d'y faire quelques retranchemens.

L'éducation qu'on donne dans cette maison, est-elle la plus propre à former des filles de noble extraction aux qualités qu'exigent le gouvernement d'une maison & le soin d'une famille ? c'est sur quoi nous ne prononcerons point. Mais des filles de qualité, après avoir passé dix à douze ans dans une Communauté dans des exercices de dévotion, à des ouvrages d'aiguille, paroissent moins propres aux détails domestiques que celles qui s'en font continuellement occupées sous les yeux de parens honnêtes : les premières peuvent mieux parler sans doute ; mais les autres sauront agir : ce qui est plus essentiel. Les établissemens des Chapitres nobles nous paroissent d'une toute autre utilité ; c'est un asyle honorable & décent pour des filles nobles dont la fortune ne répond pas à la naissance, & qui ne les séparant pas de la société, leur laissent la liberté de se pourvoir convenablement si l'occasion s'en présente.

ÉGLISES.

MÉTROPOLE.

Nous ne dirons rien de l'*Église Métropolitaine* de Paris , sinon que cet Édifice immense & augufte réunit également les beautés & les défauts du genre d'architecture propre aux fiècles où il fut conftruit. Toutes les bafiliques élevées dans le temps où le genre gothique régnoit , participent plus ou moins aux beautés ou aux défauts de ce goût fingulier , ainfi que nous l'avons déjà obfervé affez au long dans le Difcours précédent.

Les Tours de cette bafilique font très-régulières & annoncent de la majefté , fur-tout dans les dehors de la ville.

La décoration du chœur de ce Temple eft moderne & caractérife en tous points le beau fiècle de *Louis-le-Grand* , qui fut par excellence celui des arts. Peinture, Sculpture & même Architecture s'y montrent tour-à-tour avec éclat , & tous les Artiftes célèbres femblent s'être réunis volontairement pour contribuer à ne former qu'un tout parfait & digne de l'édifice qui le contient. Les divers fujets de peinture y font tous analogues à l'hiftoire de la Vierge patrone de l'églife , & de la main des premiers maîtres du temps.

Les médaillons en fculpture qui couvrent & décorent la boiferie du pourtour du chœur, font des morceaux finis, bien deffinés, & rendent toute cette partie des plus riches.

L'Autel & tous les acceffoires qui l'accompagnent, font de la plus grande magnificence & de la plus belle diftribution ; tous les métaux & les divers marbres y font employés à propos , fans profufion & avec harmonie.

Les deux Autels adoffés aux deux premiers piliers du chœur , font également regardés comme des modèles de perfection dans ce genre : richeffe & correction de deffin en architecture & fculpture s'y trouvent raffemblés ; la ftatue en marbre de la Vierge, de *Vaffé* le père, mérite fur-tout d'être remarquée.

Le Palais archiépifcopal nouvellement réparé & décoré par le vertueux Prélat, chef actuel de cette Églife métropolitaine, eft confidéré comme l'un des édifices de Paris qui remplit le mieux fon objet, ayant la majeftueufe fimplicité qui convient à un palais fait pour recevoir dignement la Famille Royale, lorfque des cérémonies faintes & publiques l'appellent dans cette Métropole.

VAL-DE-GRÂCE.

Le *Val-de-Grâce*, monument d'*Anne d'Autriche*, fut conçu par *Manfard*, & gâté par celui qu'on chargea de la conftruction, qui en furbaiffa trop les voûtes. Le dôme a beaucoup de majefté, & jamais la perfpective ni l'entente des lumières ne furent mieux connues que par l'Artifte qui peignit l'intérieur de la coupole.

Les connoiſſeurs en admirent ſur-tout le maître Autel, ainſi que la naiſſance du Sauveur, avec les figures de Marie & de Joſeph témoins de ce grand myſtère, qui en forment la plus belle décoration.

CHAPELLE DE SORBONNE.

L A *Chapelle de Sorbonne* eſt élégamment coupée ; ſon portail du côté de la place, ſe trouve du même genre de tous les portails modernes, dont tous les architectes n'ont ſu faire que des pyramides de deux ou trois ordres, perchés les uns ſur les autres. Tels ſont ceux du Val-de-Grâce, de Saint-Gervais, de l'ancienne Maiſon profeſſe des Jéſuites, de l'Oratoire-Saint-Honoré, de Saint-Roch, des Jacobins de la rue Saint-Dominique, des religieux de la Merci au marais, & tant d'autres. Mais le portail du côté de la cour de la maiſon de Sorbonne, eſt du meilleur ſtyle, quoique d'un ſimple ordre, & a infiniment d'analogie au ſuperbe portique de la maiſon quarrée de Nîmes.

Le Dôme eſt d'une belle proportion, & même élégant par ſa coupe. Le tombeau du célèbre Fondateur ou reſtaurateur de cette École antique, eſt placé au milieu du chœur, où il eſt conſidéré univerſellement comme un des premiers chef-d'œuvres qu'il y ait au monde en fait de mauſolées.

Les bâtimens de la Maiſon n'ont par eux-mêmes rien d'extraordinaire ; mais l'enſemble produit un très-grand effet.

Perſonne n'ignore que la Bibliothèque de cette Société de Docteurs en Théologie, réunis dans le premier Collége de la Capitale, eſt une des plus précieuſes collections que l'on connoiſſe.

DÔME DE L'ASSOMPTION.

L E *Dôme de l'Aſſomption* eſt une maſſe lourde, écraſée & du plus mauvais effet.

COLLÉGE MAZARIN.

L E *Collége Maʒarin* peut être conſidéré comme l'un des édifices le mieux entendu qu'il y ait à Paris ; il décore très-bien le quai ſur lequel il a été conſtruit, & forme une très-belle perſpective pour le *Vieux Louvre*. Il ſeroit ſeulement à déſirer qu'on ſupprimât les deux pavillons qui terminent l'hémicycle au centre duquel ſe trouve la chapelle de ce Collége, fondé en grande partie des bienfaits du *Cardinal Maʒarin*, pour y donner l'éducation gratuite à quarante jeunes Gentilshommes, & auquel fut réunie une très-belle abbaye. L'on obſervera encore que les deux pavillons dont nous venons de parler, ſont trop maſſifs, rendent le quai trop étroit dans cette partie, & trop embarraſſé.

Une des ſingularités de ce Dôme eſt ſa coupe qui ſemble & eſt effectivement ronde au dehors, & ſe trouve cependant ovale en dedans.

Le tombeau du *Cardinal Maʒarin*, qui eſt placé au côté droit de l'autel, eſt un monument digne de la curioſité des amateurs en ce genre, quoiqu'il ſoit

cependant

cependant de beaucoup inférieur à celui du cardinal de Richelieu, dont nous avons parlé à l'article *Sorbonne*.

SAINT-SULPICE.

C E T Édifice, l'un des plus considérables par sa masse, de ceux de son genre qui soient dans la capitale, fut commencé sous le règne de Louis-le-Grand ; mais à proprement parler, ce Monument n'a été élevé & n'a été terminé que sous le règne du feu Roi, qui accorda toujours de grands priviléges & des secours particuliers à cette grande Paroisse pour accélérer la construction de son Église.

Ce vaste Édifice a de très-grands défauts ; mais son ensemble forme un tout majestueux & même imposant, lorsqu'on y entre par son principal portail. Le fameux *Servandoni* à qui l'on confia la conduite de cette entreprise, commencée bien avant lui, fut malheureusement forcé de suivre l'ancien plan du corps de l'Église, dont même le chœur étoit élevé, & ne put se permettre, d'après ses propres plans, que la seule construction du portail & des tours qui l'appuyent.

Le premier ordre de ce portail fait le plus grand honneur à cet Artiste, en ce qu'il eut l'adresse de dérober à l'œil la moitié des forces portant l'énorme entablement de son second ordre, par l'accouplement qu'il fit en dedans de ses colonnes, en sorte que le spectateur fixé à une certaine distance, est nécessaire-ment étonné, au premier coup d'œil, de voir une seule rangée de colonnes, dont le fust est prodigieux, & placées à une grande distance les unes des autres, porter un poids aussi énorme ; & dont l'effet seroit encore bien plus frappant, si une place de trente à quarante toises de profondeur se trouvoit en avant de cet Édifice. Il faut pourtant espérer qu'on se déterminera un jour à supprimer les bâtimens du Séminaire, qui offusquent absolument cette belle perspective.

La tribune qui a été pratiquée, après coup, dans l'intérieur de l'Église pour y placer le buffet d'orgue, est véritablement une décoration postiche & qui n'appartient point au reste de l'Édifice, avec lequel elle n'a aucun rapport.

L'autel a de la grandeur, de la richesse, & semble avoir été construit pour étaler toute la pompe des cérémonies du service divin ; le baldaquin en l'air qui le couvre, est une décoration très-mal imaginée.

La chapelle de la Vierge est magnifiquement décorée & d'un beau genre ; les tableaux en sont de *Carlo Vanloo ;* l'on y fait actuellement des embellisse-mens qui ajouteront encore à sa richesse, sans rien diminuer de sa décoration première qui est d'une noble simplicité.

Mais un monument qui mérite toute l'attention des amateurs des arts, est le tombeau de feu M. *Languet de Gergy*, très-digne prédécesseur du Curé actuel, à qui la Capitale doit cette grande & belle Basilique. L'on ne peut donner trop d'éloges au grand artiste, *Michel-Ange Slotz*, qui a composé & exécuté ce superbe mausolée. Sur un socle d'environ cinq pieds de haut, au-devant duquel se trouve une table de marbre blanc portant l'épitaphe de l'homme rare dont on a voulu consacrer les vertus & les œuvres à la postérité, sont deux génies de marbre blanc: l'un tient le cartel des armes de la Maison de *Gergy*; l'autre repose sur une corne d'abondance, de laquelle sortent toutes sortes de fruits; sur ce socle est placé un cénotaphe de marbre vert campan, au-devant duquel on voit la statue en ronde bosse & marbre blanc de feu M. *Languet de Gergy* à genoux & revêtu des ornemens de sa place, en surplis & en étole; ses yeux & ses mains sont élevés vers le Ciel, dont il semble implorer l'assistance, pour le Troupeau auquel la mort l'arrache.

La mort sous la figure d'un squelette, semble vouloir dérober le vertueux Pasteur à la vénération publique, en l'enveloppant d'un voile noir & épais; mais un génie plus puissant, debout devant la statue du défunt, la couronne sur la tête, soulève d'une main hardie ce voile odieux, montre le Pasteur que dévoroit son zèle pour la maison du Seigneur, & tient dans l'autre main un cercle, symbole de l'immortalité, deux branches de laurier, emblême des couronnes que mérite le Héros de ce monument, & le plan développé de l'église de saint Sulpice, qu'on doit toute entière à ce grand homme. C'est à ce digne fondateur qu'on est encore redevable de l'établissement de la maison de l'*Enfant Jesus* pour l'éducation gratuite d'un certain nombre de filles pauvres & d'extraction noble; établissement qui répond parfaitement au but de l'institution, ainsi qu'une infinité d'autres fondations non moins utiles.

C'est à de tels hommes qui honorent le plus leur espèce, que l'on doit particulièrement les hommages qui immortalisent les êtres bienfaisans; & les monumens d'amour & de reconnoissance qu'on leur consacre, font passer avec le héros, les auteurs de ces belles compositions à l'immortalité.

SAINT ROCH.

L'Église paroissiale de *S. Roch*, construite sur le plan de *Lemercier*, premier Architecte du Roi; fut commencée en 1653; Louis-le-Grand en posa la première pierre le 28 Mars de cette même année: son portail élevé sur un socle de seize marches, construit sur les plans de *Decotte*, fut achevé en 1738; la chapelle de la Vierge dont le dôme mérite par sa construction une attention particulière des gens de l'art, fut construite en 1709, & celle de la Communion en 1717; on a depuis ajouté en 1754 une autre chapelle, qu'on a apellée *du Calvaire*, qui rend cette église de longueur égale à la Métropole (390 pieds).

Cet édifice d'architecture moderne, mais trop lourde, a encore le défaut d'avoir ses voutes un peu trop surbaissées relativement à sa longueur, & le tout est généralement trop étroit; d'ailleurs il est richement décoré de sculptures, ce qui lui donne un coup-d'œil très-agréable.

M. *Marduel* Docteur de Sorbonne, Curé actuel, conçut en 1752 le projet de réunir sous un même point de vue les principaux Mystères de la religion, l'*Incarnation & la Mort du Sauveur*, & d'en faire un monument dont l'ensemble fît la décoration la plus intéressante de son église: cette idée bien digne de la piété & du goût pour les arts du Pasteur qui la conçut, a été rendue d'une façon sublime par *Falconet*, habile sculpteur.

Le morceau le plus confidérable de cette magnifique décoration, & fans contredit le plus intéreffant de la Capitale pour les vrais connoiffeurs, eft la chapelle de la Vierge.

Marie à genoux, modeftement inclinée, exprime fur fon vifage, par le mouvement de fes bras & par toute fon attitude, le refpect profond & la foi vive dont elle eft pénétrée au moment où elle va donner fon confentement au fublime Myftère qui s'opère en elle. L'action hardie & aifée de la figure fvelte & légère du Meffager célefte qui montre à *Marie* la gloire d'où il defcend, fait oublier tout-à-fait le poids de la matière dont il eft compofé ; aux deux côtés de ce beau groupe font placés le *Prophète Roi* & *Ifaïe*, qui ont le plus particulièrement annoncé l'*Incarnation du Verbe*, tous deux deffinés & drapés du plus grand ftile. La gloire feule paroîtra toujours aux vrais Artiftes & aux gens de goût un ornement déplacé ; en ce qu'il occupe un trop grand efpace ; quelques nuages légèrement groupés & vaporeux, d'où fuffent feulement fortis un ou deux rayons brillans, euffent produit un tout autre effet.

La décoration de ce dôme eft terminée par un magnifique plafond de M. *Pierre*, aujourd'hui premier Peintre du Roi, repréfentant l'Affomption de la Vierge ; cette production brillante étale avec toute la pompe imaginable ce que la Religion a de plus fublime & de plus intéreffant. C'eft le tableau le plus confidérable qui exifte dans la Capitale, & peut-être Rome même n'en offre pas d'auffi conféquent ; l'on ofe encore affurer qu'il réunit tout ce que la magie du pinceau peut avoir de plus féduifant.

Le même Artifte a peint au plafond de la chapelle de la Communion le triomphe de la religion : on voit dans ce fecond ouvrage la même intelligence de la perfpective, la diftribution la mieux entendue des groupes, le même tranfparent du coloris, & par-tout la plus heureufe facilité dans la compofition jointe à toute la nobleffe & la richeffe de l'imagination.

La chapelle *du Calvaire* termine le chevet de l'églife : les objets qui la décorent, *Jéfus-Chrift* crucifié, *la Magdeleine* éplorée, des foldats prépofés à la garde du fépulcre & fixés fur un plan plus avancé, le ferpent, par qui le mal entra dans le monde, fuyant le Vainqueur de la mort & du péché ; femblent emprunter un nouveau pathétique de la lumière fupérieure & artiftement ménagée qui les éclaire ; le tombeau du *Chrift* d'un marbre bleu turquin, n'a d'autre ornement que des urnes d'où fort la fumée des parfums, qui lie ce tombeau aux deux côtés des rochers. Un refte de colonne brifée fur laquelle font groupés divers inftrumens de la paffion du Sauveur, forme le tabernacle. La difpofition de ce pathétique enfemble, eft peut-être ce qui montre le mieux le génie de l'Artifte qui l'a compofé & qui n'en a trouvé le modèle qu'en lui-même.

Dans la croifée, aux deux petits autels qui font aux côtés de la grille du chœur, font d'une part, l'image du Sauveur agonifant au jardin des Olives, figure de *Falconet*, du plus grand ftyle, de la plus belle expreffion, & qui porte la trifteffe & la douleur dans l'ame du fpectateur qui la fixe ; de l'autre, celle de *Saint Roch*, de *Couftou* l'aîné.

Depuis quelques années on a pratiqué aux deux côtés de la croifée deux grands autels, dont le rétable en vouffure & décoré de mofaïques, encadre deux grands tableaux qui méritent à leurs auteurs les plus grands éloges: celui à droite, de M. *Doyen*, repréfentant le miracle de *Sainte Genevieve des Ardens*, eft du plus grand effet; jamais on ne mit enfemble plus d'actions & d'expreffions différentes avec plus de vérité, de chaleur & de force; fi l'on porte fes regards au centre de ce tableau, l'on partage auffi-tôt la douleur de cette tendre mère, qui n'a d'autre efpoir qu'en *Genevieve* pour lui rendre un enfant cruellement tourmenté de la fièvre ardente; & jufqu'aux cris perçans de cet enfant femblent fe faire entendre. Quel fpectacle n'offre pas encore ce Gaulois, qui de fa propre main s'arrache le côté du cœur ! la violence du feu qui dévore fes entrailles, lui caufe des crifpations fi terribles, que toute fa belle & vigoureufe charpente fe difloque, & jufqu'aux extrémités de fes membres fortent de leur état naturel.

L'autre tableau en tout oppofé à celui-ci, de M. *Vien*, repréfente l'Apôtre de la France, prêchant la religion chrétienne au peuple; cette prédication eft d'un beau tranquille, la peinture d'une fuavité étonnante & de la plus belle couleur; l'ordonnance générale en eft fimple, telle qu'elle doit être; le lieu de la fcène noblement décoré d'une belle architecture, l'entente des lumières produifant le meilleur effet fingulièrement fur la perfonne de l'Apôtre; que d'intérêt enfin dans ces jeunes & belles Gauloifes, dont les formes font fi régulières, & dont les traits nous peignent en quelque forte la fimplicité des premiers âges de la chrétienté.

La chaire, ouvrage de M. *Challe*, eft la preuve la plus forte des grands talens de fon auteur, qui a fu fe frayer une route nouvelle, & fortir de la petite fphère où s'étoient renfermés jufqu'à lui tous les décorateurs de ce genre.

C'eft au zèle foutenu & à la pieufe induftrie du digne Pafteur de cette églife qu'on doit les embelliffemens qui la décorent: le chœur, le maître-autel, l'orgue, les charniers, la communauté des Prêtres, édifice immenfe & commode, enfin tous les objets de décoration que nous venons de détailler. Tels font les ouvrages qui caractérifent fingulièrement le génie de ce citoyen eftimable, dont nous louerions également les vertus de l'ame, s'il n'exiftoit plus parmi nous.

S A I N T E   G E N E V I E V E.

Tout ce qu'on voit de la nouvelle églife de *Sainte Genevieve*, annonce le plus fuperbe monument de ce genre qu'on ait en France, & l'un des plus beaux du monde: on a fait des critiques anticipées de cet édifice; on a prétendu prouver que le génie qui l'a conçu, n'exécuteroit jamais le dôme qu'il a projeté. L'auteur de cette critique fonde fon jugement fur les proportions établies; mais le génie qui crée lui-même des règles, a des reffources que le calculateur ne foupçonne peut-être pas; & ce qui prouve que M. *Soufflot* les connoît, c'eft que les travaux de cet édifice font fuivis, & que bientôt l'on verra dominer fur la plus étonnante ville de l'Univers, le plus majeftueux des Temples, où l'harmonie de toutes les parties fe fait fentir également aux connoiffeurs

& à

& à ceux qui ne le font point ; tout y eft richement décoré & terminé avec
un goût inexprimable ; c'eft véritablement ce qu'on peut caractérifer de grand,
de large, de fublime, qui fera certainement époque dans l'empire des arts,
comme il honorera dans l'hiftoire, le règne de Louis XV qui en fut le
fondateur.

Tout homme de goût & qui a des connoiffances, fait actuellement des vœux
pour qu'on ne dépare point dans la fuite cette nouvelle & magnifique bafilique
par de grands & froids tableaux votifs, où le génie de l'Artifte eft obligé de
fe mettre à la torture pour difpofer un peu convenablement quelques figures
en robes rouges & perruques énormes. Les frais qu'on fait pour de pareils
ex voto, feroient bien mieux employés à des objets d'utilité publique, fur
lefquels on graveroit le bienfait célefte & la reconnoiffance. Ce temple augufte
qui porte en foi fa décoration, n'a que faire d'embelliffemens de ce genre qui
en déroberoient abfolument le bel effet, & qui y feroient plus que fuperflus.

PORTES DE VILLE.

On ne voit que quatre *Portes* à Paris, qui même font improprement qualifiées
telles, en ce qu'aucune d'elles ne donne entrée dans la Capitale, & que d'ailleurs
elles n'ont point été conftruites à cet effet : ce font plutôt des monumens confacrés à exprimer quelques évènemens remarquables des règnes de Henri IV & de
Louis-le-Grand : telles font les portes de *Saint-Antoine* & celle de *Saint-Bernard*,
qui fut élevée comme on la voit aujourd'hui pour perpétuer le fouvenir de
l'attention du Monarque à approvifionner la Capitale, dans un tems de difette.

La porte *Saint-Denys* eft un monument qui caractérife avec grandeur, par
des infcriptions & des bas-reliefs les triomphes de ce même Prince en Flandre
& dans le comté de Bourgogne ; l'on en trouveroit difficilement un fecond
d'une plus belle fabrique & d'une auffi riche exécution.

Les portes *Saint-Martin* & *Saint-Antoine* ont affurément des beautés ; mais
elles feroient beaucoup plus confidérées, fi celle de *Saint-Denys* ne l'emportoit
pas infiniment fur elles.

L'Architecte, dans la conftruction de celle de *Saint-Bernard*, fut abfolument
gêné, & à proprement parler ne put faire qu'un rhabillage.

FONTAINES PUBLIQUES.

Les Officiers municipaux de la ville de Paris fe font fort occupés dans tous
les temps de cet objet d'utilité publique ; on peut dire cependant qu'il y a
beaucoup à faire encore dans cette partie fi effentielle pour les befoins journaliers du citoyen, indépendamment de ce qu'elle peut intéreffer la décoration
de la ville.

Si l'on excepte trois monumens de ce genre qui ont des beautés réelles, le
refte des *fontaines* de Paris mérite à peine qu'on en parle.

Ces trois fontaines font *le château-d'eau* du Palais Royal, d'une très-belle
conftruction, & qu'on va probablement rétablir fur les mêmes deffins ; la

fontaine des *Saints-Innocens*, célèbre par les admirables reliefs de *Jean Goujeon* qui la décorent ; & la fontaine de la rue *de Grenelle*, ouvrage du grand *Bouchardon*, digne d'une autre place que celle qu'il occupe ; cette dernière sur-tout eft très-eftimée dans toutes fes parties : architecture, reliefs, ftatues ; tout y eft dans le plus beau ftyle & d'une pureté de deffin peu commune, mais on ne peut s'empêcher de répéter que ce beau monument n'eft point du tout où il devroit être, à moins qu'on ne forme une place en avant pour la mettre dans fon vrai point de perfpective.

T H É Â T R E S.

UN avantage qu'aucun temps, qu'aucun peuple n'eût & n'aura jamais fur la Nation françoife, ce font nos fpectacles : ce qu'il y a d'étonnant, c'eft que dans tous les genres, le dramatique eft arrivé chez nous rapidement à la perfection : il eût feulement été à defirer que la conftruction de nos *théâtres* eût répondu à la fublimité des génies qui les ont enrichis.

Les chef-d'œuvres de Corneille, de Racine, de Molière & de Lulli ont commencé à être joués dans des *tripots* ; l'hôtel des Comédiens François a été jufqu'à préfent de la conftruction la plus refferrée, & dans un emplacement très-incommode ; celui des Comédiens Italiens eft encore plus mal placé & auffi mal conftruit : il a fallu un incendie terrible pour faire reconftruire celui de l'*Opéra* ; ce fpectacle qui réunit à toute la pompe des décorations & le jeu des machines, la plus brillante harmonie, la majefté & l'intérêt du cothurne, la gaieté décente de là comédie, la fimplicité naïve du genre paftoral, & les agrémens divers des danfes qui les caractérifent, eft proprement le fpectacle de la Nation.

Il eft bien étonnant que dans ce pays, où l'on a jufqu'à préfent fi peu ménagé dans une infinité d'occafions, l'efprit d'épargne & fouvent même des confidérations particulières aient tant influé dans la conftruction de nos théâtres qui font des monumens publics, & qui en devroient être du goût de la Nation : en effet les productions immortelles du génie fe trouvent, pour ainfi dire, comprimées dans des efpaces étroits & incommodes pour le fpectateur qui achette deux heures de plaifir au rifque de fa vie, & y refpire toujours un air mal fain, en ce qu'il n'y eft jamais renouvelé.

Il faut cependant rendre juftice à l'Architecte qui a bâti la nouvelle falle de l'*Opéra* ; circonfcrit dans une certaine étendue de terrein, il a fu en tirer le plus grand parti ; & cette Salle auparavant fi fombre, fi mal diftribuée, encore plus mal fituée pour la facilité des débouchés, fur-tout pour les voitures, l'eft du moins aujourd'hui de façon qu'on peut y aborder & en fortir fans courir d'auffi grands rifques que ci-devant ; tout y eft auffi-bien entendu, auffi-bien difpofé qu'il eft poffible pour l'efpace donné.

Il y a lieu d'efpérer que le Théâtre françois, quelque part qu'il foit fitué, fera reconftruit de manière que le public ait les mêmes facilités & de plus grandes encore, s'il eſt poſſible, & qu'on donnera à notre théâtre le plus riche, le plus varié & le plus décent de l'Univers, tout ce qui pourra contribuer à en augmenter la majeſté.

L'on ne ſauroit trop donner d'éloges aux Architectes du temps préſent, qui ont porté dans cette partie leur art au plus haut point de perfection : juſqu'à ce jour l'on avoit ignoré, au moins en France, la véritable coupe de l'intérieur d'une ſalle, pour rendre la perſpective de la ſcène favorable de tous les points poſſibles donnés. M. *Moreau*, architecte de la ville de Paris, a le premier réuſſi dans la ſalle qu'il a conſtruite pour notre Opéra, ainſi que nous venons de l'obſerver : M. *Liegeon* a auſſi, dit-on, exécuté en petit un projet pour la Comédie françoiſe, qui a mérité les applaudiſſemens de ceux qui l'ont vu ; mais nous pouvons aſſurer que nous avons examiné dans le plus grand détail & avec le plus grand plaiſir un nouveau projet de ſalle de M. *Lenoir*, exécuté auſſi en petit modèle de huit à neuf pieds de long, ſur cinq à ſix de large, avec toute la diſtribution intérieure de divers logemens & dépendances que comporte néceſſairement une ſalle de ſpectacle ; ce projet nous a paru conſtruit de manière à exiger un local iſolé ; le pourtour de ce corps de bâtimens eſt décoré de belles galeries couvertes, formant un périſtile tournant qui facilitera infiniment aux voitures & aux gens de pied l'entrée & la ſortie du ſpectacle, même à couvert pour les uns & les autres.

Ce projet doit être préſenté au premier jour à Sa Majeſté, & l'on ne doute pas que s'il en eſt agréé, on ne l'exécute pour les Comédiens *Italiens*, dans un quartier plus libre & beaucoup moins reſſerré que celui où ils ſont actuellement, qui ne ſauroit être plus incommode.

COLLÉGE ROYAL DE CHIRURGIE.

Personne n'ignore que le Corps des Chirurgiens de Paris qui réunit aujourd'hui à la bonne Phyſique, les lumières les plus vaſtes & les plus ſûres ſur l'économie animale, doit ſon illuſtration au célèbre *M. de la Peyronnie*, premier Chirurgien du feu Roi : c'eſt à cette époque glorieuſe pour ce grand homme, que cet art ſi intéreſſant pour l'humanité s'eſt élevé rapidement au plus haut point où il ſemble pouvoir jamais parvenir ; & le vif éclat dont il a brillé à Paris, a porté la lumière dans toutes les provinces du Royaume, par le ſoin qu'a eu *M. de la Peyronnie* de fonder une École, où des Profeſſeurs démonſtrateurs en tous genres, font des Cours publics aux jeunes gens qui ſe deſtinent à cette importante profeſſion, & qui par la ſuite doivent perpétuer & étendre l'art.

Les moyens que put fournir dans le temps cet homme généreux pour former un pareil établiſſement & les circonſtances, ne permirent pas alors de ſe choiſir un local qui répondît à l'importance des objets qui s'y traitent ; mais la rapidité des progrès qui ont été la ſuite des grandes vues du fondateur, a montré la néceſſité de faire un Collége qui par ſon étendue & ſa diſtribution, pût remplir les fins de ſon inſtitution.

Au petit amphithéâtre de *Saint-Côme*, on vient de fubftituer, fous les aufpices du feu Roï, le nouveau Collége qu'on termine aétuellement *rue des Cordeliers ;* l'Architeéte, *M. Gandouin*, eft entré parfaitement dans l'efprit des promoteurs de ce bel établiffement, tant par la forme extérieure de fon bâtiment, que par la diftribution bien entendue de toutes fes parties.

Une forte de portique à colonnes doriques ouvertes, qui porte une galerie deftinée pour y placer la Bibliothèque, forme la face principale de ce bâtiment fur la rue des Cordeliers ; & l'un des côtés d'une cour quarrée, dont l'amphi-théâtre avec les pièces qui l'accompagnent, fait l'autre fond.

Cet amphithéâtre doit être regardé comme la partie principale de ce bel enfemble ; auffi l'Architeéte s'eft-il attaché à le marquer particulièrement par un portique hexaftyle à colonnes corinthiennes, qui portent un fronton trian-gulaire, dans le tympan duquel on voit en demi-rond deux belles figures de femmes, dont l'une repréfente *la Théorie*, l'autre *la Pratique de l'art*, qui jurent fur un autel placé entre elles, une alliance éternelle : la première de ces deux figures tient un flambeau, l'autre un fcalpel ; elles ont à leurs côtés des groupes de génies relatifs aux objets dont elles font cenfées s'occuper ; ce relief eft de la plus belle exécution.

Entre les colonnes, on voit les médaillons de cinq grands hommes, lumières de la Chirurgie, *Ambroife Paré, Pitard, Petit, la Peyronnie, Maréchal,* bien faits fans doute pour occuper dans un pareil monument une place diftinguée, après avoir porté le flambeau de la fcience dans toutes les parties de l'art de guérir, & tenant un rang auffi éminent dans les faftes de cet art fi intéreffant pour l'humanité.

A côté de cet amphithéâtre, dont l'intérieur eft peint à frefque, le fond terminé en demi-cercle, & qui eft éclairé par fon fommet, font deux falles, dont l'une eft, dit-on, deftinée aux opérations chirurgicales, & l'autre aux Cours publics d'accouchemens pour les femmes, qui par cette fage diftribution ne fe trouveront plus mêlées dans une foule d'Élèves, que leur jeuneffe & la fougue de leur âge rendent quelquefois trop libres, même indécens, avec les femmes qui affiftent aux leçons des Démonftrateurs.

Les bâtimens des côtés font deftinés, les uns aux logemens des Bibliothécaire, Concierge & autres perfonnes néceffaires dans un pareil établiffement ; au rez-de-chauffée, à gauche en entrant, eft une grande falle qui doit être le lieu des Affemblées de corps, pour les objets relatifs à l'adminiftration générale de la Communauté & à celle de l'Académie.

La porte principale eft ornée d'une magnifique fculpture en demi-rond, répréfentant la cérémonie de la première pierre pofée par le Roi régnant, devant lequel une figure développe le plan de ce beau monument, avec quantité d'autres groupes d'une compofition favante, d'un deffin correét & d'une exécution recherchée.

On ne peut trop donner d'éloges à l'Architeéte qui a conçu ce bâtiment & l'a fait exécuter ; on defire feulement, ce qui même eft néceffaire, pour l'accès

d'un

d'un édifice confacré à l'utilité publique, qu'il ne foit pas long-temps mafqué par la très-longue & défagréable églife des Cordeliers, & qu'on puiffe former au moins dans fa largeur une place qui réponde à l'un des monumens modernes des mieux entendus qu'il y ait dans la Capitale.

HÔTEL DES MONNOIES.

Le nouvel *Hôtel des Monnoies*, eft l'un des plus grands édifices qui aient été conftruits fous le règne précédent; fa pofition actuelle réunit la commodité publique à la décoration du plus beau quartier de la Capitale. L'architecte, *M. Antoine*, fe propofe de faire voir dans le plan général que l'on grave actuellement, les raifons qu'il a eues d'aligner comme il a fait, cet édifice, en ne fuivant pas même la parallèle de la rive oppofée du fleuve, comme l'a cependant très-bien fait l'Architecte du Collége des Quatre-nations, & après lui *Perrault*, dans la conftruction du vieux Louvre. Quant à l'enfemble & à la conftruction de cet édifice, l'on peut affurer qu'il eft des mieux entendus & le mieux diftribué qu'il y ait pour les détails que comporte la fabrication des monnoies; ce qui au moins répondra en partie aux critiques qu'on a pu faire, & dans le détail defquelles on nous difpenfera d'entrer.

L'entrée principale préfente un périftile décoré de vingt-huit colonnes doriques qui conduit à droite à un grand efcalier environné de galeries d'ordre ionique, orné avec goût & magnificence : ce périftile conduit auffi à droite à des bureaux de Changeurs & à des laboratoires d'Effayeurs, dont les relations avec le public font perpétuelles.

L'intérieur de ce beau monument eft diftribué en bureaux publics & particuliers, en laboratoires, ateliers néceffaires à la fabrication, & en logemens pour les Officiers ou Commis, qui à ces titres doivent être logés à l'hôtel pour fe trouver à portée de remplir les fonctions de leur état.

Près de l'entrée & dans l'intérieur, font des logemens de Suiffes & Corps-de-garde pour la fûreté des dépôts des matières précieufes qui font répandues dans les bureaux & les laboratoires.

En traverfant fous le périftile qui forme l'épaiffeur du principal corps de l'édifice, on eft conduit dans une grande cour entourée de galeries & terminée dans le fond en face de l'entrée, par un portique de colonnes qui précède l'entrée du monnoyage; principal laboratoire dans lequel font placés neuf balanciers, dont la grandeur, la diverfité & le genre de décoration intéreffent autant que la rapidité avec laquelle les différentes monnoies font frappées fous le balancier.

Ce laboratoire occupe le lieu le plus apparent & le plus marqué de tout l'intérieur du bâtiment; cet endroit a la figuré d'un quarré long, décoré de colonnes grecques engagées dans le mur pour contribuer à la folidité qu'il exige, autant qu'à la décoration du lieu; au bout de ce quarré long eft une partie fphérique qui reçoit fa lumière par le haut, & dans laquelle eft placée fur un piédeftal exhauffé, la ftatue de la Fortune avec toutes les allégories propres à cette divinité : les balanciers ont chacun (autant que cela a pu fe concilier avec les formes exigées par le travail) la forme d'autels antiques exécutés en bronze.

Les ailes de la cour principale, ainfi que tous les bâtimens deftinés aux ouvriers, font élevés d'un rez-de-chauffée & d'un fimple attique : dans les uns font placés tous les travaux de force, comme les fonderies d'or & d'argent, le laminage qui fe fait par le moyen des chevaux, dont les écuries font à portée, les blanchimens des diverfes matières, les forges des ferruriers qui fabriquent les quarrés, ou des poinçons d'acier, avec les acceffoires & les dépendances de chacun de ces lieux, placés tous de manière que la correfpondance d'un ouvrier à l'autre ne peut occafionner aucune perte de temps.

Dans l'étage en attique, font placés des ouvriers pour les travaux moins forts que ceux du rez-de-chauffée, tels que les coupoirs avec lefquels on donne à chaque efpèce d'or, d'argent ou de billon, le diamètre exact qui lui convient; les fourneaux à recuire pour rendre au métal aigri par la preffion du laminoir la ductilité convenable pour recevoir l'empreinte, les ajuftages d'or & d'argent, où chaque efpèce fe met au poids par l'opération de la lime ; les marques fur tranches où font placées les machines qui forment les cordons, les petits bureaux particuliers pour livrer les efpèces d'une claffe d'ouvriers à une autre, foit par compte ou par poids ; enfin une immenfité de dépôts & de lieux ménagés pour les cas d'un travail forcé, & pour faire des dortoirs d'ouvriers dans des cas extraordinaires & preffés.

On fait que cette diverfité d'opérations, qui toutes exigent beaucoup de jour, a forcé de multiplier les cours ; auffi s'en trouve-t-il cinq dans la diftribution du plan, indépendamment de la cour principale ; quatre defquelles font deftinées aux travaux & font du côté de la rue *Guenegaud*, & la cinquième, du côté de la petite place *de Conty*, eft deftinée au fervice des Officiers principaux qui ont des équipages.

Les Graveurs attachés à l'hôtel des Monnoies, dont le fieur *Duvivier* qui marche aujourd'hui fur les traces de fon père, fi connu par la beauté & la vérité d'expreffion d'une fuite de médailles, fingulièrement celles du feu Roi, fe trouve à jufte titre le premier, ont auffi leur laboratoire dans l'hôtel, & font placés dans le grand corps de bâtimens donnant fur le quai & au nord, pour avoir toujours un jour uniforme.

Le grand & principal efcalier dont on a d'abord parlé, conduit au premier étage, & a un magnifique falon d'affemblée, dont la grandeur a plus pour objet la décoration que l'utilité, quoique ce ne foit pas fimplement un bel hors-d'œuvre, en ce qu'il convient qu'un édifice auffi important en lui-même & auffi impofant à l'extérieur, ait au moins une pièce de décoration intérieure qui réponde à fa magnificence extérieure ; d'ailleurs ce falon eft une pièce d'affemblée néceffaire dans les cas où M.rs les Commiffaires du Roi pour la Monnoie fe tranfportent fur les travaux ; ils s'y affemblent, & appellent les

Officiers qui y font néceffaires. Aux quatre angles de ce falon, font quatre cabinets, dont deux font deftinés au travail particulier de M.ʳˢ le Premier Préfi-dent & le Procureur général de la Cour des Monnoies, Commiffaires du Roi ; le troifième, pour le Greffe de la commiffion ; & le quatrième au Médailler des Monnoies de France & des Monnoies étrangères.

A l'égard des logemens d'Officiers & Commis, ils font tous diftribués dans le corps principal du bâtiment du côté de la rivière, afin que chacun puiffe jouir de l'agrément de la vue que procure la fituation admirable de ce grand & fuperbe édifice.

On ne peut trop donner d'éloges à l'Architecte qui a conçu ce plan & dirigé fon exécution ; la partie de ce vafte enfemble qui fe trouve former pour ainfi dire un des côtés de la rue *Guenegaud*, eft d'une architecture mâle, vigoureufe & dans le vrai genre du bel antique. Quelques perfonnes regrettent que la façade principale donnant fur le quai, n'ait pas été terminée à fes deux extrémités, par deux avant-corps fortement caractérifés, qui euffent eu feulement la moitié de la faillie du corps du milieu qui fe préfente avec tant de nobleffe & même d'élégance. Quand cette faillie n'eût été que d'un fimple boffage, elle eût peut-être fuffi pour rompre l'uniformité & la monotonie de jours de cet édifice ; mais quelques autres perfonnes prétendent qu'elle n'eût point produit d'effet dans l'éloignement, & que de l'autre côté de l'eau, celle du milieu eft à peine fentie.

Le même architecte, *M. Antoine*, a un très-bon projet, de rendre toute cette partie du quai *de Conty* & quai *Malaquai*, intéreffante par la perfpective, en abattant les deux énormes pavillons du Collége des Quatre-nations, qui, ainfi que nous l'avons déjà obfervé, avancent trop fur la rivière : ce projet feroit de conftruire deux magnifiques galeries couvertes & en demi-cercle, qui conduiroient dans l'intérieur du dôme, & de les terminer à chacune des extrémités par de moyens pavillons qui n'avanceroient pas affez pour mafquer l'entrée de la rue de *Seine* : il a même le projet de prolonger cette rue de *Seine* jufqu'à celle de *Tournon* ; en forte que des galeries du Louvre, l'on pourroit voir le palais *du Luxembourg*, la ligne étant directe ; mais l'on voudroit qu'au lieu de ces petits pavillons, il y conftruifît plutôt deux fuperbes arcs-de-triomphe qui formeroient une perfpective fuperbe de la place donnant fur le devant de la colonnade du Louvre, & même favoriferoient la continuité en droite ligne des quais *Malaquai* & *Conty*, jufqu'à la *Monnoie*.

MONNOIE DES MÉDAILLES DU ROI.

La *Monnoie des Médailles* tient lieu de celle qui étoit autrefois dans le Palais du Roi.

Il paroît par les anciens monumens & les Auteurs qui ont traité de cette matière, qu'elle servoit à fabriquer les Espèces courantes, de même que les Médailles & autres pièces de plaisir.

Jusqu'à Henri II, tout se fabriquoit au marteau, mais ce Roi ordonna en 1553, que la nouvelle manière de fabriquer au moulin auroit lieu dans son Palais à Paris.

Henri III, en 1585, voulut que cette manière de fabriquer au moulin ne servît qu'aux Médailles, Jetons & autres pièces de plaisir, sans pouvoir être employée aux Espèces courantes.

Depuis ce temps la fabrication des Médailles & Jetons a toujours été séparée de celle des Monnoies courantes; & Louis XIII, en 1639, transféra la Monnoie des Médailles aux Galeries du Louvre, où elle est toujours restée depuis.

La Direction en fut donnée au célèbre *Warin*, auquel succéda M. *Balin*, qui a mérité d'être mis au rang des hommes illustres de son siècle.

Après M. *Balin*, l'Abbé *Bizot*, connu par son Histoire métallique de Hollande, eut cette direction pendant quelques années; mais en 1696 elle fut érigée en Charge, sous le titre de Conseiller du Roi, Directeur de la Monnoie des Médailles & Garde des poinçons & quarrés des Médailles & Jetons de la Couronne, en faveur de M. *de Launay*, auquel ont succédé depuis M. *de Cotte* son gendre, & M. *de Cotte* son petit-fils.

Ce dépôt précieux, unique peut-être en Europe, & destiné à conserver les monumens de l'Histoire, fut mis alors dans le plus bel ordre.

Les instrumens propres à la fabrication furent aussi perfectionnés; le balancier, ce chef-d'œuvre de mécanique qui réunit les deux forces mouvantes du double levier & du plan incliné, avoit à la vérité été substitué au moulin dès le milieu du XVII.e siècle; mais ceux qui servoient à la fabrication des médailles étant trop foibles & trop imparfaits, Louis XIV ordonna de faire fondre les deux grands balanciers de bronze qui servent à frapper les quarrés & les médailles. Ces deux instrumens, qui sont d'un dessin mâle & convenable à leur objet, portent chacun sur les deux faces extérieures des pieds-droits les inscriptions suivantes, assorties au sujet & d'un style vraiment antique.

D'un côté: *Rerum gestarum fidei & æternitati*: & de l'autre, *Ære, Argento, Auro, Flando, Feriundo*, avec le millésime qui, dans un de ces balanciers, est 1698 & dans l'autre 1699.

Les poinçons & les quarrés du Roi sont arrangés dans une galerie garnie d'armoires à panneaux de glaces, qui laissent la liberté de les regarder sans craindre que la moindre humidité puisse en altérer le poli.

Ces armoires contiennent les poinçons & quarrés des Médailles & Jetons des Rois & Reines de France, qui remontent jusqu'à Louis XII.

On

On y voit auſſi pluſieurs poinçons & quarrés de Médailles :

De pluſieurs Papes & Princes étrangers, & en particulier celle du *Czar Pierre I.er* qui fut frappée en ſa préſence, quand il vint viſiter la Monnoie des Médailles :

Des Cardinaux d'*Amboiſe*, de *Lorraine* & de *Guiſe*, *Richelieu*, *Mazarin*, *Barberin*, de *Noailles* & *Fleury* :

Des grands Généraux, tels que *François* & *Henri ducs de Guiſe*, le Conné-table de *Luynes*, le Maréchal de *Baſſompierre*, le Duc d'*Ampville*, le Prince de *Condé*, le Maréchal de *Villars* :

Des Chanceliers de *Birague*, *Chiverny*, *Pompone de Bellievre*, *Brulart de Sillery*, *Seguier*, *le Tellier*, *Boucherat*, *Pontchartrain*, & des Miniſtres *Colbert*, *Louvois*, *Chamillart* :

Et de nombre d'hommes & femmes célèbres, tels que *Diane de Poitiers* Ducheſſe de *Valentinois*, *Michel-Ange*, *Léonard de Vincy*, *Warin*, *le Brun*, *le Nôtre*, *Manfart*, M. l'Abbé *Bignon* & pluſieurs autres.

Mais ce qui ſe remarque principalement dans ce dépôt, ce ſont les ſuites de l'hiſtoire de Louis XIV & de Louis XV.

La première compoſée de trois cent dix-huit Médailles toutes d'un même diamètre, & la ſeconde de cent trente Médailles, dont les quarrés ont été gravés par les plus habiles Artiſtes depuis *Warin* dans le dernier ſiècle, juſqu'aux *Roettiers*, & aux *Duvivier* père & fils dans celui-ci.

Il exiſte encore dans cet établiſſement une troiſième ſuite qui eſt celle des Rois de France, depuis Pharamond, juſqu'à Louis XV incluſivement ; cette ſuite qui eſt dûe aux ſoins & aux recherches de *M. de Launay* & de ſes ſucceſſeurs, eſt compoſée de ſoixante-ſix Médailles ; chaque Médaille repréſente d'un côté la tête du Roi, qui a été gravée d'après tous les monumens que la plus exacte recherche a pu procurer, tels que les tombeaux, les bas-reliefs, les ſtatues, les ſceaux, &c ; le revers de chacun de ces portraits contient en abrégé l'ordre numéral de chaque Roi, l'année de ſa naiſſance, celle de ſon avènement à la Couronne, l'évènement le plus remarquable de ſon règne, le temps de ſa mort, ſa race & le degré de parenté avec le Roi qui lui ſuccède, en ſorte que cette ſuite des Rois de France peut être regardée comme un abrégé chrono-logique de notre hiſtoire, & comme l'expoſition de la ſucceſſion généalogique des trois races de nos Rois.

Cet établiſſement qui eſt dans le département du Miniſtre de la Maiſon du Roi & de Paris, peut être regardé comme un des plus importans pour la conſervation des Monumens qui doivent ſervir à la gloire des Rois & à la perpétuité de l'Hiſtoire.

IMPRIMERIE ROYALE.

L'A R T de l'*Imprimerie* eſt la plus utile & la plus ingénieuſe des inventions des temps modernes. C'eſt à cette invention admirable que nous devons les progrès auſſi étonnans que rapides qu'ont fait les Arts & les Sciences. En multipliant les productions du génie, elle a néceſſairement formé des dépôts immenſes & précieux qui ſeront juſqu'à la fin des ſiècles, des ſources inépuiſables dont la fraîcheur & la ſalubrité porteront dans tout ce qui eſt du reſſort de l'eſprit, l'ame & la vie, & qui répandus dans une infinité d'endroits, ne périront jamais, quelques révolutions qu'il arrive à notre Planète, à moins d'une ſubmerſion totale du globe qui anéantiſſe à la fois les hommes & les monumens des Arts.

Mais dans le nombre infini des établiſſemens que nous appelons *Imprimeries*, celui qui certainement mérite le premier rang, eſt l'*Imprimerie du Louvre*. Il y exiſte une Typographie complette, dont tous les poinçons & leurs matrices appartenans au Roi, ne ſervent que pour elle ſeule, & dont les marques diſtinctives font la ſûreté de toutes les pièces qui s'y impriment : C'eſt ce dépôt unique & précieux qui lui aſſure la prééminence ſur tous les établiſſemens de ce genre, qui n'ayant point de poinçons particuliers, ne peuvent ſe ſervir que des caractères que leur fourniſſent les Fondeurs ordinaires, & qui ſont communs à toutes les Imprimeries.

Cet établiſſement remonte à François I.er le reſtaurateur des Lettres & le père des Savans. Ce Prince fit graver par *Garamond* des poinçons de caractères grecs connus par leur beauté, qui joints à ceux pour les Langues étrangères, formèrent l'ancien fonds de l'*Imprimerie Royale*, tant qu'elle fut entre les mains des *Étiennes*, des *Turnebes*, des *Vitré* & des *Cramoiſys* ; mais la fuite des *Étiennes*, pendant les guerres de religion & les troubles du royaume, avoit fait perdre à l'Imprimerie Royale la plus grande partie de ſes caractères des Langues ſavantes.

Vers l'an 1630, on fit de nouvelles tentatives pour la rétablir, & c'eſt à M. le *Cardinal de Richelieu*, (dit le *Préſident Hénault**), que l'on doit le rétabliſſement de cette Imprimerie. *Trichet Dufreſne* étoit chargé de la correction, *Cramoiſy* étoit Imprimeur, & *Sublet-Deſnoyers*, Surintendant.

Cette Imprimerie, quoique déjà célèbre, & protégée du Gouvernement, n'avoit rien qui la diſtinguât des autres Imprimeries ; elle ne doit donc être regardée comme un monument royal, qu'à l'époque où munie des plus beaux caractères, uniquement deſtinés pour elle, elle eſt devenue l'Imprimerie du Gouvernement.

Ce ne fut qu'en 1690, que M. le Chancelier de *Pontchartrain*, croyant les Lettres intéreſſées au rétabliſſement de l'Imprimerie Royale, chercha à lui donner une nouvelle forme.

---

* *Hiſtoire de France, tome II, page 565, édit. Paris, 1768, in-4.º*

M. *Aniſſon* fut appelé de Lyon ſa patrie, pour diriger ce nouvel établiſ-
ſement ; ſa réputation & les éloges que le ſavant *Du Cange* avoit faits de
lui , déterminèrent en ſa faveur le choix du Gouvernement. Il propoſa au
Miniſtère de rendre cette Imprimerie vraiment royale , en lui affectant des
caractères particuliers , & qui ne puſſent être confondus avec ceux des autres
Imprimeries. Cette propoſition fut très-accueillie ; on conſulta des gens de
Lettres, des Artiſtes intelligens, les ſieurs *Jaugeon*, de l'Académie des Sciences,
Fillot des Billettes , le P. *Sébaſtien Truchet* , & principalement le nouveau
Directeur.

On choiſit un Graveur , auquel il fut preſcrit de ne travailler que pour
l'Imprimerie Royale ſeule : les ſieurs *Grandjean*, *Alexandre* & *Luce* , célèbres
Artiſtes , ont été occupés ſucceſſivement à la gravure des poinçons, qui n'a été
achevée que long-temps après. Ces poinçons & leurs matrices , ſont au dépôt
de l'Imprimerie Royale , diſpoſés & rangés par ordre dans des armoires, ainſi
que ce qui reſte des poinçons & matrices pour les Langues ſavantes, Grec,
Hébreu , Siriaque , Arabe , Arménien , qui ſont échappés au rapt des *Étiennes ;*
le tout ſous la garde du Directeur, ainſi que le portent *ſes Proviſions.*

Il y a dans l'intérieur de l'Imprimerie Royale une fonderie pour la fonte
particulière de tous ſes caractères.

L'ancien emplacement de l'Imprimerie Royale avoit varié ſuivant les
circonſtances : le Roi Louis XIII voulut qu'on la plaçât dans le pavillon
de la Reine : à la ſuite de ſon appartement , & il y fit exécuter ſous ſes
yeux pluſieurs ouvrages. En 1690 , elle fut transférée du pavillon de la
Reine aux Galeries du Louvre ; & en 1722 , M. le *Duc d'Antin* voulut
que toutes ſes preſſes fuſſent réunies dans une même galerie, qui a quatre-
vingt-douze pieds de long , ſur trente-huit de large , & c'eſt l'emplacement
qu'elle occupe aujourd'hui.

L'Imprimerie Royale, deſtinée dans ſon principe à l'impreſſion des Livres
& des grands Ouvrages qui ſont ſortis & qui ſortent chaque jour de ſes preſſes ,
eſt devenue un monument de l'amour de nos Rois pour les Sciences , qui a
ſervi à faire de belles éditions, & à flatter les Gens de Lettres par l'honneur
qu'ils reçoivent , lorſque le Miniſtère juge à propos d'influer dans l'impreſſion
de leurs Ouvrages.

L'Imprimerie Royale, par le moyen des caractères particuliers & diſtinctifs
qui lui ont été affectés, eſt devenue l'Imprimerie du Gouvernement pour
toutes les pièces eſſentielles de l'adminiſtration *.

Les Effets publics, lors du Syſtéme & dans les temps poſtérieurs , ont dû
leur ſûreté à ſes caractères. En effet, les papiers publics ne peuvent être contrefaits ſans porter avec eux des marques de fauſſeté ; & quelques tentatives, dont
le ſuccès a été funeſte à leurs auteurs, ont prouvé cette vérité.

Cet établiſſement eſt dans le département du Miniſtre de la Maiſon du Roi
& de Paris : Les Miniſtres, indépendamment les uns des autres, & chacun pour
la partie qui le concerne, y ordonnent les impreſſions qui s'y font.

» L'Imprimerie Royale n'eſt point ſujette aux Règlemens ordinaires de la
» Librairie, étant ſoumiſe immédiatement à l'autorité du Roi, ou aux ordres
» de ceux auxquels Sa Majeſté en confie la direction «.

Le Directeur prête au Roi, ſerment de ſa charge, entre les mains de
M. le Garde des Sceaux.

Depuis 1690, époque du rétabliſſement de l'Imprimerie Royale, la direction
en a toujours été confiée à M.ʳˢ *Aniſſon*, & M. *Aniſſon du Peron* en eſt le
titulaire actuel.

BIBLIOTHÈQUE DU ROI.

Origine & accroiſſement de cette Bibliothèque.

De tous les monumens du monde, le plus intéreſſant pour les Sciences, les
Lettres & les Arts, c'eſt ſans contredit la *Bibliothèque des Rois de France*, par
le nombre & la nature des ouvrages qu'elle renferme dans tous les genres qui
ſont du reſſort de l'imagination, du raiſonnement, de l'eſprit & du goût.

Cette immenſe & précieuſe collection, actuellement la plus nombreuſe & la
plus complette, connue dans l'Univers, ſemblable à ces fleuves majeſtueux, qui
groſſis par mille ſources dans un long cours, portent la vie & la fécondité dans
tous les pays qu'ils parcourent, & qui n'étoient à leur ſource qu'un ſimple filet
d'eau; cette riche collection, dis-je, n'eut, comme tous les établiſſemens
humains, que de foibles commencemens.

Quoiqu'il ſoit vrai de dire, que depuis l'avènement de la race Carlovingienne
au trône de France, nos Rois ont toujours eu quelques Livres pour leur uſage
particulier; jamais ces minces collections qui n'ont point été regardées comme
des Effets de la Couronne, ne formèrent de dépôts ſubſiſtans, & pour l'ordinaire, elles ſe partageoient entre les héritiers du Monarque qui décédoit: auſſi
n'ont-elles jamais mérité le nom de Bibliothèque.

C'eſt à Charles V, à ce Monarque ſage & même ſavant pour ſon temps,
qu'on doit le commencement de ce dépôt permanent, qu'il fit placer (comme
nous l'avons déjà obſervé dans notre Diſcours) dans l'une des tours du Louvre,
qui pour cette raiſon fut appelée *la tour de la Librairie*, & qui, choſe bien
extraordinaire pour ce ſiècle, fut porté à neuf cens dix volumes, dont une
grande partie formoit une collection de Bibles, de traductions de Bibles, de
Miſſels, d'Heures, de Pſeautiers, de Rituels & autres ouvrages liturgiques; de
livres de dévotion, comme Légendes, Vies des Saints, Hiſtoire de miracles;
& nuls autres ouvrages des Saints-Pères, que le Traité de la cité de Dieu,
de Saint Auguſtin.

Quant aux livres des Sciences profanes, on y trouvoit des livres d'Aſtrologie,
de Géomancie, de Chiromancie qui étoient la ſottiſe du temps: nuls livres de
Phyſique & de Philoſophie; quelques-uns d'Hiſtoires générales, entr'autres la
Vie de Saint Louis & l'Hiſtoire des guerres d'Outre-mer: en Juriſprudence,
les Décrétales, le Code & le Digeſte, avec quelques Coutumes de diverſes

provinces

provinces de France ; la partie la plus riche de cette collection, étoient les Romans rimés & non rimés ; aucun Auteur Grec : quelques Auteurs Latins, comme Tite-Live, Valère-Maxime, Suétone, Végèce, Ovide, Lucain, traduits en François ; & pas un seul des ouvrages de Virgile & de Cicéron.

Gilles Malter, & après lui *Antoine des Essards*, en furent les premiers Gardes ; auxquels succédèrent *Jean Maulin* & *Garnier de Saint-Yon* ; sous les règnes de Charles V & de Charles VI son successeur : la démence de ce Roi, les troubles excités par l'ambition démesurée de Jean Duc de Bourgogne, & les ressentimens d'Isabelle de Bavière contre le Roi son mari qui avoit fait noyer un de ses amans, & le Dauphin Charles son fils qui avoit enlevé les trésors qu'elle avoit accumulés aux dépens de l'État, n'étoient pas des circonstances favorables aux Sciences & propres aux recherches des monumens.

En 1429, le Duc *de Betfort*, régent du royaume de France, & tuteur de Henri VI d'Angleterre, acquit pour ce Prince, & pour la somme de douze cents livres, toute la bibliothèque formée par Charles V, sauf quelques livres qui en avoient été distraits par les Ducs d'*Orléans* & d'*Angoulême* ; & elle fut transportée à Londres, d'où ces deux Princes, faits prisonniers à la bataille d'Azincourt, en rapportèrent plusieurs qu'ils avoient rachetés, lorsqu'ils revinrent en France.

Sous Louis XI, Prince studieux & comtemporain de l'invention de l'Imprimerie *, la Bibliothèque royale prit quelqu'accroissement. On avoit recueilli tout ce qu'on avoit pu recouvrer du premier fonds, & on y ajouta tout ce qu'on put se procurer pour le temps où l'impression commençoit à multiplier les ouvrages ; & *Laurent Palmier* fut le Garde de cette nouvelle collection, dont le fonds est resté depuis attaché à la Couronne. Charles VIII, lors de ses guerres en Italie, ajouta à la collection que son père avoit faite, une grande partie de la bibliothèque de Naples, où il se trouva beaucoup de choses précieuses ; tandis que les deux frères *Charles d'Orléans* & *Jean* Comte d'*Angouléme*, jetoient de leur côté dans les villes de Blois & d'Angoulême, les fondemens de deux nouvelles bibliothèques.

Louis d'Orléans, fils de *Charles*, parvenu à la Couronne de France par la mort de Charles VIII, réunit les livres de la Couronne à la bibliothèque formée par son père à Blois, à laquelle il ajouta les ouvrages de *Pétrarque* & le cabinet de *Louis de la Gurthuse*, l'un des plus grands Seigneurs Flamands, qui eussent été attachés à la Maison de Bourgogne.

François Comte d'*Angouléme*, successeur de Louis XII, fit apporter à Fontainebleau, qu'il bâtit, la bibliothèque d'Angoulême, & bientôt après celle de Blois, composée de dix-huit cents quatre-vingt-dix volumes ; *Matthieu la Bisse*, lors Garde de la Librairie du Roi, en donna son *récépissé*. On ajouta à ce fonds les livres de la Maison de Bourbon & ceux de *Jean* Duc de *Berry*, frère

---

* On doit cette admirable invention à *Jean Guthemberg*, Allemand, d'extraction noble, qui en fit les premiers essais à Mayence, l'an 1448. *Conrad*, autre Allemand, l'apporta à Rome presque au même tems ; & *Nicolas Jenson*, François, la perfectionna en France, du moment où cet art lui fut connu. *Polidore Virgil. de rerum inventor. lib. II, cap. VII.*

de Charles V, qui avoient paffé dans la Maifon de Bourbon par le mariage de Marie, unique héritière de ce Prince, avec *Jean de Bourbon*, grand-père du Connétable de ce nom.

Sous ce règne il fe fit une acquifition confidérable de manufcrits Grecs, Latins & autres, & l'on négligea trop les livres imprimés du temps, parce qu'on préfuma trop de la facilité de fe les procurer. Cette négligence a fait que bon nombre de ces ouvrages ont été perdus, & que d'autres font devenus très-rares & par conféquent très-chers.

Alors, au lieu d'un fimple Garde, François I.er établit un Bibliothécaire en chef, ou Maître de la Librairie, & un Garde fous lui. A *Guillaume Budé*, qui fut le premier Bibliothécaire, fuccéda *Pierre du Chaftel*, & à celui-ci *Pierre de Mondoré*, puis *Jacques Amyot*, auquel fuccéda le célèbre Hiftorien *Jacques-Augufte de Thou*.

Sous les règnes de Henri II, François II, Charles IX & Henri III, il fe fit peu d'augmentations à la Bibliothèque royale : Henri-le-Grand y fit joindre la bibliothèque de Catherine de Médicis, compofée de huit cents manufcrits grecs : cette Princeffe s'en étoit emparée après la mort de *Pierre Strozzi*, Maréchal de France, fon parent, qui les avoit acquis des héritiers du Cardinal *Nicolas Ridolfi*. Le fils du Maréchal *Strozzi*, à qui la Reine avoit promis d'en rembourfer la valeur, follicita en vain fon payement; *Brantôme* nous apprend qu'il ne put jamais en tirer un fou. Lors de l'expulfion des Jéfuites fous Henri IV, la Bibliothèque royale fut tranfportée au collége de *Clermont*, & à leur retour on la transféra dans une des falles du cloître des Cordeliers; de-là, fous Louis XIII, elle en fut tirée pour être placée dans une grande maifon de la rue de *la Harpe*, au-deffus de *Saint Côme*. Elle fut enfuite transférée, en 1666, dans deux maifons appartenantes à M. *Colbert*, dans la rue *Vivienne*; & l'Académie des Sciences, qui fut inftituée à cette époque, y tint fes féances jufqu'en 1699 qu'elle fut placée au *Louvre*.

En 1722, M. l'Abbé *Bignon* ayant fait voir que l'emplacement actuel ne fuffifoit plus à la Bibliothèque, & que les deux maifons menaçoient ruine, elle fut transférée à l'hôtel de *Nevers*, rue de *Richelieu*; mais ce ne fut qu'en 1724 que le Roi, par fes Lettres patentes, affecta cet hôtel à perpétuité au logement de fa Bibliothèque; c'eft celui qu'elle occupe aujourd'hui.

François de Thou fuccéda à fon père à la charge de Bibliothécaire du Roi; comme il étoit fort jeune, *Nicolas Rigault* en eut la direction pendant fa minorité. Ce même *de Thou*, impliqué dans la conjuration de *Cinqmars*, fut décapité avec lui à Lyon en 1642.

L'illuftre *Jérôme Bignon* lui fuccéda : *Jean Goffelin*, *Ifaac Calambon*, *Nicolas Rigault*, enfuite M.rs *Dupuy* frères, furent fucceffivement Gardes de la Bibliothèque royale, fous les Bibliothécaires en chef.

Ce fut particulièrement fous M.rs *Colbert* & *de Louvois*, Miniftres d'État, qu'on n'épargna ni foins ni dépenfes pour augmenter les richeffes dont étoit déjà compofé ce monument à l'avènement de Louis XIV à la Couronne : la Bibliothèque qui n'étoit compofée que de cinq mille volumes, fe trouva à fa mort de plus de soixante-dix mille, sans y comprendre la plus riche & la plus précieuse collection d'Estampes de toutes les Écoles, d'un cabinet d'antiques, & de la suite la plus riche & la plus complette de médailles en bronze, en or & en argent, dont nous parlerons ci-après. Tous les plus célèbres Libraires étrangers s'honorèrent de concourir gratuitement à enrichir ce précieux dépôt. M.rs les Abbés *Colbert* & *de Louvois* furent successivement pourvus de la charge de Bibliothécaires du Roi, & ne contribuèrent pas peu à l'augmenter : l'Abbé *Bignon* leur succéda à cette place éminente, qui étoit, pour ainsi dire, héréditaire dans sa Maison. Sous le règne de Louis-le-Grand, la Bibliothèque eut successivement pour Gardes M.rs *Carcavi*, *de la Poterie*, les Abbés *Gallois* & *Varès*, M.rs *Clement* & *Boivin*, auxquels succéda, sous la Régence, M. l'Abbé de *Targny*, qui eut pour successeur M. l'Abbé *Sallier*, de l'Académie Françoise & de celle des Inscriptions. M. *Melot*, de la même Académie des Inscriptions, succéda à M. l'Abbé *Sallier*, & a été remplacé par M. *Capperonnier*, de l'Académie des Inscriptions & Belles-Lettres, actuellement en exercice ; & M. *Bejot*, de cette même Académie, a remplacé M. *Capperonnier* * dans la partie des Manuscrits. M. *Bignon*, Conseiller d'État, mort Prévôt des Marchands de la ville de Paris, a succédé à la charge de Bibliothécaire qu'avoit M. *Bignon* son frère, Intendant de Soissons, & son fils le remplace aujourd'hui.

Pendant la régence de Philippe, Duc d'Orléans, & sous le ministère du *Cardinal de Fleury*, la Bibliothèque du Roi reçut des accroissemens considérables, & les Ministres qui s'en sont depuis occupés, n'ont pas mis moins de soins à l'augmenter encore. M.rs *Sevin* & *Fourmont*, envoyés dans le Levant, firent, sous les auspices de M. *de Villeneuve*, alors Ambassadeur à la Porte, une riche moisson de manuscrits Persiens, Arabes & Arméniens, sur-tout de ces derniers; objet de Littérature, pour ainsi dire tout neuf, & dont M. l'Abbé *de Villefroy*, homme profondément versé dans les Langues orientales, a donné des notices très-instructives. M. *le Comte de Maurepas*, procura, par la Compagnie des Indes, de nouveaux trésors littéraires en ouvrages Indiens, dont il augmenta les richesses déjà acquises, & les Missionnaires de la Chine en firent autant de leur côté, des livres de ce vaste empire.

Sous le dernier règne, cette précieuse collection a plus que doublé, & le Roi possède aujourd'hui au moins deux cents quarante-cinq mille volumes imprimés, sans compter les Manuscrits, dont le nombre est prodigieux; les Chartes & Titres des grandes Maisons, ce qui devient maintenant un nouveau dépôt en cas d'accident, comme il est arrivé à la Chambre des Comptes de Paris.

C'est particulièrement au zèle de M.rs les Bibliothécaires en chef, aux soins, aux travaux continuels de M.rs les Gardes, qu'on doit le catalogue raisonné des Livres qui composent cette immense & précieuse collection. Tous les Savans

---

* Pendant le cours de cette impression la Bibliothèque & les Lettres ont fait une perte considérable par la mort de M. *Capperonnier*, aussi regrettable par ses vertus que par ses lumières.

& les Gens de Lettres, font des vœux pour que cette grande entreprise soit achevée; du moins autant que les richesses journalières, qui l'augmentent, pourront le permettre. Les accroissemens dont elle est susceptible, feront par la suite la matière d'un Supplément, qu'il sera toujours facile de refondre dans le premier texte : au moyen d'une seconde édition que le Public recevra encore avec plus de plaisir que la première, quelqu'intéressante qu'elle soit pour la république des Lettres.

On ne peut rien ajouter au bel ordre & à la distribution de ce riche & précieux dépôt des connoissances humaines, & à l'affabilité des Savans qui le dirigent, auprès desquels les gens studieux ont l'accès le plus facile. Comme ils puisent également dans leur commerce les lumières les plus sûres pour se diriger dans la carrière des Sciences pour lesquelles ils se sentent de l'attrait; c'est une justice que nous aimons d'autant mieux leur rendre, que nous avons éprouvé de leur part les procédés les plus honnêtes, & qu'ils n'auront pas peu contribué à nos succès, si nous sommes assez heureux pour mériter le suffrage du Public.

CABINET DES ESTAMPES DU ROI.

Origine & accroissemens de ce Cabinet.

LOUIS XI, vers 1470, vit naître les deux immortelles découvertes : la *Typographie* & la *Gravure en taille-douce*, qui toutes deux dérivent de l'ancienne gravure en bois ; ainsi ce Prince doit être regardé comme le premier de nos Rois qui ait été témoin de ces deux inventions. Il fut obligé de se former une nouvelle Bibliothèque, car le *Duc de Betfort*, lorsqu'il étoit Régent du royaume pour les Anglois, avoit fait enlever des tours du Louvre, celle de Charles V, *dit le Sage*, laquelle, au rapport de *Gilles Mallet*, Bibliothécaire de ce Prince, étoit composée de neuf cents dix volumes, la plupart traduits en françois, tels que les Politiques, les Éthiques, & les Économiques d'*Aristote*, avec plusieurs livres de *Cicéron* ; ainsi que la Bible & autres Ouvrages liturgiques.

A la faveur de la nouvelle découverte de l'Imprimerie, Louis XI accrut sa Bibliothèque ; alors la *Gravure*, sœur jumelle de la *Typographie*, non-seulement orna les opérations de l'Imprimerie en caractères, mais elle y mit le discours en action : & depuis, ces deux heureuses inventions se sont tellement prêtées un mutuel secours, que toutes les belles éditions que l'on nomme improprement, *éditions de luxe*, ont eu une succession non interrompue depuis l'origine de la Gravure jusqu'à nous. Nous déplorons que la savante Antiquité ait été privée de ces admirables découvertes; que d'ouvrages utiles & agréables nous aurions! combien de procédés & de superbes descriptions, dont parle *Pline*, nous auroient été conservés! En effet, il est incroyable qu'ayant trouvé l'art de graver sur des tables d'airain, des caractères, des hyéroglyphes & des compositions en creux sur des pierres précieuses, que nous admirons comme autant de chef-d'œuvres, & dont cependant ils tiroient des empreintes sur la cire, qu'ils n'aient pu imaginer de faire encore un pas de plus, pour en faire de même fur l'écorce d'arbe ou fur le velin, car les Anciens ne connoiſſoient point encore le papier.

George Vaſari, qui le premier a décrit l'hiſtoire des Peintres d'Italie, s'énorgueillit de ce que les reſtes de la génération des Peintres Grecs s'étoient réfugiés dans la Toſcane ſa patrie; il n'héſite point de donner pour certain, que ce fut à Florence que la *Gravure en taille-douce* fut inventée; il le fit croire long-temps, & quelques-uns le penſent encore d'après lui. Il eut la hardieſſe d'écrire que ce fut un Orfévre appelé *Maſo Finiguerra*, qui le premier trouva ce ſecret; & pour colorer mieux ſon opinion, il cite trois petites planches que grava cet Orfévre, & qui ſervirent alternativement à chaque chant des Poëſies du Dante, imprimées à Florence en 1482. Mais les Allemands détruiſent cette opinion par des preuves ſans replique; & diſent que ce fut un de leurs concitoyens nommé *Iſraël Van-Meckinen*, auſſi Orfévre, qui trouva & dut trouver, l'invention de graver en taille-douce; ils le prouvent en renvoyant aux pièces de comparaiſon pour y obſerver le procédé de l'Orfévre Italien, avec celui de l'Orfévre Allemand; qu'alors le connoiſſeur éclairé ſera bientôt en état de décider aiſément la queſtion: que ſi ce connoiſſeur vouloit achever de ſe convaincre, l'Hiſtoire lui apprendra qu'*Iſraël Van-Meckinen* étoit né à Bockoldr, petite ville près de Mayence; qu'il étoit contemporain & preſque le concitoyen de l'Inventeur de la Typographie; qu'alors tout concourra à le diſſuader entièrement de l'orgueilleuſe prévention de l'hiſtorien & peintre *Vaſari*. On ſait qu'il s'éleva, preſque un ſiècle avant, une mortelle jalouſie pour la découverte de la peinture à l'huile, que certains attribuent aux deux frères *Hubert* & *Jean Van-Eyc*, le ſecond ſurnommé *Jean de Bruges*, parce qu'il mourut dans cette ville; mais que d'autres atteſtent appartenir à *Antonello de Meſſine*, qui enſeigna ſon ſecret à *Dominique de Veniſe* ſon ami, lequel l'apprit auſſitôt à *André Gli-Implicati*, dit *Caſtanago*, de Florence; ce dernier voulant poſſéder ſeul cette découverte, aſſomma ſon généreux bienfaiteur; mais les remords lui firent avouer ſon crime avant que de mourir.

La *Gravure*, comme la *Peinture*, ne faiſoient de progrès qu'à pas lents, ſemblables à l'enfance qui trébuche dans ſes premiers eſſais en quittant les bras de ſa nourrice, elles ne pouvoient non plus ſe dégager du gothique limon des ſiècles d'ignorance qui s'étoient écoulés depuis le temps du Bas-Empire juſqu'à ce ſiècle, où les Arts & les Sciences reſtoient comme engourdis & obſcurcis; car on ne s'occupoit chez les principales Puiſſances de l'Europe, qu'à porter le flambeau de la guerre. Ce barbare fléau, qui détruit les hommes & fait fuir les Muſes, mettoit des barrières à toutes les iſſues qui conduiſent les Arts à la perfection, & ſur-tout à la *Gravure*, qui, comme l'on ſait, exige une application ſérieuſe du deſſin, un choix de nature, une vérité frappante, de l'expreſſion; en un mot, de la beauté, fille du goût & de l'imagination, ce que n'exige que foiblement la *Typographie*.

Comme la plante que la Nature cache dans ſon ſein, & que les rayons du ſoleil font éclore, de même & tout-à-coup, François I.er, ſans ceſſer d'être le

Dieu Mars de la France, à l'ombre de ses lauriers, caressa les Muses & les fixa dans son royaume. Déjà il avoit attiré à sa Cour *Léonard de Vinci ;* il eût desiré pouvoir en faire autant du divin *Raphaël,* à qui ce Roi fit faire le sublime tableau du St Michel, guerrier céleste, terrassant le prince des ténèbres, & le fameux morceau représentant la sainte Famille : s'il ne put avoir à sa Cour ce nouvel Homère de la peinture, il eut au moins son élève favori, *André del Sarto,* & successivement, *il Rosso, le Primatice* & *Nicolo del Abbate,* qui tous embellirent le séjour du Roi à Fontainebleau.

Alors les estampes, qui avant François Ier n'étoient que de petits ouvrages de patience & de propreté, devinrent les premières pensées de ces grands Artistes : des mains de ces hommes rares, elles prirent de l'élévation dans le génie, de la pureté dans le dessin, & de l'expression : Peintre & Graveur ne furent qu'un ; de ce *crescendo* naquit ce que l'on entend sous le nom de bel ensemble. Mais pour que le tems de graver n'empiétât pas trop sur celui de peindre, ils imaginèrent un procédé expéditif, ce fut celui de graver à l'eau-forte, même en clair-obscur, c'est-à-dire, sur deux planches en bois, dont l'une donne le trait & la lumière ; l'autre l'ombre & les nuances : on a depuis augmenté ce procédé jusqu'à cinq planches, ce qui produit du merveilleux chez les uns, & peut-être de l'indulgence chez les autres. De-là, *la Gravure* s'éleva à son plus haut degré de perfection ; il se forma des Graveurs en taille-douce, dite au burin, qui quittèrent le pinceau ou concilièrent l'un & l'autre ; tels furent les *Marc-Antoine,* les *Albert-Durer* & les *Lucas de Leyde.* Les estampes se rangèrent tout naturellement sous trois genres, le premier fut de l'inimitable & gracieux burin de ces étonnans Graveurs ; le second, *la Gravure à l'eau-forte,* & celle en clair-obscur, que les Peintres estimoient comme des idées à remettre au net sur la toile ; le troisième & dernier, *la Gravure* servant d'intelligence & d'ornement à la *Typographie.*

Il étoit réservé au beau siècle de Louis XIV, de songer à recueillir les productions d'une découverte si utile aux Sciences, si glorieuse pour les Arts, & si intéressante pour répandre de la clarté sur l'antiquité, comme sur une infinité de points d'histoire, en un mot, une découverte qu'on devroit nommer le Type universel. M. *de Marolles,* Abbé de *Villeloin,* d'une famille noble de Touraine, qui joignoit à un goût décidé pour les Lettres, qu'il a beaucoup cultivées, celui des beaux Arts & particulièrement de la *Gravure,* avoit recueilli, à grands frais, ce que cet Art avoit créé depuis son berceau, en 1470, jusqu'à son siècle, en 1660. De toutes ces productions il avoit formé *deux cents soixante-quatre volumes,* presque tous de la forme du grand *Atlas,* rangés sous trois divisions : la première, contient l'origine de la *Gravure,* qu'il nomme vieux Maîtres, & petits Maîtres, à cause de la petitesse de la planche de cuivre sur laquelle ils gravoient ; la seconde renferme les grands Maîtres, c'est-à-dire, les Œuvres de ceux qui sont les Chefs de chaque École dans leur patrie, & de suite leurs successeurs, qui souvent les ont égalés, si par fois ils ne les ont pas surpassés, ce qui seroit dans l'ordre des choses, en suivant les progrès de l'efprit humain; la troifième & dernière, les Eftampes rangées méthodiquement & fubdivifées par Hiftoire univerfelle, Sciences, Arts & Métiers. Parmi cette précieufe collection, l'on remarque entr'autres une note de la main de cet Amateur & favant Abbé, qui apprend qu'en l'année 1660, M. *l'Abbé de Marolles* acheta feize louis d'or une pièce rare, compofée & gravée par *Lucas de Leyde*, dite *Ulefpiègle;* elle repréfente une fcène triviale, où l'on voit une de ces familles, que l'on connoît fous le nom de Bohémiens, voyageant à pied, fous la fauve-garde de leur chien, d'un âne chargé de bagages & de leurs petits enfans dans une hotte & fur l'épaule de la mère: le prix de cette Eftampe paroîtra moins exhorbitant lorfque l'on faura que feu M. *Mariette* poffédoit une lettre du célèbre *Rembrands*, par laquelle il prie un de fes amis, vers 1630, de lui faire l'emplette de quatre eftampes gravées par le même *Lucas de Leyde*, & d'en donner jufqu'à feize cents florins, environ deux mille quatre cents livres. A la vente du Cabinet de M. le *Comte de Chabannes*, Major du régiment des Gardes-Françoifes, il s'y trouva deux Épreuves rares du portrait du Bourguemeftre de Hollande, *Jean Six*, ami des Lettres & Protecteur de *Rembrands*, l'une imprimée fur le papier de Chine, Épreuve parfaite; l'autre moins belle Épreuve, avec des variations, elles furent adjugées pour cinquante louis d'or. Deux Curieux de diftinction, piqués d'avoir laiffé adjuger ces deux morceaux à un prix fi modique, car on leur avoit caché qu'ils étoient deftinés pour le Cabinet du Roi; offrirent au Commiffionnaire trente piftoles en fus, feulement pour l'Épreuve la moins belle.

M. *Colbert* informé du mérite de la collection de M. l'*Abbé de Marolles*, & perfuadé que le Roi prendroit plaifir à jeter les yeux fur les témoignages d'un art qui remplit le beau précepte d'Horace, *Omne tulit punctum qui mifcuit utile dulci*, en fit l'acquifition pour le Roi en 1667, après la mort de l'illuftre propriétaire; Sa Majefté en fit tellement fon amufement que fi l'on ofoit on en tireroit la conféquence, que bientôt après, Verfailles devint en beauté réelle, ce que les nouveaux porte-feuilles d'eftampes du Roi fembloient avoir infpiré au jeune Monarque & à fon Miniftre.

Quelques années auparavant *Gafton, Duc d'Orléans*, oncle du Roi, avoit légué à Sa Majefté, parmi le nombre des raretés de fon Cabinet, une fuite d'Hiftoire Naturelle que ce Prince faifoit peindre en miniature & fur vélin, d'après les plantes de fon jardin de Botanique & les animaux de fa ménagerie à Blois, par le célèbre *Nicolas Robert;* Louis XIV la fit augmenter confidérablement par *Jean Joubert* & par *Nicolas Aubriet*, qui l'un & l'autre fe rendirent les émules du fameux *Robert;* & fous Louis XV, cette collection précieufe & unique a été continuée par le même *Aubriet* & *Magdeleine Paffeporte* fon élève. L'objet du Roi eft de faire peindre l'empire de la Nature dans fes trois règnes: *Végétal, Animal & Minéral.* Déjà foixante volumes richement reliés *in-folio* renferment ces peintures, partie en gouache, & partie en miniatures, dont chaque morceau a été payé dans fon principe cent francs la pièce.

Le Roi voulant que ce tréfor fi utile à l'humanité, & fi précieux par fon exécution, paſſât à la poſtérité, trois célèbres Graveurs; ſavoir, *Nicolas Robert*, le même qui en a peint une grande partie, *Abraham Boſſe* & *Louis de Chatillon*, gravèrent, par ordre du Roi, depuis 1670 juſqu'en 1682, trois cents dix-huit planches ſeulement ſur la Botanique, de la même grandeur que les originaux, & ſur des deſſins à la ſanguine très-ſoignés & très-intelligens qu'ils en avoient faits pour éviter tout accident; le ſavant M. *Dodart* donna la deſcription des trente-ſept premières planches qui parurent ſous le titre de *Mémoires pour ſervir à l'Hiſtoire des Plantes.* Imprimerie Royale, 1678, *in-folio.*

Une autre collection unique & non moins précieuſe, fut léguée au Roi en 1712, par M. *de Gaignières*, gentilhomme, qui avoit été l'un des Inſtituteurs des Enfans de France; il fouilla dans la Capitale & dans les provinces, & y faiſoit lever ce qui portoit un caractère de Monument françois, temples ſacrés, palais, châteaux, ſceaux, vitreaux, anciens tableaux, tapiſſeries, uſages, cérémonies, habillemens, tombeaux, manuſcrits, tout entroit dans ſon plan, depuis Clovis, juſques & compris le règne de Louis XIV; ce ſont des deſſins partie peints en miniature, à gouache, & partie coloriés ou lavés à l'encre de la Chine, contenus dans trente porte-feuilles, leſquels ont ſervi au ſavant *Dom Bernard de Montfaucon*, pour ſon grand ouvrage des Monumens de la Monarchie françoiſe, préſervés de l'injure des temps, publiés en 1715. Le ſavant *Falconet* avoit pris des notices de ce précieux Recueil, qui ayant été communiquées à feu M. *Fevret de Fontette*, Conſeiller au Parlement de Bourgogne, n'ont pas peu contribué à orner ſa nouvelle édition des Hiſtoriens de France du P. *le Long.* M. *de Gaignières* avoit ajouté à ſon legs un Recueil de portraits, gravés par divers Auteurs, qu'il avoit raſſemblés au nombre de douze mille. M. *de Clairambault*, Généalogiſte, traita de la partie de portraits qu'il avoit auſſi, montant environ à huit mille; ces deux parties ſe ſont tellement accrues, que maintenant le nombre atteint celui de trente mille portraits, qui ſont autant de titres honorifiques pour les familles par leur naiſſance & leurs dignités, que par leur mérite dans les Lettres & dans les Arts; ils ſont rangés par pays & par état, à commencer depuis le ſceptre juſqu'à la houlette.

Louis XIV augmenta encore ſon Cabinet d'Eſtampes d'une richeſſe qui n'a point d'égale; ce ſont les planches gravées en taille-douce, dont Sa Majeſté fit exécuter la majeure partie & fit faire acquiſition de l'autre, toutes ces planches, au nombre de plus de treize cents, ont un rapport immédiat à la magnificence du Trône; tels ſont les Maiſons royales, Châteaux, Parcs, Jardins, Fontaines, Baſſins, Tableaux, Plafonds, Galeries, Statues, Vaſes, Médailles Antiques, Plans de guerre, Places fortes, Camps, Campagnes militaires, ſur terre & ſur mer; les fêtes que Sa Majeſté donna, au retour de ſes conquêtes, aux Tuileries, à Verſailles & à Fontainebleau: ces Planches ſont exécutées par les plus célèbres Artiſtes du temps, dont les principaux ſont *Edelink*, *Gerard Audran*, *Sébaſtien Leclerc* & autres, & forment un recueil connu ſous le titre de Cabinet du Roi, en vingt-quatre grands volumes, dont Sa Majeſté gratifie qui il lui plait; il ſeroit à ſouhaiter que beaucoup d'autres planches, pareillement

gravées

gravées aux dépens du Roi, fuſſent réunies au chef-lieu, c'eſt-à-dire, avec celles de ce recueil, comme viennent de l'être les trois cents ſoixante-quatorze planches de Botanique, dont il eſt parlé ci-deſſus.

En 1731, Louis XV unit à ſon Cabinet la collection provenant de feu M. le *Marquis de Beringhen*, Premier Écuyer : elle contient *quatre cents ſoixante-ſix volumes*, la plupart *Cartâ maximâ*, reliés en marroquin & aux armes du Roi, comme ſi ce Seigneur avoit prévu qu'un jour ſa collection feroit ſuite à celle qui avoit été acquiſe autrefois de M. *l'Abbé de Marolles* ; en effet, celle de M. *de Beringhen* reprend, pour ainſi dire, à l'année 1660, époque à laquelle *l'Abbé de Marolles* en étoit reſté ; elle renferme principalement des Maîtres de l'École de France, juſqu'à l'année 1730.

Le Cabinet des Eſtampes de Sa Majeſté accumule de jour en jour de nouvelles richeſſes, ainſi que les autres branches de la Bibliothèque ; cinquante porte-feuilles contiennent des Cartes céleſtes, terreſtres & hydrographiques, ſous le nom d'Atlas compoſé : les mêmes objets traités par divers Ingénieurs-Géographes, y ſont rapprochés & mis en parallèle, ce qui reſtitue à l'un un local ou un nom de lieu, échappé à l'autre ; cet arrangement donne auſſi la conviction, quand ces divers Auteurs n'ont été que Plagiaires ou Copiſtes.

Feu M. *Lallemant de Betz*, Fermier général, s'étoit rendu propriétaire de quatre-vingt volumes d'Eſtampes qui avoient appartenu au *Maréchal d'Uxelles*, & qui ſont diviſés ſous deux points de vue ; le premier eſt une ſuite de portraits d'hommes de toutes conditions, rangés chronologiquement, ou à l'époque de leur mort, depuis les Philoſophes Grecs & Romains, juſqu'au milieu du règne de Louis XIV ; la ſeconde partie contient des pièces géographiques, topographiques, & le coſtume de chaque royaume, dans les quatre parties du monde : on a ajouté à ces deux parties les éloges d'*André Thevet*, & la deſcription du Monde de *Pierre Davity :* cette collection a été cédée par échange en 1756.

En 1770, M. *Fevret de Fontette*, Conſeiller du Parlement de Bourgogne, traita pour dépoſer au Cabinet ſon Recueil ſur l'Hiſtoire de France, par eſtampes, contenu en ſoixante porte-feuilles, *Cartâ maximâ*, rangées par époque, commençant par le Peuple Gaulois, ſous Jules Céſar, & finiſſant avec le règne de Louis XV ; toutes ces Eſtampes bien ou mal exécutées, ont ſervi pour concourir à l'immenſité des faits de cette Hiſtoire ; elles ne déparent point ce bel enſemble, & ſi quelque choſe doit ſuppléer au manque de perfection dans le détail, ce qui n'eût pas été poſſible autrement, en s'aſſujettiſſant à ne vouloir choiſir que des Eſtampes ſupérieurement gravées, c'eſt que cette défectuoſité inévitable a été remplacée par des annotations de la main du Rédacteur ; ce travail hiſtorique n'a pas peu contribué à mériter à ce ſavant Magiſtrat l'honneur qu'il s'eſt acquis juſqu'à la dernière année de ſa vie, en 1772, qu'il s'en occupoit encore.

Cette même année, Sa Majeſté fit auſſi acquiſition du Cabinet d'Eſtampes de M. *Bégon*, Intendant de la Marine du Roi à Dunkerque : cette collection avoit été formée par ſon aïeul, mort en 1710, connu par ſes ſervices dans les Intendances de la Rochelle & de Rochefort, & par les bienfaits qu'il aimoit à répandre fur les Lettres & fur les Arts : le Livre des Hommes illuftres, par Charles Perrault, attendoit pour paroître un généreux Mécène, M. *Bégon* l'aïeul fe fit un plaifir de donner des fonds confidérables pour la gravure des portraits qui font le premier objet de ce magnifique ouvrage. Le favant *P. Plumier*, Minime, venoit de travailler à un ouvrage utile, intitulé l'*Art de tourner* ; cet excellent Traité n'auroit pu voir le jour fans les planches qui y étoient abfolument néceffaires, M. *Bégon* fe chargea de la dépenfe ; & comme il n'exigeoit que des talens, dé la part des ftudieux qu'il obligeoit, le *P. Plumier* trouva dans cet illuftre Magiftrat tous les fecours dont il avoit befoin, même pour fes travaux de Botanique en Amérique. Les hommes qui ont fi bien mérité des Sciences & des Arts, ne font jamais oubliés ; auffi Sa Majefté Louis XV s'exprime ainfi dans le brevet qu'Elle fit expédier à M. *Bégon* à l'occafion de ce Cabinet: *J'accepte le Cabinet d'Eftampes du fieur Bégon mon Intendant de la Marine, moins comme un fupplément à celui que j'ai déjà, que par confidération pour l'honneur & les bons fervices qui m'ont été rendus par lui & par fes ancêtres.* Ne pouvant entrer ici dans un long détail fur ce Cabinet, nous obferverons feulement que dans le nombre confidérable de volumes qu'il contient, il en eft un entr'autres du plus rare mérite ; ce font des oifeaux peints à gouache d'une exécution admirable par le deffin, la couleur & la touche fpirituelle : on ignore le nom de l'Auteur, mais on feroit tenté de le croire de la main de la *Virtuofe Marie Sybille Merian*, fille célèbre par l'univerfalité de fes talens, & par fon héroïfme dans le voyage qu'elle entreprit pour Surinam, & qui nous a produit un excellent livre qu'elle a deffiné, gravé, colorié & écrit elle-même en latin ; chaque dénomination des oifeaux de ce volume eft écrite par la plus belle main hollandoife qui fût alors, il provient de l'inventaire du *fieur Aubriet*, peintre du Jardin du Roi. M. *Bégon* regrette de n'avoir point acquis la totalité des pièces de la même main qui exiftoient alors, afin que fon hommage au Roi fût plus complet, par déférence il partagea l'article de cette vente entre lui & M. *de Malesherbes*, Premier Préfident de la Cour des Aides.

Parmi un nombre confidérable de morceaux détachés que M. *le Comte de Caylus* prenoit plaifir de dépofer au Cabinet des Eftampes, il fit préfent d'un volume fans prix, intitulé: *Peintures antiques*, que le célèbre *Pietre Sante Bartoli* avoit imitées à la gouache, pour la Reine Chriftine de Suède, pendant le féjour qu'elle s'étoit choifi à Rome : ces peintures font fi précieufes, que M. *le Comte de Caylus*, après les avoir fait graver, voulut ne faire tirer de ces planches que trente exemplaires, ainfi que du favant Difcours imprimé qu'il y joignit, car il fit rompre les cuivres fous fes yeux, après avoir placé ce petit nombre d'exemplaires dans les plus fameufes Bibliothèques de l'Europe. Chacun de ces exemplaires eft fi fupérieurement enluminé, qu'ils le difputent de beauté aux deffins originaux. A la prière de M. *le Comte de Lignerac*, aujourd'hui *Duc de Caylus*, le Roi a bien voulu lui laiffer la jouiffance, fa vie durant, de ce précieux volume que M. *le Comte de Caylus* fon oncle, donna au Cabinet des Eftampes du Roi en

1764, ainſi qu'un portrait du Roi François Ier peint en miniature par *Nicolo del Abbate* ; ce Prince, repréſenté en pied, eſt ingénieuſement vêtu ſous les emblêmes de cinq Divinités ; il a été gravé de la même grandeur que le tableau, & nous nous propoſons de parler de ce Monument à la ſuite de ces Obſervations.

Il réſulte de ce qui a été dit ci-deſſus, que le Cabinet des Eſtampes du Roi eſt un tréſor inappréciable, utile & agréable ; que cet auguſte Muſée, depuis un ſiècle & demi eſt ſous le gouvernement du nom illuſtre *Bignon* ; qu'il eſt glorieux pour eux, & pour les Miniſtres leurs parens, M. *le Comte de Maurepas* & M. *le Duc de la Vrillière*, d'avoir porté nos Rois à faire de la Bibliothèque Royale, la collection la plus précieuſe & la plus vaſte de l'Europe, de l'aveu même des Savans étrangers ; auſſi ce temple des Muſes fixe-t-il à jamais l'amour & le goût des Arts & des Lettres en France.

C'eſt à M. *Joly*, Garde actuel du Cabinet des Eſtampes du Roi, qui a les connoiſſances les plus ſûres & les plus profondes dans cette partie des Arts, que nous ſommes redevables de cette notice intéreſſante ; nous eſpérons que le Public partagera avec nous la reconnoiſſance que nous lui devons à ce titre, comme il le fait pour le bel ordre qu'il a mis dans le précieux dépôt qui eſt confié à ſes ſoins.

C A B I N E T D E S M É D A I L L E S.

Origine & accroiſſement de ce Cabinet.

GASTON DUC D'ORLÉANS avoit donné à Louis XIV, une ſuite de Médailles Impériales en or, & comme M. *Colbert* s'aperçut que Sa Majeſté ſe plaiſoit à conſulter ces reſtes de l'Antiquité ſavante, il n'oublia rien pour ſatisfaire un goût ſi honorable aux Lettres. Par ſes ordres & ſous ſes auſpices, M. *Vaillant* parcourut pluſieurs fois l'Italie & la Grèce, & en rapporta une infinité de Médailles ſingulières. On réunit pluſieurs Cabinets à celui du Roi ; & des Particuliers, par un ſacrifice dont des Curieux ſeuls peuvent connoître l'étendue, conſacrèrent, volontairement dans ce dépôt, ce qu'ils avoient de plus précieux en ce genre. Ces recherches ont été continuées dans la ſuite avec le même zèle & le même ſuccès. Le Cabinet a reçu des accroiſſemens ſucceſſifs, & l'on pourroit dire à préſent qu'il eſt au-deſſus de tous ceux qu'on connoît en Europe, s'il ne jouiſſoit depuis long-temps d'une réputation ſi bien méritée.

Cette immenſe collection eſt diviſée en deux claſſes principales ; l'Antique & la Moderne. La première comprend pluſieurs ſuites particulières, celle des Rois, celle des villes Grecques, celle des Familles Romaines, celle des Empereurs, & quelques-unes de ces ſuites ſe ſubdiviſent en d'autres, relativement à la grandeur des Médailles & au métal. C'eſt ainſi que des Médailles des Empereurs on a formé deux ſuites de Médaillons & de Médailles en or ; deux autres de Médaillons & de Médailles en argent ; une cinquième de Médaillons en bronze ; une ſixième de Médailles de grand bronze ; une ſeptième de celles de moyen bronze ; une huitième enfin de Médailles de petit bronze.

La Moderne eft diftribuée en trois claffes, l'une contient les Médailles frappées dans les différens États de l'Europe, l'autre les Monnoies qui ont cours dans prefque tous les pays du monde, & la troifième les Jetons. Chacune de ces fuites, foit dans le Moderne, foit dans l'Antique, eft, par le nombre, la confervation & la rareté des pièces qu'elle contient, digne de la magnificence du Roi & de la curiofité des Amateurs.

Au-deffus du Cabinet des Médailles, on trouve celui des Antiques, c'eft-là qu'on voit le Tombeau de Childeric I, roi de France, découvert à Tournai l'an 1653, & deux grands Boucliers d'argent, deftinés à être fufpendus dans des Temples. Le premier, du poids de quarante-deux marcs, fut trouvé en 1656 dans le Rhône, & repréfente l'action mémorable de la continence du jeune Scipion. Le fecond, qui pèfe un marc de plus, fut découvert en 1714, fous terre dans le Dauphiné, & l'on croit, avec beaucoup de probabilité, qu'il appartenoit à Annibal. Le Cabinet des Antiques renferme encore un très-grand nombre de Figures, de Buftes, de Vafes, d'Inftrumens des facrifices, de Marbres chargés d'infcriptions, & enfin de tous les monumens de cette efpèce, qu'on a pu raffembler avec choix & avec goût.

LE COLLÉGE ROYAL.

Tous les fiècles de l'Églife furent infectés de diverfes héréfies, mais leurs Auteurs n'eurent jamais de fyftême plus lié qué depuis le XII.ᵉ fiècle, qui vit naître les erreurs de *Waldo*. Le prétexte des Héréfiarques fut dans tous les temps de réformer l'Églife & de ramener le dogme à fa pureté originelle; celui dont nous parlons & fes fucceffeurs, l'ont toujours mis en avant pour autorifer leurs erreurs.

Les Pères & les Docteurs affemblés en concile à Vienne en 1309, fentirent que le reproche d'ignorance des Langues originales de l'Écriture, que les fectaires faifoient au Clergé catholique, n'étoit malheureufement que trop fondé; pour faire ceffer ce fcandale, il fût ftatué dans ce Concile, que dans les quatre plus fameufes Univerfités de l'Europe, celles de Paris, d'Oxford, de Salamanque & de Bologne, il feroit fondé aux dépens des rois de France, d'Angleterre, d'Efpagne, & du Souverain Pontife lui-même, des chaires pour l'étude des langues Hébraïque, Grecque & Arabe.

On ne fait fi les autres Puiffances nommées au concile de Vienne, fe conformèrent à cette partie de ces décrets, mais en France il n'eut point d'exécution que deux cents trente ans après, & ce fut pour combattre avec avantage les héréfies qui pulluloient en Europe fous le règne de François I.ᵉʳ que ce Prince, à la follicitation de *Guillaume Budée*, Maître des Requêtes, & de *Jean du Bellay*, évêque de Paris, fonda en 1539 deux chaires d'Hébreu & de Grec, auxquelles il ajouta les années fuivantes des chaires de Mathématiques, de Philofophie & d'Éloquence latine.

Cette inftitution eut donc pour objet principal d'humilier l'orgueil des

fectaires,

fectaires, qui se glorifioient d'entendre mieux l'Écriture sainte que le Clergé catholique, & subsidiairement d'enseigner gratuitement les genres de Littérature & de Sciences qui ne s'enseignoient point auparavant dans l'Université de *Paris*, & de perfectionner les études qui ne s'y faisoient que d'une manière fort imparfaite. *François I.*ᵉʳ assigna à chacun des Professeurs deux cents écus d'or de gages, sur son Trésor royal; il les décora du titre de ses Conseillers-Lecteurs & Officiers Commensaux de sa Maison, & n'épargna rien pour rendre ces charges l'objet de l'ambition des Nationaux & des Savans étrangers, & un des moyens de les fixer près de lui.

Le succès de leurs Leçons, le nombre d'excellens Ouvrages en tous genres qu'ils s'empressèrent de publier, encouragèrent le Monarque à pousser plus loin son établissement: il avoit dessein de bâtir à ces Professeurs un magnifique Collége en face du *Louvre*, sur l'emplacement de l'ancien hôtel de *Nesle*, d'y rassembler six cents Élèves choisis, & de le doter de cinquante mille écus de revenu en bénéfices; les Lettres-patentes en furent expédiées & enregistrées à la Chambre des Comptes, mais les embarras multipliés que lui suscita l'ambition de *Charles-Quint*, ne lui permirent pas de remplir ce projet. Les Lecteurs & Professeurs royaux continuèrent à vivre dispersés & à donner leurs Leçons dans les salles des Colléges de *Tréguier* & de *Cambrai*, que les Principaux de ces deux petits Colléges s'empressèrent à leur ouvrir.

Henri II, Charles IX & *Henri III*, honorèrent les Professeurs royaux d'une protection spéciale: ils daignèrent quelquefois les admettre dans leur Cour, encouragèrent leurs travaux, fondèrent de nouvelles Chaires, & s'engagèrent successivement à remplir le vœu de leur auguste Prédécesseur; mais les guerres de Religion où ils se trouvèrent enveloppés, mirent toujours des obstacles invincibles à l'exécution de ce beau projet.

La Ligue, si funeste à tous les Ordres de l'État, manqua de renverser de fond en comble cet Établissement Littéraire; dans des temps orageux où l'on manquoit d'argent pour soudoyer les Troupes, on ne s'occupoit guère de pourvoir à la subsistance de quelques Professeurs, & ils furent quatorze ans sans toucher leurs gages & n'en continuèrent pas moins leurs Leçons.

Après la réduction de *Paris*, ils furent présentés à *Henri IV*, & lui exposèrent la déplorable situation où ils étoient réduits: *J'ordonne*, dit ce grand & généreux Monarque, *qu'on ôte un plat de ma table pour en nourrir mes Lecteurs; M. de Rosni les payera.* Ce Ministre si austère & si exact, les accueillit avec bonté; après s'être fait rendre compte de leurs travaux & de leurs services: *Les Rois vos fondateurs*, leur dit-il, *vous ont donné de beaux parchemins; le Roi mon maître vient de vous donner de belles paroles, & moi je vais vous donner de beaux écus au Soleil.*

Non-seulement ce grand Ministre acquitta ce qui leur étoit dû, mais il se chargea d'être leur solliciteur auprès du Roi, & de demander pour eux une augmentation de gages. En effet, il représenta au Roi que la même somme qui fous *François Ier* mettoit les Profeffeurs royaux dans l'opulence , ne fuffifoit déjà plus pour pourvoir aux premiers befoins de la vie. C'eft à la protection toute puiffante de ce grand homme , bien plus qu'à celle du Cardinal *Du Perron*, que les Profeffeurs royaux dûrent leurs premières Écoles.

On réfolut enfin d'exécuter une partie du plan de *François Ier*, mais on ne fongea plus à l'emplacement de l'hôtel de *Nefle*. Les Colléges de *Tréguier* & de *Cambrai* embraffoient une étendue de terrein affez confidérable pour y faire tous les établiffemens que le *Collége Royal* pouvoit comporter. *Henri IV* les acquit des Principaux & Bourfiers, qui dûrent avoir, par le contrat, des logemens dans le nouveau bâtiment. On fe propofoit d'y loger auffi la Bibliothèque Royale, qui depuis *François Ier* étoit à *Fontainebleau* , & de doter le nouveau *Collége Royal de France*, car ce fut le nom que lui donna *Henri-le-Grand*, d'une fomme de dix mille écus de revenu. Les fondemens en furent jetés & les murs commençoient à s'élever , lorfque ce Prince fut enlevé, à la Nation & aux Lettres, par un parricide affreux.

Louis XIII fon fils vint cependant, dans les premiers mois de fon règne, pofer la première pierre de l'aile de ce bâtiment, qu'on avoit deftinée pour y placer la Bibliothèque Royale : ce fut la feule qu'on acheva. Les troubles de la Régence , les finances de l'État pillées par d'avides Étrangers, firent fufpendre & puis abandonner entièrement les travaux commencés ; ainfi fut fruftrée l'intention de l'immortel *Henri*. Les Principaux & les Bourfiers des Colléges de *Tréguier* & de *Cambrai*, qui aux termes du contrat d'acquifition devoient avoir leur logement dans ce nouvel établiffement, perdant toute efpérance de le voir achever , comblèrent les travaux commencés & fe remirent en poffeffion de prefque tout leur terrein, fans que perfonne pût ou voulût s'y oppofer. Il ne refta aux Profeffeurs royaux que trois falles au rez-de-chauffée pour leur fervir d'École, & une longue galerie au premier étage, où l'on pratiqua quelques cloifons de bois, & où l'on fit trois ou quatre cheminées pour y loger par la fuite l'Infpecteur de ce Collége, & l'un des plus anciens Profeffeurs; les autres reftèrent comme auparavant épars dans les divers quartiers de Paris.

Une tracafferie peu importante occafionna vers ce même temps une forte de fchifme entre le *Collége Royal* & l'*Univerfité*, & opéra depuis une féparation de fait : en voici l'origine.

Les Rois fondateurs des diverfes Chaires royales , s'étoient d'abord réfervé à eux-mêmes le choix & la nomination des fujets dont ils voudroient les remplir ; dans la fuite ils fe déchargèrent de ce foin fur le Grand-Aumônier de France ; mais tous ces Prélats ne fe trouvèrent pas également capables de faire le meilleur choix, ou de réfifter aux brigues & à la féduction : *Ramus ,* doyen des Profeffeurs royaux, obtint du roi *Charles IX*, des Lettres patentes pour mettre les Chaires du *Collége Royal* au concours, lorfqu'elles viendroient à vaquer : chagrin de ce qu'une loi fi fage ne s'exécutoit point , il fonda de fes propres deniers une Chaire de Mathématiques , qu'il foumit aux mêmes conditions auxquelles il avoit voulu affujettir les autres; & par l'acte de fondation, il établit les Profeffeurs royaux Juges du concours (*a*).

Le Recteur, en fa qualité de Chef de l'Univerfité, entreprit de gêner les Profeffeurs dans l'exercice du droit que leur avoit donné le Fondateur. Il vint faire une defcente fcandaleufe au *Collége Royal*, & n'y fut pas reçu avec les égards qu'on eût eus pour fa dignité s'il ne l'eût pas légèrement compromife; il intenta un procès au Parlement aux Profeffeurs royaux, & s'appuyant fur les Lettres patentes de *Charles IX*, il obtint contre eux un arrêt, qui jugeant ce qui n'étoit point en queftion, puifqu'il s'agiffoit de la Chaire de *Ramus*, dont la nomination leur étoit déférée par la fondation, fufpendoit le payement de leurs gages, & privoit le Grand - Aumônier du droit de nomination aux autres Chaires vacantes. Les Profeffeurs royaux appelèrent de cet arrêt au Confeil du Roi, où le procès refta fufpendu pendant fept ans.

Dans cet intervalle, la charge de Grand-Aumônier étant venue à vaquer, elle fut conférée au Cardinal *Alfonfe de Richelieu*, frère du premier Miniftre. Cette Éminence n'eut pas de peine à obtenir un arrêt du Confeil, qui caffoit celui du Parlement & impofoit filence aux Recteur & Suppôts de l'Univerfité, maintenoit le Grand-Aumônier dans la nomination des Chaires vacantes, & les Profeffeurs royaux dans l'exercice de leur droit de nomination à celle de *Ramus*. Ce même arrêt refferroit dans des bornes très-étroites la jurifdiction du Recteur fur le *Collége Royal*. La forte de haine que ce démêlé avoit occafionnée, fubfifta long-temps entre ces deux Compagnies, au grand détriment des études; les Grands-Aumôniers d'un autre côté, que rien ne gênoit plus, continuant d'abufer de leur autorité, furent privés de l'adminiftration du *Collége Royal*, qui fut donnée au Secrétaire d'État ayant le département de la Maifon du Roi (*b*).

Louis XIII & *Louis XIV* fondèrent de nouvelles Chaires au *Collége Royal*; mais ne fongèrent point à augmenter les gages des Profeffeurs, qui dès-lors fe trouvoient réduits à fix cents livres, ni à fuivre le plan de *Henri IV*; la gloire en étoit réfervée au feu Roi *Louis XV*.

Après la réunion des Bourfiers de tous les petits Colléges à celui de *Louis-le-Grand*, le feu Roi acquit, au profit du *Collége Royal*, les reftes des terreins des Colléges de *Tréguier* & de *Cambrai*, qui ne renfermoient plus que des mafures. Ce premier bienfait n'eût vraifemblablement pas préfervé le *Collége Royal* d'une ruine totale, fi les Profeffeurs royaux n'euffent trouvé dans M. *le Duc de la Vrillière*, un Protecteur zélé. Ce Miniftre mit fous les

---

F (*a*) Cette Chaire eft la feule qui fe foit toujours donnée au concours. En 1669, on donna deux Chaires vacantes au concours; mais c'eft le feul exemple de Chaires de fondation Royale données de cette manière.

(*b*) La feule juridiction que le Grand-Aumônier ait confervée au *Collége Royal*, eft de recevoir le ferment des Profeffeurs nommés, encore peuvent-ils être difpenfés de cette formalité par un arrêt du Confeil.

yeux du Roi & de son Conseil, la situation déplorable d'un établissement qui, depuis l'époque de sa fondation, avoit rendu aux Lettres & à l'Éducation les services les plus importans.

Les Professeurs, qui doivent être choisis parmi les Savans les plus distingués, se trouvoient réduits à six cents livres de gages, payables sur le Trésor royal; forcés de se disperser dans les divers quartiers de *Paris*, pour se loger, ils ne pouvoient que très-difficilement se rendre aux heures de leurs Leçons, avec cette exactitude rigoureuse, si nécessaire à la discipline: ils n'avoient que trois Écoles pour dix-neuf Professeurs, & lorsqu'elles se trouvoient remplies, il falloit que le Professeur & les Étudians qui survenoient, attendissent dans une cour, exposés à toutes les injures de l'air, qu'une des salles vînt à vaquer pour la pouvoir remplir. Ces Écoles d'ailleurs auxquelles on n'avoit point touché depuis le commencement du règne de *Louis XIII*, achevoient de se dégrader. Dans le nombre de dix-neuf Chaires, plusieurs se trouvoient doubles ou triples pour un même genre d'enseignement, & n'attiroient par conséquent presque plus d'Auditeurs; tandis que d'autres genres de connoissances, d'une utilité plus générale, manquoient absolument de Professeurs.

Il se présentoit un moyen de remédier à tous ces inconvéniens, sans qu'il en coutât presque rien à l'État: le Roi, dans la distribution qu'il avoit faite du produit du vingt-huitième de la Ferme des Postes & Messageries du Royaume en 1766, après avoir assigné des augmentations de gages, à tous les Professeurs de l'Université, augmenté les pensions des Émérites & pourvu aux dépenses communes, avoit ordonné qu'il fût déposé dans les coffres de l'Université une somme annuelle de trente mille livres, dont Sa Majesté s'étoit réservé d'assigner l'emploi pour le bien & les progrès de l'Éducation.

En 1772, l'Université demanda qu'il fût fait emploi des sommes réservées pour la construction d'un Chef-lieu, qui se trouvoit déjà tout établi au *Collége de Louis-le-Grand* : M. *le Duc de la Vrillière* représenta que le *Collége Royal* ayant été fondé dans le sein de l'Université, & n'en ayant jamais été juridiquement séparé, étoit aussi susceptible qu'aucun autre établissement de l'Université, des grâces du Roi; que les arrérages déjà échus, ne pouvoient être plus utilement employés & contribuer plus efficacement au bien de l'Éducation, qu'en les appliquant aux réparations urgentes & à l'augmentation des bâtimens du *Collége Royal*, & la rente elle-même ou partie d'icelle, à augmenter les gages des Professeurs royaux, qui, vu leur excessive modicité, n'avoient plus aucune proportion avec les besoins de la vie: que lorsque ces Chaires seroient suffisamment dotées, il seroit facile de changer la destination de celles qui paroîtroient superflues, parce qu'alors on trouveroit sans peine des Gens de Lettres, qui consacreroient leurs veilles à les remplir avec l'attachement, le zèle, qui seuls peuvent procurer des succès.

Le Roi, par ses Lettres patentes du 16 Mars 1773, assigna, sur les arrérages déjà échus, la somme de cent vingt mille livres pour la reconstruction & augmentation des bâtimens du *Collége Royal*, en s'engageant de pourvoir de

ses

ſes propres deniers au ſurplus de cette dépenſe, conformément au plan qui ſeroit par lui arrêté, & aſſigna la moitié de la rente, c'eſt-à-dire, quinze mille livres, pour tenir lieu d'augmentation de gages aux Profeſſeurs royaux, ce qui porte les honoraires de ces Chaires à environ quatorze cents livres.

Par arrêt de ſon Conſeil d'État, du 20 Juin de la même année, Sa Majeſté changea la deſtination de celles des Chaires qui étoient doubles ou peu fréquentées, & régla qu'il y auroit déſormais dans ſon *Collége Royal*, outre l'Inſpecteur chargé de veiller à la diſcipline & d'en rendre compte tous les mois au Secrétaire d'État de la Maiſon du Roi; un Profeſſeur d'Hébreu & de Syriaque, un d'Arabe, un de Turc & de Perſan, deux de Grec, dont l'un expliqueroit les Écrits des anciens Philoſophes; un d'Éloquence Latine, un de Poëſie, un de Littérature Françoiſe, un de Géométrie, un d'Aſtronomie, un de Mécanique, un de Phyſique expérimentale, un d'Hiſtoire Naturelle, un de Chimie, un d'Anatomie, un de Médecine-pratique, un de Droit Canon, un du Droit de la Nature & des Gens, & un d'Hiſtoire.

Quant aux bâtimens, auxquels on travaille encore, ils conſiſtent en un corps principal avec deux ailes en retour, qui forment une grande & belle cour quarrée, où l'on entre par une porte iſolée, ſurmontée d'un fronton triangulaire, de conſtruction aſſez lourde, qui s'unit aux deux ailes du bâtiment par deux grilles; mais la diſtribution intérieure de cet édifice, très-ſimple à l'extérieur, répond parfaitement aux divers objets qui s'y enſeignent; elle conſiſte:

1.º En une magnifique ſalle des Actes, de ſoixante à ſoixante-dix pieds de longueur ſur trente-ſix de large, au fond de laquelle ſera la Statue du Monarque auguſte qui nous gouverne, & qui, à ſon avènement au Trône, a ordonné la continuation de ce monument, conſacré à la gloire des Lettres, & par conſéquent à celle de l'Empire François. Cette ſalle eſt décorée de colonnes doriques, avec une corniche très-riche; tout autour, entre les colonnes, ſeront placés les buſtes des Rois fondateurs & bienfaiteurs de cet établiſſement, avec des Inſcriptions où ſeront rapportées les fondations des diverſes Chaires & les noms des plus célèbres Profeſſeurs qui les ont remplies.

2.º En huit ſalles deſtinées aux Leçons ordinaires.

3.º En un amphithéâtre pour celles qui conſiſtent en démonſtrations, telles que la Chimie & l'Anatomie.

4.º En un obſervatoire pour les Obſervations aſtronomiques.

5.º En neuf logemens qui ne pourront jamais être habités que par les Profeſſeurs.

Si l'on pouvoit douter de l'utilité que les Lettres & les Sciences ont tirées de cet établiſſement vraiment royal, on n'auroit qu'à conſulter l'hiſtoire qu'a donnée l'Abbé *Goujet*, du *Collége Royal.* Ceux qui parcourront le catalogue qu'il rapporte des Ouvrages des différens Profeſſeurs, ſeront bientôt convaincus qu'aucune autre Société littéraire n'a enrichi l'Europe ſavante d'un auſſi grand nombre de productions; ce qui eſt le plus bel éloge qu'on en puiſſe faire. La reſtauration de ce Collége, & l'augmentation dans l'état des Profeſſeurs,

n

qui font dûs au zèle de M. *le Duc de la Vrillière*, pour les progrès des connoiſſances, feront paſſer le nom de ce Miniſtre bienfaiſant à l'Immortalité.

JARDIN ROYAL DES PLANTES.

Sous le règne de *Henri IV*, on commença à s'occuper de la Botanique; ce Monarque donna à *Jean Chopin* un terrein & une penſion, pour cultiver les plantes médicinales, & particulièrement celles des pays Étrangers, ainſi que celles que les Navigateurs François apportoient des diverſes parties de l'Amérique. Peut-être ce commencement donna-t-il lieu à l'établiſſement qui ſe fit ſous le règne ſuivant, pour cultiver cette branche intéreſſante de l'Hiſtoire Naturelle; mais on ne peut regarder *Henri IV* comme le Fondateur du *Jardin Royal*.

Cet établiſſement & celui de l'Académie Françoiſe, ſont à peu-près du même temps *. *Le Cardinal de Richelieu*, dont le vaſte génie embraſſoit tout, fonda l'Académie Françoiſe pour perfectionner la Langue & le goût, & il établit les Écoles du *Jardin du Roi* pour avancer les Sciences, & ces deux établiſſemens ont eu le plus grand ſuccès juſqu'à nos jours. Les Écoles d'Anatomie, de Botanique & de Chimie, ont toujours été remplies, au *Jardin Royal*, par les Hommes les plus célèbres dans chacun de ces genres, & elles ſont, de l'aveu même des Étrangers, au-deſſus de toutes les Écoles de l'Europe. On y fait chaque année un cours d'Anatomie, un cours de Chirurgie & un cours d'Opérations, & le nombre des Étudians eſt régulièrement de huit cents ou de mille. Un plus grand nombre encore ſe trouve au cours de Botanique, dont les Profeſſeurs & Démonſtrateurs donnent des Leçons dans le *Jardin* même, & enſuite en pleine campagne. Il en eſt de même des cours de Chimie, l'affluence des Étudians y eſt tout auſſi grande, & c'eſt principalement de ce foyer que ſe ſont répandues, depuis cent cinquante ans, les lumières & les connoiſſances de ces Sciences phyſiques.

Le *Jardin Royal* contient tous les arbres & toutes les plantes de l'Univers connu, tant celles qui peuvent vivre en pleine terre, que celles qu'on eſt obligé de conſerver dans des ſerres chaudes, qui, ſans compter les Orangeries, ſont au nombre de ſept & d'une grande étendue. On y compte actuellement neuf à dix mille eſpèces de plantes, dont toutes les étrangères ont été deſſinées ſucceſſivement par les plus habiles Peintres en miniature, depuis le commencement de cet établiſſement ; & cette précieuſe collection de deſſins, qui ſe continue encore aujourd'hui, eſt dépoſée à la Bibliothèque du Roi, dans un très-grand nombre de porte-feuilles, & fait un des objets principaux de la curioſité des Étrangers qui cherchent à s'inſtruire. M. *le Comte de Buffon*, ayant été

---

* *Louis XIII* donna pour cet établiſſement, ſes Lettres patentes en Février 1626; *Gui de la Broſſe*, ſon Médecin, en fut Intendant, M.ʳˢ *Valot*, *Fagon*, *Chirac*, *Dufay*, eurent ſucceſſivement cette Intendance juſqu'en 1739, que M. *le Comte de Buffon*, actuellement en exercice, en fut pourvu par le feu Roi ; M.ʳˢ *de Tournefort*, *Vaillant*, *Antoine & Bernard de Juſſieu*, ainſi que M. *le Monnier*, actuellement Démonſtrateurs, ſe ſont particulièrement diſtingués dans la Botanique.

nommé par le Roi en 1739, à l'Intendance du Jardin du Roi, sentit qu'il manquoit encore à cet établissement une chose essentielle pour l'avancement de la Science de la Nature, & il a formé en peu d'années le *Cabinet d'Histoire Naturelle*, en même temps qu'il a formé la Science même par ses ouvrages. Le *Cabinet* est sans contredit le plus complet qu'il y ait en Europe, parce que chaque classe & chaque genre de la Nature y sont également avancés. On y voit, pour le règne animal, la suite entière des squelettes de tous les animaux quadrupèdes, de plusieurs poissons, oiseaux, &c. ainsi que leurs dépouilles parfaitement conservées : la salle qui contient les oiseaux paroît être une immense volière remplie de plus de mille espèces d'oiseaux différens : les grands poissons & les reptiles sont attachés aux planchers ou aux parois des murs, & les petites espèces conservées dans des vases remplis d'esprit-de-vin : les insectes sont dans des cadres entre deux verres & forment un autre coup-d'œil très-agréable, leur nombre paroît immense ; les coquilles, qui ne sont que les dépouilles d'une classe très-nombreuse dans la Nature, remplissent une très-grande suite de tiroirs, & tout ce qu'il y a de plus rare & de plus singulier dans la Nature vivante, se trouve ici conservé avec le plus grand soin.

Le règne végétal végète en entier dans le Jardin, & l'on trouve de plus dans le *Cabinet* des herbiers immenses qui contiennent toutes les plantes préparées & desséchées : on y trouve aussi de beaux échantillons de tous les bois rares, de toutes les gommes, résines, baumes & autres exudations des plantes, & enfin toutes les graines des végétaux étrangers.

Le règne minéral se présente ensuite avec toutes ses richesses, les pierres précieuses, depuis le diamant jusqu'au cristal ; les métaux, les demi-métaux, toutes les matières métalliques, toutes les pierres transparentes ; en un mot, toutes les substances minérales connues & recueillies dans toutes les parties du monde, & rangées dans le plus bel ordre & de la manière la plus facile pour l'instruction, attirent un très-grand nombre d'Étrangers, & même tous les gens de la Nation qui ont du goût pour les Sciences. On ouvre au Public le *Cabinet* deux fois par semaine, & l'affluence du monde y est constamment égale.

L'Histoire Naturelle & les Naturalistes doivent une reconnoissance immortelle à M. *le Comte de Buffon*, ainsi qu'à M. *Daubenton*, qui ont mis dans le plus bel ordre les richesses dont le *Cabinet* est rempli, & qui par-là ont facilité aux gens studieux l'intelligence de cette Science, presqu'ignorée jusqu'à eux.

EXPLICATION *d'un Monument en Peinture à la gloire de François I.er tiré de Bibliothèque du Roi.*

FRANÇOIS I.er représenté debout & emblématiquement, peint en miniature par *Nicolo Dell' Abbate,* Élève du *Primatice.*

Donné au Cabinet des Estampes du Roi en 1765, par M. le Comte de Caylus; ce Tableau porte, ainsi que l'Estampe, neuf pouces de haut sur six pouces de large.

NICOLO DELL' ABBATE a voulu, sous cinq emblêmes différens, réunir dans une seule & même figure les principales vertus & les traits de François I.er; comme dans les vers qui se lisent au bas, le Poëte *Ronsard* a tenté d'exprimer ce que le Peintre montroit aux yeux, ils ont uni leurs talens pour mieux caractériser ce Héros, qui fut le Père des Lettres & des Arts en France; voici les vers :

> *Francoys en Guerre est un Mars furieux,*
> *En Payx Minerve & Diane à la Chasse,*
> *A bien parler Mercure copieux,*
> *A bien aimer vray Amour plein de grâce:*
> *O France heureuse honore donc la face*
> *De ton grand Roy qui surpasse Nature!*
> *Car l'honorant tu sers en même place*
> *Minerve, Mars, Diane, Amour, Mercure.*

Le Monarque est debout, le casque de Minerve, orné de plumes blanches, couvre sa tête, il tient du bras droit, armé de fer, son épée la pointe en haut; son bras gauche est nu, dans la forme & dans le caractère de l'Adolescence, ou du Dieu de l'Éloquence, portant le Caducée, symbole qui désigne que le Héros s'occupoit des Lettres, dans les momens où Mars le laissoit reposer; il a sur la poitrine l'Égide de Minerve chargée de la tête de Méduse; son habillement, à la manière de Diane, est négligemment agraffé sur l'épaule par un musle de Lion, & retroussé sur la hanche par une ceinture; sur l'autre épaule il porte le carquois avec un cornet de Chasseur & s'appuie sur un arc: ces attributs rappellent le goût que ce Prince avoit pour la chasse, plaisir digne du loisir des Rois: sa parure est de couleur rouge, soyeuse & frangée d'or; elle retombe avec grâce sur ses jambes chaussées de brodequins auxquels sont attachées les Talonnières de Mercure, pour achever d'exprimer que ses qualités dominantes étoient l'activité, la valeur & l'amour des Muses.

M. *le Comte de Caylus,* frappé de l'idée ingénieuse de cette composition, en faisoit l'un des ornemens de son Cabinet; mais comme chaque découverte, qui tenoit à la gloire de la Nation & des Arts, lui sembloit autant d'hommages à faire au Roi, il donna entr'autres ce morceau curieux au Cabinet des Estampes de la Bibliothèque Royale: il vint le voir encore peu de jours avant sa mort, & dit avec transport: *Ce portrait a aussi bonne grâce, à la tête de ce riche Cabinet, qu'avoit François I.er lui-même à la journée de Marignan ∗.*

∗ Le Milanès conquis en 1515.

DESCRIPTION

DESCRIPTION
DU
TOMBEAU DE M. LE COMTE DE CAYLUS.

LE Monument antique a trois pieds un pouce six lignes de haut, sur trois pieds trois pouces neuf lignes de large *.

Ce Tombeau est antique & de porphire ; il a passé du palais *Verospi* en France, ou M. *de Caylus* en avoit fait l'acquisition ; il l'a laissé, par son testament, à sa Paroisse, dans l'intention qu'il lui servît de monument sépulcral.

M. *le Comte de Maurepas*, prié par M. *de Caylus* son ami, d'exécuter ses dernières volontés, a fait transférer ce Tombeau à l'église de Saint Germain-l'Auxerrois, où M.rs les Curé & Marguilliers ont estimé devoir en décorer la chapelle du Grand-Conseil ou des Patrons.

M. *le Comte de Maurepas* a choisi le sieur *Vassé*, Sculpteur du Roi & Dessinateur de l'Académie des Inscriptions & Belles-Lettres, pour faire les ornemens jugés convenables à la place que ce morceau d'antiquité devoit occuper dans une église & à la mémoire de son ami : ces augmentations consistent en un médaillon de bronze, entouré de deux branches de cyprès, tombantes & appliquées sur une nappe de marbre noir, sur laquelle on lit cette Inscription : *Hìc jacet A CL. P H. de Thubieres, Comes de Caylus, utriusque & Litterarum & Artium Academiæ Socius : obiit die* VI *Sept.* A. M. DCCLXV, *ætatis suæ* LXXIII.

La simplicité de cette Épitaphe est parfaitement d'accord avec celle du monument, & avec celle de l'ame & des mœurs du Mécène des Artistes, dont elle indique la perte : les Académies dont il étoit Membre & les Ouvrages qu'il a laissés, apprennent à l'Europe savante ses connoissances profondes sur l'Antiquité & son goût pour les Arts, qu'il cultiva toute sa vie, à l'ombre des ateliers & dans l'oubli de l'éclat des grandeurs qu'il auroit pu tenir de ses vertus & de sa haute naissance.

Une lampe à l'antique, placée sur le sarcophage, ajoute à l'effet lugubre de ce monument ; il est élevé sur un massif à simples moulures, s'amortissant à une proportion géométrale qui porte le Tombeau : l'engencement du tout ensemble, ainsi qu'il a été dit, est du dessin de *Vassé*.

M. *le Comte de Maurepas*, si digne de remplir des fonctions intéressantes pour les Arts & pour l'amitié, a bien voulu permettre que la Gravure perpétuât ce monument dans tous les Cabinets de l'Europe, & qu'elle lui fût dédiée.

---

* *Voyez* le VII.e volume des Antiquités de M. *de Caylus*, & les Journaux de Trévoux, des Savans, &c.

MONUMENS qui se trouvent dans les Jardins de plaisance du BARON DE COBHAM, près de Londres, & ceux de Mgr le DUC DE CHARTRES, à la Barrière de Monceaux, près de Paris.

LORSQU'ON sort de l'enceinte immense de la capitale de l'Angleterre, on trouve une infinité de Maisons de campagne, où l'on respire un air pur & dégagé des vapeurs mal-saines du charbon de terre, dont on est infecté dans cette ville. Ces maisons, pour la plus grande partie, appartiennent à des Négocians, qui, comme ceux d'Amsterdam, y vont le samedi au soir & en reviennent le lundi matin, pour se trouver au coup de midi à la Bourse; mais c'est sur-tout dans les provinces que les Seigneurs ont des habitations charmantes. Entre celles qu'on peut citer, il en est une à *Buckingham-Shire*, appartenante au *Lord Richard Grenville-Temple*, Vicomte & Baron de *Cobham*.

La maison qui est magnifique & de la distribution la plus élégante & la plus commode, a quatre cents pieds anglois de face, ou trois cents quatre-vingts pieds de France; elle renferme une infinité des choses rares & précieuses; comme Dorures, Glaces, Marbres, Porcelaines, Tentures, Tapis, Tapisseries des Gobelins, Statues, Vases antiques & Tableaux de toutes les Écoles. Cette superbe habitation, pour un particulier, est placée au centre à peu-près d'un jardin extrêmement vaste, dont la face principale, regardant le nord-ouest, a quatre mille huit cents pieds anglois de largeur : outre les jardins, il y a encore un Parc immense; mais ce sont ces jardins qui méritent une attention particulière, par la distribution du terrein & par la singularité & la multitude des monumens de diverses espèces, dont il est, pour ainsi dire, semé.

On voit d'abord un arc de triomphe, d'ordre Corinthien, haut de soixante pieds & large d'autant, sur une épaisseur de vingt-sept pieds; l'ouverture de l'arcade est de dix-neuf pieds, sa hauteur, du sol au sommet du ceintre, est quarante-deux pieds, le tout mesure angloise, on monte à la plate-forme qui le couronne, par un double escalier à deux rampes.

A l'entrée du jardin, du côté du midi, on voit deux Pavillons, ayant chacun un péristile d'ordre Dorique, où l'on parvient par un degré de plusieurs marches, ces deux péristiles sont couronnés d'un fronton triangulaire : au-delà de ces pavillons, en face de la grande allée qui conduit au château, on trouve un petit lac d'eau vive, qui est fournie par une rivière qui entre dans ce jardin du côté de l'est, & qui est appelée *rivière supérieure;* cette rivière, en entrant dans ce jardin, passe sous un pont nommé *Palladian-Bridge,* pont de cinq arches, surmonté d'une espèce de portique d'ordre Dorique & d'une structure très-élégante : à la décharge de cette rivière, dans le lac dont nous venons de parler, est un autre pont de pierre, près duquel est un monument érigé à la mémoire de *Congréve,* célèbre Poëte Dramatique; c'est une espèce de pyramide ornée sur ses faces de divers attributs de la Poësie Dramatique & Pastorale, de masques & de feuillages; un Singe est au sommet, tenant un miroir, avec cette Inſcription au bas, *Vitæ imitatio, Conſuetudinis ſpeculum Comedia :* & au bas de l'image de ce Poëte eſt cette autre Inſcription, *Ingenio acri, faceto, expolito, moribuſque urbanis, candidis, facillimis Guillielmi Congréve hoc qualecumque deſiderii ſui ſolamen ſimul ac monumentum poſuit Cobham, 1736 ;* près de-là, dans un boſquet très-orné, eſt un autre monument ; à la gauche de ce lac ſe trouve une caſcade magnifique, appelée la *Caſcade de Saint-Roch,* qui ſert de décharge à ce petit lac, dont les eaux en rempliſſent un autre bien plus conſidérable, ayant d'un côté un boſquet très-embelli, qui fait le pendant de l'autre, dans lequel on a conſtruit un Hermitage d'une ſtructure agreſte ; au midi de ce lac eſt un temple ſemi-circulaire, avec deux pavillons en boſſage ; ce temple eſt dédié à Vénus, portant cette Inſcription, *Veneri Hortenſi,* il eſt dans le goût de l'Antique : à l'oueſt de ce lac, eſt un haut Rocher artificiel ; plus loin au nord, & ſur les bords du même lac, eſt une promenade champêtre, & près de-là un autre temple ſemi-circulaire, appelé le *Temple de Diane ;* puis une pyramide dans le goût de celles d'Égypte, que le *Lord Gobham* a fait élever à *Sire Jean Vanbrugh,* Chevalier, qui lui avoit donné les deſſins d'un grand nombre de monumens de ſes jardins ; enſuite de grands & beaux boſquets en labyrinthe, où l'on voit un autre temple à Bacchus, auquel on monte par une rampe, qui des deux côtés porte deux Tigres, ce temple eſt carré & à boſſage, d'un ſtile ſimple ; un autre appellé *Lady Temple Spinni,* décore une autre partie de ces boſquets, & dans un grand eſpace, preſque circulaire, qui les ſépare, on voit un obéliſque érigé à la mémoire du *Major général Wolfe,* avec cette Inſcription, tirée du ſixième Livre de l'Énéide, *Oſtendent terris hunc tantum, fata,* 1759.

A l'un des angles du jardin, du côté de la principale entrée, eſt un petit monument deſtiné à ſe repoſer, appellé *Nelſons Seat,* c'eſt un petit édifice avec un périſtile d'ordre Ionique, carré & terminé par deux petits avant-corps en eau congelée, ſurmonté de deux vaſes antiques ; près de-là eſt un boſquet, appellé *Rogers Walck ;* à quelque diſtance eſt une partie de jardin potager touchant un parterre, qui eſt devant la façade du midi de la maiſon, & il y en a un pareil de l'autre côté du même parterre & dans une direction parallèle au premier ; au-deſſous de ce potager eſt un petit temple d'ordre Ionique, à colonnes ouvertes, ſoutenant une coupole ronde, ce portique eſt élevé ſur un ſocle de pluſieurs marches, au centre duquel eſt un piédeſtal rond portant une ſtatue copie de la Vénus de *Médicis ;* dans un boſquet, qui tient un eſpace conſidérable, eſt un monument, connu ſous le nom de *Théâtre de la Reine ;* dans ce même boſquet l'on voit une colonne d'ordre Corinthien, élevée ſur un ſocle de trois marches, ſurmonté d'une Statue pédeſtre du roi George II, en habits royaux, près de-là eſt un boſquet, en amphithéâtre, appellé *Garnets Walck.*

On voit enſuite une longue & large avenue de gazon qui conduit à un vaſte parterre en boulingrin ; au-deſſous du potager à droite eſt une ancienne égliſe du vrai genre gothique ; puis une grotte & un temple en rocailles & en coquillages, près de-là eſt une ſorte de lac formé par les rivières dont on a parlé, où l'on a fait une île ombragée, comme on en voit deux autres dans le grand lac ; dans un bosquet touffu & sombre, sont deux cavernes ou antres de Magiciens ; près de ce bosquet on voit un pont de coquillages & de rocailles.

Dans un espace vide, assez considérable, à droite du parterre, est un temple consacré aux Personnages illustres de l'antiquité, c'est une rotonde élevée sur un socle octogone, entourée de colonnes Ioniques qui forment un portique rond, lequel porte une galerie, au centre de laquelle paroit la coupole du temple qui la surmonte, on monte à ce Temple par deux rampes de dix degrés chacune, le diamètre de ce portique, le socle non compris, est de trente-huit pieds anglois, le vide du temple n'en a que dix-huit de diamètre, l'Inscription est *Priscæ Virtuti.*

On y voit Lycurgue, avec cette Inscription au-dessus de son buste, *Qui summo cum consilio, inventis legibus, omnemque contra corruptelam munitis optimè, Pater Patriæ libertatem firmissimam & mores sanctissimos expulsâ cum divitiis, avaritiâ, luxuriâ, libidine, in multa sæcula civibus suis instituit.*

Au-dessus de celui de Socrate est celle-ci, *Qui corruptissimâ in civitate innocens, bonorum hortator, unici cultor Dei ; ab inutili otio & vanis disputationibus ad officia vitæ & societatis commoda Philosophiam avoçavit, hominum Sapientissimus.*

Au-dessus de celui d'Homère, *Qui Poëtarum princeps idem & maximus, virtutis, preco & immortalitatis largitor, divino carmine ad pulchrè audendum & patiendum fortiter, omnibus notus gentibus, omnes incitat.*

Au-dessus de celui d'Épaminondas, *Cujus a virtute, prudentiâ, verecondiâ Thebanorum Respublica libertatem, simul & imperium, disciplinam bellicam civilem & domesticam accepit, eoque amisso perdidit.*

Autour de la frise de la coupole est celle-ci, *Carum esse civem, bene de Republicâ mereri, laudari, coli, diligi, gloriosum est : metui verò & in odio esse invidiosum, detestabile, imbecillum, caducum.*

Autour de celle du portique est cette autre Inscription, *Justitiam cole & pietatem, quæ cùm sit magna in parentibus & propinquis, tum in Patriâ maximâ est. Ea vita via est ad Cœlum, & in hunc cœtum eorum qui jam vixerunt.*

On voit dans ce jardin des grottes de bergers, des pieces de ruines artificielles, une grotte sauvage appelée l'*Antre de Didon* ; une sorte de chaumière, dite la *Grotte de Saint Augustin*, surmontée d'une Croix : l'on a mis à cette grotte une Inscription en vers latins rimés, fondés sur un mauvais conte que les Protestans font sur ce célèbre Évêque * ; un arc de triomphe Dorique, sur

---

<table>
<tr><td>

* *Sanctus pater Augustinus*
(Prout aliquis divinus
Narrat) contra sensualem
Actum veneris letalem
(Audiat Clericus) ex nive
Similem puellam vivâ
Arte mirâ conformabat,
Quâcum bonus vir cubabat.
Quod si fas est in errorem
Tantùm cadere Doctorem

</td><td>

Quæri potest ; an carnalis
Mulier, potiùs quàm nivalis,
Non sit apta ad domandum,
Subigendum, debellandum,
Carnis tumidum furorem
Et importunum ardorem ?
Nam ignis igne pellitur,
Vetus ut verbum loquitur.
Sed, innuptus hac in lite
Appellabo te, Marite.

</td></tr>
</table>

un

un des côtés duquel eſt cette Inſcription , *Ameliæ Sophiæ Aug.* & cette autre,
O colenda ſemper & culta ; du côté du nord , en face du château , eſt un
piédeſtal , ſur lequel eſt élevée une Statue équeſtre de George Ier, armé en
guerre ; ſur l'une des faces de ce piédeſtal on lit cette Inſcription , *In medio
mihi Cæſar erit , & viridi in campo ſignum de marmore ponam. Cobham.*

Et ſur l'autre face oppoſée eſt cette autre Inſcription, *Georgio Auguſto ;* ſur
une baſe élevée ſur un ſocle de quatre marches, ſur quatre colonnes cannelées,
d'ordre Ionique, qui portent une autre baſe, eſt poſée la Statue de la reine
Caroline, en habit de cérémonie.

Outre les principales entrées , décorées de pavillons & de guérites, on voit
encore deux portes, l'une d'ordre Toſcan , à boſſages, ſur le chemin qui va
au Comté de Kent, une autre en boſſages vermiculés, ſur le chemin qui
conduit à Leoni.

Dans ce même jardin on voit un temple dédié à l'Amitié , un autre érigé
à la gloire des Hommes célèbres de l'Angleterre ; ce temple, qui eſt d'une
ſtructure ſingulière, renferme, dans des niches, les images de *Thomas Gres-
ham* , d'*Ignace Jones* , de *Jean Milton* , de *Guillaume Shakeſpear* , *Jean Locke* ,
Iſaac Newton , *François Bacon* , *Lord Verulam ;* du roi *Alfred* , d'*Édouard* ,
Prince de Galles ; de la reine *Éliſabeth* , du roi *Guillaume III* , de *Sir Walter
Raleig* , & *François Drake* , célèbres Marins Anglois ; *Jean Hampden* , *Jean
Barnard* , & une infinité d'autres.

Un troiſième temple aux Dames ; un quatrième, de forme octogone, dédié
à la Poëſie paſtorale ; un cinquième conſacré à la Victoire & à la Concorde ,
dont les quatre angles ſupérieurs , ainſi que les extrémités du comble, ſont
ornés de Statues analogues aux Divinités auxquelles ce temple eſt conſacré ;
cet édifice , qui eſt oblong, eſt élevé ſur un ſocle de ſept à huit pieds de
hauteur, on monte au périſtile par un eſcalier de pluſieurs marches, ce temple
eſt entouré de colonnes Doriques, il y a deux périſtiles aux deux extrémités,
ſur la friſe de l'un d'eux , eſt cette Inſcription , *Concordiæ & Victoriæ* , ſur
l'autre, *Concordia Fœderatorum* , *Concordia Civium* , dans le tympan triangulaire, *Quo tempore ſalus eorum in ultimas anguſtias deducta nullum ambitioni
locum relinquebat.* Le *Lord Cobham* fait ſans doute alluſion à la ſituation critique des Alliés en 1757 ; mais il a affecté d'étaler , avec l'orgueil propre à ſa
nation , les triomphes des Anglois dans les Campagnes ſuivantes , qu'il a fait
ſculpter autour de ce temple ; on en voit enfin un d'un genre gothique & ſingulier, le portail eſt accompagné de deux tours ſurmontées de deux tourelles ,
& au milieu eſt une groſſe tour pentagone, dont le comble eſt plat, avec cinq
petits clochers à chaque angle , & un petit édifice à quelque diſtance de-là
qu'on appelle *Cold Bath* ou bains froids.

Dans un autre boſquet de ce fameux jardin, on voit une colonne roſtrale ,
érigée à la gloire du Capitaine *Grenville* ; ſur l'une des faces de la baſe qui
porte cette colonne, au ſommet de laquelle eſt la Poëſie héroïque, on lit cette
Inſcription , *Non niſi grandia canto ;* & ſur une autre face, celle-ci, *Dignum*

p

laude virum Musa vetat mori ; sur une troisième face & la principale, est un éloge de ce Capitaine *Grenville*, en ces termes, *Sororis suæ filio, Thomæ Grenville, qui navis Præfectus Regiæ, ducente classem Britannicam Georgio Anson, dum contra Gallos fortissimè pugnaret, dilaceratæ navis ingenti fragmine, fœmore graviter percusso, perire, dixit moribundus, omnino satiùs esse quàm inertiæ reum in judicio sisti ; columnam hanc rostratam laudans & mœrens posuit Cobham, insigne virtutis, eheu ! rarissimæ exemplum habes ; ex quo discas quid virum Præfecturâ militari ornatum deceat 1747.*

Dans un emplacement assez vaste on aperçoit une forteresse antique, avec des tours carrées, qui flanquent les angles, avec des créneaux, des meurtrières, en un mot, ayant tous les caractères des vieux châteaux forts de nos anciens grands Feudataires ; dans un autre espace est une pièce de ruines.

Enfin nous terminerons cette description par celle d'un monument érigé à la gloire du maître même de ce séjour enchanté ; c'est une colonne cannelée, dans le genre de celle de l'ancien hôtel de Soissons, si ce n'est qu'elle est surmontée d'une lanterne de pierre, sur la coupole de laquelle est la statue du Seigneur de ce délicieux domaine ; sur l'une des faces de la base octogone, qui porte cette colonne, au sommet de laquelle on monte par un escalier en vis, on lit cette Inscription, *Ut L. Luculli summi viri virtutem quis ? at quàm multi villarum magnificentiam imitati sunt* ; sur la face opposée est cette autre, *Quatenus nobis denegatur diù vivere ; relinquamus aliquid, quo nos vixisse testemur.*

Tous ces monumens & autres, dessinés par *Seeley* & gravés par *Schmitk*, ont été recueillis en un volume *in-8.°* avec le plan géométral de chacun d'eux, & ont été imprimés à Londres en 1769.

On voit que le *Lord Cobham*, au moyen de cette ingénieuse invention, est assurément bien heureux de pouvoir, quand bon lui semble, parcourir en pantoufles & en robe de chambre son superbe manoir, faire, pour ainsi dire, le tour du globe chaque jour & le voir en abrégé, sans pour cela perdre de vue son *Thé*, sa *Pipe*, son *Roosbif*, ni l'*Evening-Poste* ; mais les embellissemens de sa terre paroîtront toujours un bon emploi des loisirs d'un *Sage*.

Un jeune Prince, fait pour les plus grandes choses, vient, parmi nous, d'occuper les siens dans un établissement du même genre, aux portes de Paris ; l'Antique & le Gothique s'y montrent par-tout, singulièrement ce dernier genre y est traité avec une vérité étonnante.

Nous espérons que ce Prince, qui, à l'exemple de son Bisaïeul, cultive avec succès toutes les Sciences, qui aime les Arts, protège les Artistes, ne trouvera pourtant pas mauvais qu'un Amateur & même l'un des plus sincères admirateurs de ses hautes qualités, lui fasse une petite observation sur ce gothique manoir digne d'un ancien Preux, du règne de Charles VII, qui semble avoir été magiquement transporté de la *Beauce* au jardin de *Monceaux*.

Cet Amateur prend donc la liberté d'observer que cet antique & noble Fief, que surmonte le lierre, a un peu trop l'air d'un bien depuis long-temps en décret, & dont le propriétaire fuit ſes Créanciers & les Sergens ; en effet, on n'y rencontre jamais le Seigneur châtelain, qu'on ne peut cependant pas ſuppoſer toujours à la guerre, à la chaſſe, à la meſſe, ou dans ſes vignes.

On deſireroit donc qu'en entrant dans ce vieux caſtel à pont-levis, machicoulis, tourelles, crenaux, qu'après avoir paſſé, en recommandant ſon ame à Dieu, ſur le pont ruiné qui y donne accès, l'on trouvât par fois le bon Châtelain, aſſis dans le fauteuil à bras, diſant ſes heures, ou liſant les hauts faits des Chevaliers de la Table-ronde, ou contant à ſa Nièce & à ſa Gouvernante ſes exploits galans & guerriers ; qu'il fût dans l'accoutrement des Preux de l'ancien temps, c'eſt-à-dire, mouſtaches ſous le nez, chapeau rabattu à plumaches, fraiſe, pourpoint noir & cramoiſi, baudrier à franges, auquel ſeroit ſuſpendu une redoutable rapière, brayette, chauſſes, &c. & qu'il invitât loyalement ceux qui lui feroient viſite, à boire du vin du crû, à la ſanté du Seigneur haut-Juſticier dont il relèveroit.

L'on voudoit voir par fois le petit doguin, chien favori de la Nièce, tourner la broche ; la baſſe-cour bien garnie de volailles groſſe & menue ; le deſtrier du Seigneur Châtelain, la jument bai-brune de la Nièce & le rouſſin du Varlet ; une *Dame-Marie* qui feroit le potage du vieux Baron & la Servante de peine, pour traire les vaches & donner à manger aux poules & pigeons de volière.

On connoît aux Invalides un vieil Officier, qui a ſervi, dit-on, quarante-cinq ans, dans le régiment d'Orléans Infanterie ; brave Soldat, bon Gentilhomme, originaire de la Beauce & peu fortuné ; à qui il ne manque qu'une motié de joue, un œil, un bras & une jambe, qu'il a ſucceſſivement perdus en trois batailles, ſix aſſauts de places & vingt eſcarmouches ; mais qui a toutes ſes dents ; du reſte vigoureux encore, marchant bien, chaſſant par fois, dormant bien, mangeant fort, liſant peu, buvant ſec, pérorant, Dieu ſait, prolixement ſur les faits glorieux de ſon Régiment & de ſon Colonel ; on croit que M. le Baron, tel qu'on vient de le peindre, pourroit être le digne Deſſervant d'un pareil bénéfice Militaire, s'il plaiſoit à ſon Alteſſe de le fieffer à vie à ce digne perſonnage, en lui accordant toute Juſtice & Droits honorifiques & utiles, dans l'étendue dudit fief ; à la charge, par ledit Baron, de prêter foi & hommage, chaque année, au jour de la *Saint-Philippe*, à ſon Seigneur ſuzerain ; pour quoi il lui ſeroit fourni litière avec deux mulets de Poitou, à plumaches & ſonnailles ; ledit Baron ſeroit ſuivi de ſon Varlet, monté ſur le rouſſin bai-roux de ſa Nièce & de ſes Servantes, portant en deux paniers d'oſier, couverts de linge blanc de leſſive, demi-cent d'œufs frais & deux gélines blanches de rente, avec quenouille de fin lin : le ſuſdit Baron, à l'iſſue de la Grand'meſſe, introduit à l'audience de ſon Seigneur, un genou en terre, ſe reconnoîtroit ſon Homme-lige, & la Demoiſelle ſa Nièce, en barbes pendantes & cotte détrouſſée, après trois révérences, baiſeroit le bas de la robe de ſa *Dame*, & préſenteroit ſes œufs, gélines & quenouille ; de tout quoi ſeroit fait acte en bonne & dûe forme ; après quoi, ſeroient comptées, audit Baron, quinze cents livres tournois par le ſuſdit Seigneur ſuzerain ;

laquelle fomme, annuellement payée, feroit éteinte après la mort dudit Châtelain, qui décederoit fans hoirs légitimes, & feroit enterré fimplement dans la chapelle du fufdit château , & fur fa perfonne cuiraffée feroit mife une tombe de cartelage Étrufque, avec fon épitaphe en caractères gothiques & idiome de la Beauce.

MANUFACTURE DE PORCELAINE DE SÉVES.

Nous avons été long-temps, avec toutes les Nations de l'Europe, tributaires de la Chine & du Japon, pour les Porcelaines. Les Saxons ont été les premiers qui fe font affranchis de cette efpèce de tribut ; ils ont trouvé le fecret d'une très-belle pâte & d'un bel émail : bientôt l'induftrie françoife s'eft éveillée & elle n'a pas tardé à trouver le fecret de ces compofitions ; mais elle a fait beaucoup mieux que fes Modèles, & tous les jours elle perfectionne fon invention.

C'eft à M. *Orry de Fulvy*, Confeiller d'État, Intendant des Finances, frère de M. *Orry*, Contrôleur général des Finances pendant feize ans, & auffi bon Citoyen que ce digne Miniftre, que nous devons la fabrique précieufe de la porcelaine de France ; il y a environ quarante ans, qu'il établit à *Vincennes*, à fes frais, cette Manufacture, dont les progrès faifoient déjà honneur à fon Fondateur, lorfqu'il mourut en 1751.

Ce fut peu de temps après, & depuis environ vingt ans, que le feu Roi, voulant donner à cette nouvelle Manufacture tous les encouragemens & tout l'éclat dont elle pouvoit être fufceptible, fit bâtir un grand & vafte édifice au village de Séves, où l'on mit tous les Ouvriers les plus capables de bien faire. Les plus habiles Artiftes n'ont pas dédaigné de donner des modèles en tous les genres, & aujourd'hui on y exécute, en peinture & en fculpture, ce qu'on peut faire de plus agréable & de plus fini : les buftes, en grand, du Roi & de la Reine, parfaitement bien reffemblans & caractérifés, en font des preuves, ainfi que divers grouppes, qui rendent des fujets de la Fable & autres, ont été trouvés parfaitement bien compofés & exécutés.

La réputation de cette Manufacture, fait aujourd'hui rechercher par-tout les ouvrages qui en fortent, & qui, dans leurs genres, font autant de chef-d'œuvres.

C'eft toujours aux foins & aux lumières de M. *Bertin*, Miniftre actuel, plein de goût dans tous les objets qui ont trait aux Arts, à qui le feu Roi confia cette partie d'adminiftration, que nous devons la réuffite la plus grande dans ce nouvel établiffement, le feul qui manquât en France, & que nous voyons égaler tous ceux qui ont précédé celui-ci, de quelqu'efpèce d'utilité & même de luxe qu'ils puiffent être, & femble, en quelque forte, ne plus rien laiffer à défirer, foit dans le choix & la qualité des matières, foit dans les formes riches, agréables, & fur-tout la beauté des deffins qu'on emploie & qui enrichiffent infiniment cet atelier.

Aujourd'hui il fe forme de nouvelles Manufactures de ce genre dans diverfes provinces du Royaume ; celle de Limoges eft une des premières & des plus

eftimées,

eſtimées , en ce que ſa pâte ne le cède en rien à celle de Séves , ſi même elle n'eſt pas préférable.

Les environs de la Capitale en offrent également pluſieurs autres : celle de Chantilly eſt ſolide , fort uſitée & d'un prix modique ; la nouvelle qu'on vient d'établir à Montmartre , qui , pour être beaucoup inférieure à la Manufacture Royale de Séves , n'en devient pas moins intéreſſante , en ce qu'elle ſera plus à portée des moyens de ceux qui ne peuvent pas atteindre aux prix des Porcelaines du Roi ; & d'ailleurs ce qu'elle fabrique ſera toujours bien au-deſſus de ce qui nous vient de l'Aſie , dont les Peintures baroques & les formes ſans goût , ſeront toujours infiniment au-deſſous de nos moindres Bambochades.

GALERIE DES PLANS.

Tout le monde connoît cette immenſe Galerie qui s'étend du ſalon de Peinture juſqu'au pavillon de Flore du château des Tuileries , qui a treize cents pieds de longueur ; mais peu de perſonnes connoiſſent les richeſſes qu'elle renferme.

Cette riche & précieuſe collection des Plans en relief , que Louis XIV fit commencer en 1668 , fut ſuivie dans tout le cours de ce règne , auſſi glorieux que long. Le feu Roi l'a fait continuer , & elle contient actuellement cent vingt-ſept plans , dont quatre-vingt-ſept des Places du Royaume , & quarante des Places étrangères avoiſinant nos frontières. On ſent de reſte que la conſtruction de ces derniers Plans a été ſingulièrement facilitée par les conquêtes qui ont été faites dans les différentes guerres , des villes que ces Plans repréſentent.

La réunion de ces divers reliefs , offre un dépôt d'autant plus précieux & utile à l'État , qu'elle met ſous les yeux du Roi & de ſes Miniſtres ces belles & formidables Places , où *Vauban* & les autres grands hommes ont déployé leur génie , & fait connoître à leur aſpect la puiſſance & la force du Royaume : d'ailleurs elle met la Cour , les Miniſtres & les principaux Officiers du Génie , à portée de juger ſous les yeux du Roi , quand le cas le requiert , de la bonté & de la force de chacune de ces Places , & d'y propoſer & adapter les ouvrages que l'on peut juger y être néceſſaires pour en augmenter la force & la défenſe ; ce qui ſe détermine ſouvent avec beaucoup plus de facilité ſur un plan en relief que ſur le terrein même , où preſque toujours la vue ne peut embraſſer tous les objets & les points eſſentiels à occuper , à cauſe des environs & des approches d'une Place , qui préſentent ordinairement un eſpace trop étendu , & qui n'échappent pas à la vue de l'enſemble que repréſente le relief , où l'on voit d'un ſeul coup-d'œil le fort & le foible d'une Place.

Vauban qui commença cette collection de Plans en 1668 , fit exécuter le plan en relief de *Lille* , dont Louis XIV avoit fait la conquête en 1667. Le but de ce relief étoit de faire voir au Roi le projet d'une citadelle & des nouveaux ouvrages qu'il propoſoit , & dont l'exécution a rendu la

Fortification de cette grande & formidable ville telle qu'on la voit aujourd'hui. Il en ufa de même pour toutes les grandes villes du Royaume dont il crut devoir augmenter la force par de nouvelles fortifications; il conftruifit même une Place entière, telle que le *Neuf-Brifac*, fuivant fon fyftême : c'eft ce précieux avantage qui a toujours déterminé la Cour à réunir les plans en relief de ces diverfes Places, afin de voir l'enfemble de la plus grande partie de ces fortifications.

Les Places étrangères faifant partie de ce riche dépôt, offrent auffi un puiffant avantage, en mettant fous les yeux du Roi, quand il le juge à propos, les Plans des villes fortifiées qui avoifinent fes États & fes frontières, dont le plus grand nombre eft de la dernière importance à connoître, afin de pouvoir juger de leurs pofitions & des approches.

Cette collection eft fi précieufe à tous égards & fi utile à l'État, que depuis qu'elle eft commencée, elle a toujours fixé l'attention de la Cour, pour l'augmenter & la rendre digne de la grandeur du Roi ; elle a fait jufqu'à préfent l'admiration des Grands qui l'ont vue. Le Roi réunit dans ce dépôt un objet d'autant plus précieux qu'il eft unique dans fon genre, de l'aveu de tous les Étrangers. Tous les Généraux & les Militaires qui connoiffent ce dépôt, jugent facilement de fon utilité par l'aifance qu'il donne pour connoître les approches & la défenfe d'une Place que l'on veut attaquer ou défendre. Enfin, il n'eft rien qui manifefte mieux la grandeur du Roi que la confervation de ce nombre immenfe de Places qui font la force de fes États & la connoiffance de celles de fes voifins, lorfque la guerre le met dans le cas de les attaquer & d'éloigner, en reculant fes frontières, le danger de fes propres États.

Le Miniftre actuel de la guerre, dont l'attention fe porte fur tous les objets qui font du reffort de fon département, fe propofe, à ce qu'on affure, de faire transporter ce précieux dépôt à l'Hôtel royal des Invalides, dont on arrangera les combles à cet effet.

Une collection auffi importante, uniquement deftinée à l'inftruction du Militaire & au progrès de l'art de conftruire, attaquer & défendre les Places, ne fauroit être plus convenablement placée, que dans un lieu fpécialement confacré à cette précieufe portion des fujets de l'État ; d'ailleurs elle fera à portée de l'École Royale-militaire, dont les Élèves y puiferont les connoiffances les plus fûres.

Quant à la galerie qui la renferme actuellement, elle pourra, au moyen de cet arrangement, devenir le *Mufæum* le plus intéreffant du Monde, en y dépofant les chef-d'œuvres des arts d'imitation, comme tableaux, ftatues, reliefs, vafes, & autres raretés tant antiques que modernes, qui deviendront un nouvel attrait pour les Étrangers que la curiofité amène en France.

HÔTEL DE LA GUERRE DE LA MARINE,
ET DÉPÔT DES AFFAIRES ÉTRANGERES.

IL manquoit au superbe Palais que Louis XIV bâtit à Versailles, pour y faire son séjour habituel & pour celui de ses successeurs, deux choses qui pouvoient seules completter ce magnifique établissement, l'une de première nécessité, l'autre d'agrément. La première étoit un lieu pour rassembler d'une manière sûre, décente & commode, le travail, les dépôts & archives des différentes parties de l'administration ; l'autre une salle de spectacle pour l'amusement du Prince & les fêtes de la Cour.

Ces deux objets qui manquoient à la grandeur & à la magnificence de cette résidence royale, ont été remplis sur la fin du règne dernier. Le premier fut proposé en 1758 à M. *le Maréchal de Belle-Isle*, alors Ministre de la Guerre, par le sieur *Bertier*, dont le projet étoit de faire construire économiquement, & sans qu'il en coûtât rien au Roi, des bâtimens suffisans pour réunir, sous une garde de sûreté vis-à-vis le Palais du Roi, à portée de la Cour, des Ministres & du Public, le travail des différens bureaux, & celui des impressions relatives aux différens départemens avec leurs archives, auxquels on pourroit ajouter par la suite le dépôt des plans en relief actuellement à Paris aux Galleries du Louvre, ainsi que deux nouveaux à former : l'un des modèles d'armes, bouches à feu, & généralement de toutes les machines de guerre sur une même échelle ; l'autre des modèles de toutes les machines de marine, d'hydraulique, moulins & autres ; de la construction des jettées, bassins, formes, ponts, écluses, forts, vaisseaux & bâtimens de tous les rangs & pays du monde. Pour l'un & l'autre de ces dépôts des plans en reliefs & modèles, pour servir à l'instruction des Rois, des Princes, des Ministres & des Chefs de bureaux, relativement aux connoissances que chacun d'eux doit avoir pour concevoir avec justesse, diriger & ordonner ce qui est nécessaire en chaque partie du service, soit à la guerre ou dans les places, sur mer ou dans les ports. Le second a été achevé pour le mariage du Roi actuellement régnant, & réunit à la plus grande intelligence dans la construction la plus grande magnificence dans la décoration intérieure.

L'Hôtel de la Guerre, le premier de ces bâtimens, fut élevé en trois mois sous le Ministère de M. *le Maréchal de Belle-Isle* en 1759, celui des Affaires Étrangères le fut sous celui de M. *le Duc de Choiseul* qui avoit alors ce Département ; mais ce Ministre qui eut ensemble & successivement ceux de la Guerre & de la Marine, dont le génie saisissoit tout ce qui étoit de la gloire du Roi & du bien de son service, en approuvant la construction de l'Hôtel des Affaires Étrangères, approuva aussi le reste du projet du sieur *Bertier* ; & s'il n'a pas eu son entière exécution, la difficulté d'acquérir le terrein nécessaire, obstacle qu'on n'a pu vaincre pour le temps, en a été l'unique cause. Raison qui engagea ce Ministre à ordonner que ce dernier

Hôtel feroit commun à la Marine & aux Affaires Étrangères jufqu'à nouvel ordre. En conféquence la diftribution des bureaux & des dépôts, ainfi que l'ordre & la police de ces Hôtels furent réglés comme on le verra ci-après.

Les bâtimens des Hôtels de la Guerre, de la Marine & des Affaires Étrangères font de la conftruction la plus fimple, fauf les deux portes d'entrée, qui font décorées, la première d'ornemens & trophées militaires, l'autre de figures & d'emblêmes de la politique.

Au fond de la cour de l'Hôtel de la Guerre en face de la porte d'entrée, dans une niche décorée de deux pilaftres ruftiques d'ordre dorique, couronnés de leur entablement & d'un focle, eft un médaillon de bronze doré, repréfentant de profil le feu Roi, fait par M. *Roittiers.* Ce médaillon eft foutenu par deux génies tenans une couronne de laurier fur la tête du Monarque, derrière lequel font des trophées ; le tout fupporté par un piedeftal orné de fonte, avec une table de marbre noir fur laquelle on a gravé, en lettres d'or, l'époque & les motifs de cet établiffement, avec les noms des Miniftres fous lefquels ils ont été faits.

Du bas du médaillon du Roi defcend une branche de lys, au milieu de laquelle fe trouve une médaille de feu M. le Dauphin avec les cinq Princes fes fils : de l'extrémité de cette branche de lys fort celle du Roi régnant Louis XVI. Ces médailles ont été gravées par *Duvivier*, & à gauche du médaillon du feu Roi, de deffus deux volumes intitulés *Campagnes de Louis XV*, defcend une autre médaille repréfentant *le Maréchal de Saxe*, qui commandoit l'armée du Roi en Flandre fous les ordres & fous les yeux de Sa Majefté. La repréfentation des faits mémorables de cette guerre eft faite en bronze & d'après nature fur vingt-un bas-reliefs ingénieufement placés pour encadrer en quelque forte ce médaillon confacré à la gloire du Monarque & à la poftérité. Savoir :

La diftribution de la frife de l'entablement en trois tables féparées par des triglyphes, contient fur la première table la Bataille de Fontenoy en 1745, fur la feconde celle de Raucoux en 1746, & fur la troifième celle de Laufelt en 1747. Sur chaque pilaftre, divifé en neuf tables de refend, font diftribués neuf Siéges de Places. Sur le premier à droite font ceux de *Menin*, d'*Ypres*, de *Furnes*, de *Fribourg*, de *Tournay*, de *Gand*, de *Dendermonde*, d'*Oudenarde* & d'*Oftende :* fur celui de la gauche ceux des villes de *Nieuport*, d'*Ath*, de *Bruxelles*, d'*Anvers*, de *Mons*, de *Charleroi*, de *Namur*, de *Berg-op-Zom* & de *Maeftricht*, époque de la Paix de 1748.

Diftribution des Hôtels de la Guerre, de la Marine & des Affaires Étrangères.

Au rez-de-chauffée font les Bureaux du mouvement des Troupes & de la compofition des Ordonnances Militaires ; ceux de l'Artillerie, des Gardes-

côtes

côtes & des Fortifications ; les Bureaux & le Dépôt général des Affaires Étrangères, dans lequel on voit une collection des Portraits de la Famille Royale & des Monarques actuellement régnans en Europe, avec des vues de leurs Capitales & des tableaux représentans les diverses parties du monde.

Le premier étage comprend les Bureaux des Graces & des Emplois Militaires, ceux des Finances de la Guerre, des Vivres & Subsistances des troupes, & de suite ceux des Colonies, des fonds de la Marine, des Colonies de l'Inde, des Invalides de la Marine, avec le Bureau des Consulats.

Au second étage sont les Bureaux des Affaires Contentieuses qui se portent au Conseil, celui des Invalides de la Guerre, ceux des Déserteurs, du contrôle des Troupes, de leur habillement & armement, des Hôpitaux Militaires, & de plein pied avec ces derniers sont les Bureaux des Graces & Emplois de la Marine, des Classes & Pêches, de l'Administration de l'Inde & des Isles de France & de Bourbon, des Affaires Contentieuses de la Marine & les Bureaux de l'Administration des Ports & Arcenaux Maritimes.

Au troisième étage sont les Bureaux des Revues & des Maréchaussées, le Dépôt général de la Guerre, celui des Cartes & Plans, des Camps & Marches, des Ingénieurs-Géographes des Camps & Armées. Dans ce dernier Dépôt sont les Portraits des Ministres de la Guerre, & doivent être ceux des Princes & Maréchaux de France qui ont commandé les Armées ; ainsi que toutes les Vues des Siéges & Batailles.

A côté de ce Dépôt est celui de la Marine, des Cartes & Plans, dans lequel doivent être les Portraits des Ministres de la Marine & ceux des Princes, Amiraux & Maréchaux de France de la Marine qui ont commandé les Armées Navales ; avec les Vues de tous les Ports de France & des Colonies de la Souveraineté du Roi.

Sous les combles au quatrième étage sont les Dépôts particuliers de chaque Bureau : les divers emplacemens des Imprimeries en lettres & en taille-douce, de la Fonderie & Gravure de caractères, de la Gravure en bois, & en taille-douce, des Cartes & Plans, de la Reliure, Dorure & Cartonnerie, des Réservoirs & Pompes en cas de feu dans les hauts *.

Police des Hôtels de la Guerre, de la Marine, & de celui des Affaires Étrangères.

L'État-Major de ces Hôtels est composé d'un Gouverneur, le sieur *Bertier*, Chevalier de l'Ordre du Roi & de l'Ordre Militaire de S. Louis, ayant le commandement & la police de la Compagnie des bas-Officiers & Soldats Invalides de la garde desdits Hôtels, des Suisses de portes, Garçons de

---

* Cette Imprimerie avec ses caractères, bureaux typographiques, presses en lettres & tailles-douces, & généralement tout ce qui étoit de son ressort, vient d'être réuni à l'Imprimerie du Louvre.

Bureaux, Balayeurs & Ouvriers en meubles, Maçonnerie, Menuiferie, Vitrerie, Couverture, Charpente, Serrurerie, Frotteurs & Cartonniers.

D'un Aumônier, d'un Chirurgien & d'un Horloger.

La Garde fe monte tous les jours à neuf heures du matin, & l'ordre fe donne par écrit en cas de feu à chacun des Employés ci-deffus, fur ce qu'il doit faire, où il doit fe rendre, à quoi & avec qui il doit opérer.

La Garde fournit des fentinelles de nuit & de jour aux deux principales portes. Il y a un Piquet de douze hommes chaque jour. Ce Piquet fournit les fentinelles de l'intérieur depuis midi, heure à laquelle on ouvre pour le public, jufqu'à deux heures, qu'on ferme pour tout autre que les Commis.

La Garde & le Piquet prennent les armes chaque fois que la Famille Royale paffe devant l'Hôtel, & le Tambour bat aux champs.

Un Sergent & deux Fufiliers font d'heure en heure des patrouilles dans toutes les galeries de communication des Hôtels pour y maintenir l'ordre, le filence, la propreté, & tenir les Garçons de Bureaux à leurs poftes.

En l'abfence des Chefs & Commis des Bureaux, perfonne n'y peut entrer que de la part du Chef, & accompagné d'un Suiffe & d'un Fufilier. La retraite fonne à dix heures du foir, & la dernière patrouille fe fait accompagnée des Suiffes qui ferment les portes, & ont foin de remarquer s'il ne refte ni feu ni lumière; enfuite de quoi elle vient rendre compte au Gouverneur. Les portes s'ouvrent le lendemain à fept heures du matin en faifant la première patrouille. Les Garçons de Bureaux reprennent leurs poftes.

Excepté depuis midi jufqu'à deux heures perfonne n'entre dans les Hôtels que les Chefs & Commis, à moins qu'on n'ait rendez-vous avec un Chef de Bureau feulement qui en avertit le Suiffe, & qui le porte fur fa feuille pour en rendre compte le foir.

C'eft à la confiance qu'ont eue fucceffivement M. *le Maréchal de Belle-Ifle* & M. *le Duc de Choifeul*, au zèle & à la capacité du fieur *Bertier* qu'on eft redevable de la formation d'un Corps Militaire d'Ingénieurs-Géographes des camps & armées du Roi, dont ledit fieur avoit fait lui-même le métier avec diftinction pendant les Campagnes de Louis XV, après avoir été en fecond à la tête de l'ancienne École Militaire, & fait conftruire le Fort Dauphin en face de la nouvelle École Militaire conftruite par les ordres du feu Roi, fous l'Intendance & la direction de M. *du Vernay* & d'après les plans du fieur *Gabriel*.

M. *le Maréchal de Belle-Ifle* ayant trouvé bon que le fieur *Bertier* formât, inftruisît & dirigeât ce Corps d'Artiftes Militaires, M. *le Duc de Choifeul* ratifia cet établiffement, en régla le fervice, le traitement; les grades & les fonctions tant à la Guerre que fur les Côtes, les Frontières, dans les Colonies & à la fuite de la Cour; ainfi que les conditions pour y être admis, en un mot tel qu'on le voit aujourd'hui.

On lui doit auffi l'ordre, la police & l'arrangement des Bureaux de chaque

partie de l'adminiſtration , ſauf les Finances, ainſi que les Archives &
Dépôts dans les deux Hôtels qu'il a fait conſtruire , meubler & décorer
économiquement comme on les voit aujourd'hui ; quoique par état il ne fût
point Architecte.

On lui doit enfin une nouvelle conſtruction de voûtes plates ſupérieures
en ſolidité de cinq à ſix points de réſiſtance à celles qu'on connoiſſoit
déjà en Italie & en Languedoc. Les différens eſſais qu'on en a fait publique-
ment , joints à l'exiſtence de cinq à ſix étages ſubſiſtans les uns ſur les
autres depuis quinze ans dans les Hôtels de la Guerre & de la Marine ſans
aucune fracture, prouvent qu'on ne peut mieux faire que d'en étendre l'uſage ;
comme on l'a déjà fait pour le nouvel Hôtel de la Monnoie, le Palais Bourbon
& ailleurs.

Les principes & le méchaniſme de ce nouveau ſyſtême dont le ſieur
Bertier eſt l'inventeur , ſont auſſi ſimples qu'expéditifs & économiques : on
auroit peine à croire, ſi l'expérience ne démontroit le fait , que chaque
étage de ces Hôtels ſe voûtoit en entier en vingt-quatre heures au plus ,
& cela par les ouvriers les premiers venus , & que ces voûtes ne coûtent
pas plus que des planchers ordinaires.

La ſimplicité & l'utilité de ce ſyſtême eſt d'autant plus recommandable ,
que les Bâtimens conſtruits de cette manière , durent à l'infini , & n'ont à
appréhender ni le feu ni la pourriture : de ſorte que bien conſtruits de
cette manière , ils deviennent des patrimoines aſſurés pour pluſieurs générations. Ils ont un avantage non moins précieux , celui de ménager les
bois de conſtruction, & d'aſſurer pour la Marine des reſſources plus nom-
breuſes , & de nous mettre pour cette partie hors de la dépendance des
étrangers. Tels ſont les avantages que peut procurer à l'Etat & aux Citoyens
en particulier, un homme intelligent , d'un zèle déſintéreſſé , lorſqu'il a le
bonheur de trouver dans le Gouvernement des protecteurs éclairés & amis
du bien public.

PROJET DE L'AUTEUR

SUR UNE

NOUVELLE DÉCORATION DE LA STATUE DE HENRI IV,

Et de l'utilité qui réfulteroit pour le Public, de l'exécution de fon idée fur l'emploi qu'on pourroit faire de ce local.

L'Auteur du Difcours fur les Monumens publics, & notamment fur les monumens de la ville de Paris, defireroit que, pour donner une perfpective plus intéreffante au monument élevé à la gloire de *Henri-le-Grand*, & rendre cette partie de la capitale, qui eft la plus fréquentée & la plus apparente, beaucoup plus commode & plus utile au public, on y fît quelques additions & quelques retranchemens qui, felon l'idée qu'il s'en eft faite, appuyée de l'approbation des gens de l'art, rempliroient le double objet d'*utilité* & de *décoration*, fans occafionner de grandes dépenfes.

Pour remplir le premier objet, il faudroit néceffairement prolonger la terraffe, fur laquelle la Statue eft placée, d'environ cinquante toifes dans la rivière, ce qui ne nuiroit aucunement à la navigation ; le canal étant en cet endroit prefque du double de ce qu'il eft au *Pont-royal*, & en élevant cette terraffe de huit à dix pieds de plus, on continueroit auffi le trottoir en rempliffant le vide qui fe trouve dans toute la largeur de cette terraffe, fur laquelle on conftruiroit un réfervoir profond, au pourtour duquel règneroit en faillie une terraffe fur laquelle on placeroit l'artillerie de la ville, ce qui donneroit à cette maffe un coup-d'œil impofant ; en ce que l'extérieur repréfenteroit un fort deftiné à protéger la navigation du canal, & feroit d'un avantage infini dans les fêtes publiques, qui fe donneroient par la fuite fur ce local ifolé, que tous les habitans de Paris pourroient aifément & commo-dément apercevoir d'une infinité de points, fans gêne & fans inconvéniens.

Pour fournir de l'eau à ce grand réfervoir, on établiroit, fur les flancs de cette efpèce de fortereffe, des pompes mobiles, à l'imitation de la machine hydraulique qui a été conftruite fur la *Tamife à Londres*, qui fuit les révolu-tions du flux & reflux, & donne journellement, à cette ville, un volume d'eau prodigieux ; il faudroit que le jeu de celle qu'on propofe fût tel, qu'il fournît dans l'efpace feulement de vingt-quatre heures, environ quarante mille muids d'eau, qui pourroient fe décharger par des tuyaux d'un gros calibre, tant au quartier des *Halles*, qu'aux marchés du faubourg *Saint-Germain* & rues adjacentes ; afin, qu'à des heures fixes, ces eaux, coulant en gros volume & avec rapidité, entraînaffent toutes les ordures dans les égouts dont on parlera ci-après.

L'excédant de cette quantité d'eau, plus que fuffifante pour laver deux quartiers infeéts, feroit employé à des fontaines, qui ne fauroient être trop

multipliées

multipliées dans une ville immenfe, dont la falubrité dépend de la propreté des habitations & de celle des rues.

On pourroit former de même au-deffus de Paris, près de *la Rapée*, & fur l'autre rive, à même hauteur, deux grands réfervoirs, de plus grande contenance encore que celui propofé pour la place de *Henri IV*, dont l'un feroit pour le faubourg *Saint-Marceau*, la place *Maubert* & les quartiers bas de la montagne *Sainte-Geneviève*, l'autre pour le quartier *Saint-Antoine*, le *Marais*, le quartier *Saint-Martin* & autres au même niveau.

L'Auteur fe croit difpenfé de donner la preuve des avantages qui réfulteroient pour la capitale, de cette diftribution d'eau; ce qu'il a dit ci-deffus, joint aux vœux de tous les habitans de cette ville immenfe, ne prouve que trop le befoin qu'on a de cet élément: la montagne *Sainte-Geneviève* a les eaux d'*Arcueil*, & par fa pofition élevée jouit d'un air plus pur, ainfi les eaux ayant une pente rapide, entraînent plus facilement ce qui pourroit y caufer l'infalubrité.

Nous ajouterons que pour le réfervoir du *Pont-neuf*, fi les machines hydrauliques occupent l'efpace d'une arche qui fert à la navigation, on en rendra une bien plus effentielle au cours de la rivière, & bien plus commode à la navigation, par la fuppreffion du bâtiment de la *Samaritaine*, dont l'entretien eft infiniment plus coûteux que ne le feroit celui des pompes propofées, & que l'efpèce de fortereffe, dont on vient de parler, figureroit beaucoup mieux à la place que l'on indique, que cette volière en plâtre fur pilotis, fituée à l'extrémité du pont; fi le peuple de Paris en aime le carillon, on peut le placer à la tour de l'horloge du Palais, ou à l'Hôtel-de-ville, comme on le fait dans toutes les villes du Brabant & de la Hollande.

L'Auteur defireroit encore qu'on retranchât trois pieds au moins fur la largeur de chacun des trottoirs, pour en donner fix de plus au roulage du pont; ce qui, fans nuire abfolument aux gens de pied, donneroit de grandes facilités pour ce débouché, le plus fréquenté de la capitale, & qui, par conféquent, a le plus befoin d'aifance: quelques perfonnes ont propofé de faire des boutiques dans les demi-lunes qui font fur les piles; elles n'ont fans doute pas prévu que les acheteurs, qui s'arrêteroient à ces boutiques, obftrueroient la circulation continuelle qui fe fait fur les trottoirs, & que ces petites tourelles qui, à une certaine diftance des deux faces du pont, reffembleroient à de petits guéridons, deviendroient une décoration d'un genre au-deffous du médiocre, qui même couperoit continuellement aux paffans cette belle perfpective des baffins & des quais.

Il fembleroit très-à-propos de placer aux deux côtés de la plate-forme de *Henri IV*, deux corps-de-gardes, l'un pour le Guet, l'autre pour une brigade de Pompiers; mais il faudroit que les deux pavillons fuffent de bon goût & peu élevés, pour ne point offufquer la décoration principale.

Quant au monument élevé à la gloire de *Henri IV*, on ne pourroit fe difpenfer de le reculer de trois toifes au moins & de l'élever de huit à dix pieds de plus, en fe conformant à la hauteur qu'on donneroit au réfervoir; on forme même des vœux pour que *Sa Majefté* donne à la Maifon de

Béthune-Charoſt, les quatre eſclaves qui ſont aux pieds de ce grand Monarque, à la charge d'en faire jeter la ſtatue du grand *Sully*, leur illuſtre ancêtre, dans l'attitude que nous avons propoſée ci-devant.

Si *Charles V*, le Salomon de la France, ne voulut pas être ſéparé, ainſi que nous l'avons obſervé ailleurs, de *Du Gueſclin*, même après ſa mort; ſi *Louis XIV*, fit au vertueux *Turenne*, l'honneur de vouloir que ſa cendre fût confondue avec celle des Rois: avec quel plaiſir les bons François ne verroient-ils pas, aux côtés du meilleur des Souverains, un des compagnons de ſes exploits, ſon Miniſtre, ſon meilleur ami?

Le monument de *Henri-le-Grand*, tel que nous le voyons, n'exprime rien; mais avec les changemens que nous propoſons, il deviendroit intéreſſant & conſéquent dans toutes ſes parties; il romproit du moins cette déſagréable monotonie des monumens d'eſpèce ſemblable, où nous ne voyons qu'un Roi iſolé, monté ſur un coloſſe de cheval, ſans ſuite & par conſéquent ſans intention.

PROJETS pour la propreté de la Capitale & la ſalubrité de l'air & des eaux.

PARIS eſt une ville immenſe qui renferme plus de huit cents mille habitans, dont la ſanté dépend autant de la ſalubrité de l'air qu'on y reſpire, que de la pureté des eaux dont on y fait uſage, & dont la conſommation eſt énorme; il eſt donc eſſentiel d'y entretenir la propreté, premier principe de la ſalubrité de l'air, & de procurer le plus qu'il ſera poſſible d'eau à ſes habitans, & d'eau la plus pure; on ne peut remplir ce double objet, qu'au moyen des réſervoirs dont nous avons parlé à l'article précédent & au moyen des égouts dont nous allons actuellement nous entretenir.

C'eſt une vérité conſtante & connue de tout le monde, que l'eau prend toujours ſon cours vers les parties les plus baſſes des terreins qu'elle arroſe, celui que la Seine parcourt depuis ſon entrée à Paris juſqu'à la ſortie de cette Capitale eſt inconteſtablement le plus bas de cette ville, on y peut donc diriger toutes les eaux, ou la majeure partie de celles que les pluies ou les beſoins journaliers répandent dans les rues, & les autres pourroient être également dirigées vers cet égout immenſe, que l'on doit à l'attention d'un des plus grands Magiſtrats de ceux qui ont préſidé le Corps-de-Ville.

C'eſt par l'eau ſeule qu'on peut remplir le double objet dont nous venons de parler; objet que les Magiſtrats prépoſés à la police de Paris, ne doivent jamais perdre de vue. Nous avons propoſé dans l'article précédent, les moyens qui nous ont paru les plus propres à remplir le premier, en procurant la quantité d'eau ſuffiſante pour la conſommation des habitans, & pour nettoyer les marchés publics, les places, les quais & les rues de Paris; on peut également remplir le ſecond, c'eſt-à-dire, nettoyer toute la ſuperficie du pavé, & procurer à ces mêmes eaux qui ont ſervi à cette opération, un écoulement facile vers la rivière, ſans cependant altérer en aucune manière la pureté de ſes eaux, en formant ſur les deux rives de la rivière, depuis son entrée dans la ville jusqu'au-dessous du *Cours-la-reine*, deux égouts de hauteur & de largeur suffisantes pour y faire entrer dans les plus basses eaux, seize pieds cubes d'eau courante.

Pour cet effet, il faut nécessairement donner à chacun de ces égouts dix pieds de hauteur dans œuvre, dont deux seront toujours occupés par les seize pieds d'eau courante, destinés à couler sans cesse pour laver & entraîner les eaux sales & les immondices qui tomberont dans ces principaux égouts; la largeur en sera de huit pieds, au moyen de quoi il restera soixante-quatre pieds cubes de vide, suffisans au-delà pour recevoir toutes celles des rues, places, marchés, quais, &c.

Quand la Seine seroit à sa plus grande hauteur, & qu'elle surmonteroit celle des égouts, alors les écoulemens se perdroient dans une si grande masse d'eau, dont la vîtesse se trouveroit tellement accélérée par l'augmentation du volume, que les impuretés y seroit à peine sensibles; d'ailleurs ces eaux ne venant que de l'abondance des pluies, les rues s'en trouvent d'autant nettoyées, & les eaux qui s'en écoulent d'autant moins chargées.

On ménageroit à ces égouts des regards de distance en distance, vers lesquels on dirigeroit le cours des ruisseaux; & l'eau qui y passeroit continuellement, en emportant dans son cours les immondices & les eaux sales, ne leur donneroit pas le temps d'y croupir & de former un limon corrompu, comme elles font dans les égouts qui n'ont pas une pente suffisante, ou un volume d'eau assez considérable pour continuellement rafraîchir & nettoyer, comme les nôtres le seroient sans aucune interruption.

L'on doit observer, avant toutes choses, que l'Auteur de ce projet, pour s'assurer de la possibilité de son exécution, s'est plusieurs fois transporté avec d'excellens Architectes, sur les bords de la rivière, en parcourant toute la longueur des quais, pour y examiner s'il ne se présenteroit pas des obstacles insurmontables à leur construction, soit aux ponts, soit aux abreuvoirs des chevaux, soit aux ports; & après avoir tout observé avec l'attention la plus grande, il a été décidé que rien ne pouvoit l'empêcher, & que bien loin de former aucun obstacle, soit en obstruant le cours de la rivière, soit en gênant le commerce & la navigation, il en résulteroit un avantage très-grand, en ce que la superficie de ces égouts longeant les quais, procureroit des terrasses larges au moins de dix pieds, qui donneroient une grande aisance à la circulation nécessaire & aux travaux des ports.

On demandera peut-être encore comment, dans notre projet, nous parerons aux altérations que les eaux contractent par les matières fécales & les immondices qu'on jette des maisons extrêmement peuplées qui couvrent plusieurs de nos ponts; de celles qui bordent les quais depuis la pointe du *Pont-rouge* jusqu'au pont *Notre-Dame*, & de celles qui se trouvent des deux côtés du grand bras de la rivière, entre le pont *Notre-Dame* & celui *au Change*; nous répondrons à cela:

1.º Que nous votons avec la partie la plus saine des Citoyens de cette Capitale, pour que les ponts soient dégagés le plus tôt possible de ces rues en l'air qui les écrasent, où un monde de Citoyens doit trembler dans une crûe extraordinaire, & fur-tout dans un dégel fubit & confidérable, de périr avec leur fortune; qu'enfin ces maifons gènent prodigieufement la circulation de l'air, dont on a tant befoin dans une ville telle que Paris: mais nous prévoyons avec douleur que le Corps-de-Ville fe réfoudra difficilement à abandonner une branche fi utile de fon revenu, à moins qu'un défaftre horrible, qui doit arriver néceffairement un jour, parce que tout dépérit à la longue, ne réalife les craintes des habitans fenfés.

2.º Que s'il n'eft pas poffible de parer à tout, c'eft toujours un très-grand bien que de diminuer la fomme des inconvéniens des deux tiers au moins. L'*île Saint-Louis* & toute la *Cité*, ainfi que le quartier du *Palais*, ne peuvent entrer dans notre plan; mais dans toute cette partie il ne fe trouve qu'un feul marché (*le marché Neuf*), qui n'eft ni confidérable ni très-fréquenté, & qu'on peut nettoyer par conféquent avec facilité. Il eft vrai que le quartier compris entre le *pont Saint-Michel*, la rue de la *Barillerie* & le *pont au Change*, le *petit Châtelet*, la rue de la *Planche-Mibrai* & le *pont Notre-Dame*, n'eft percé que de rues fombres, étroites & infectes, ainfi que l'efpace renfermé depuis la *pointe de l'île* au nord, jufqu'au *pont Notre-Dame*, qu'on appelle l'*hôtel des Urfins* & le *bas des Urfins*, fans en excepter le *cloître Notre-Dame*, dont les rues font à peu-près de même, fauf les maifons qui bordent la rivière. Ajoutons à cela l'*Hôtel-Dieu*, dont les vidanges & les blanchifferies produifent autant & plus d'infection que tout le refte. On n'en eft pas à fentir les inconvéniens qui réfultent de la pofition de cet hôpital, tant pour les malades que pour la ville; peut-être s'occupera-t-on un jour d'y remédier, quelque difficile que cela paroiffe.

Autre inconvénient à détruire.

L'énorme quantité d'animaux domeftiques qu'on entretient dans cette ville, foit pour fournir à la confommation journalière de près d'un million d'habitans, foit pour les travaux indifpenfables de trait & fur-tout de luxe, tels que les chevaux de voiture & ceux de main, eft encore une autre fource de l'infalubrité de l'air qu'on y refpire. Il eft très-poffible de diminuer au moins de moitié, la fomme des inconvéniens qui réfultent de cette cohabitation, quoiqu'en partie néceffaire. Pour y parvenir, il ne faudroit qu'ordonner que tous les genres de beftiaux deftinés au comeftible, tels que bœufs, vaches, veaux, cochons, moutons & même agneaux, fuffent tenus dans des étables hors de Paris, pour qu'on n'y eût pas dans tous les quartiers le fpectacle dégoûtant & infect de ruiffeaux de fang, qui exhalent une odeur cadavereufe, ou d'animaux qui rempliffent les rues de leur ordure, dont les étables, rarement nettoyées, infectent les quartiers où elles font lorfqu'on en tire le fumier; qui d'ailleurs augmentent les embarras déjà trop multipliés dans cette grande ville, lorfqu'ils y arrivent, & qui même plus d'une fois manqués dans les *tueries*, ont rompu leurs liens & en font fortis furieux, non fans rifque de la vie de plufieurs Citoyens.

Pour

Pour remédier abfolument à tous ces inconvéniens, & rendre l'intérieur de cette ville fain & agréable, il feroit effentiel d'y établir à chacune des extrémités deux *tueries générales*, dans lefquelles chaque Boucher auroit la fienne particulière, avec fes étables pour y recevoir fes beftiaux; que ces *tueries* ne fuffent pas éloignées de la rivière, pour en avoir facilement des eaux néceffaires afin pouvoir les laver; que, par exemple, il y eût deux *tueries* vers la porte *Saint-Bernard*, & deux autres vers le *Gros-caillou* ou l'*île des Cygnes*; que toutes les immondices qui proviendroient des deux fupérieures, tombaffent dans nos deux égouts projetés, pour qu'elles fuffent fe perdre dans la rivière au bas de Paris.

Ce projet de *tueries générales*, exécuté en grand, comme il a eu lieu en petit pendant plufieurs années au temps du carême, néceffiteroit les Bouchers à tranfporter à une heure fixe leur viande dans leur étal particulier, & pour cet effet, ils auroient chacun leurs voitures; que les boucheries publiques fuffent vaftes & bien aërées, ainfi que cela fe pratique en plufieurs endroits, & qu'elles euffent chacune l'eau néceffaire pour les bien laver avant de les fermer, afin qu'il n'y reftât que le moins poffible de cette odeur de fang & de chair, qui révolte également les yeux & l'odorat des paffans.

Il en réfulteroit encore d'autres avantages pour la Société générale, celui, par exemple, de ne plus rencontrer dans fon chemin, à toute heure du jour, une infinité de tombereaux chargés de fang & d'entrailles, qui vont à la voirie, qui font horreur à voir; & auffi de ne plus fe trouver confondu, comme il arrive journellement, parmi une foule de Bouchers trempés de fang & toujours armés de couteaux, venant d'égorger leurs animaux: tous ces inconvéniens peuvent très-bien déterminer la haute Police à y remédier inceffamment, en faifant exécuter notre projet de *tueries générales*, hors de l'intérieur de la ville.

Mais un objet non moins important, & fur lequel l'attention des Magiftrats s'eft déjà portée, mais qui malheureufement n'a point eu encore d'effet, eft la quantité de *cimetières* répandus dans l'intérieur de Paris, d'où les dépouilles infectes des générations qui paffent journellement, exhalent des vapeurs putrides qui, fur-tout dans les temps de chaleur, empoifonnent la génération actuelle. Nous avons plus d'un exemple & même d'affez récens, des funeftes effets produits dans les églifes par l'ouverture des caves funéraires: non content d'infecter en détail les citoyens par les cimetières, on les met encore dans le rifque continuel d'être empoifonnés en gros par l'air contagieux qui peut les frapper tous enfemble aux jours de folennités qui les réuniffent en grand nombre dans nos temples, fi les ouvertures de ces caveaux ne font pas extrêmement fcellées.

Il faut efpérer que les accidens qui réfultent de cette pratique vraiment homicide, plaideront plus efficacement pour l'humanité que les bonnes raifons qui ont été jufqu'ici apportées pour la faire profcrire.

DESCRIPTION

DE L'ÉLÉVATION DES ÉDIFICES

Qui composent la Place projetée devant le Louvre, où seroit élevé en perspective sur les bords de la rivière, un Monument consacré à la gloire de Louis XVI & de la France.

LE LOUVRE est la demeure principale des Rois de France, il doit s'annoncer par conséquent comme le premier & le plus beau palais du Royaume, tant par sa façade que par ses abords.

Le premier objet est rempli ; le péristile du Louvre est un chef-d'œuvre de génie ; il n'y a pas de palais en Europe dont l'extérieur fût aussi imposant & aussi majestueux s'il étoit achevé.

Il n'en est pas de même de ce qui l'environne ; le côté de la rue des Poulies est terminé par des masures qui masquent la rue Saint-Honoré.

Le côté du quai est sans ornement , & celui qui fait face au péristile est gêné par l'église Saint Germain - l'Auxerrois, par les rues & par les points donnés par des Lettres patentes portant *défenses de bâtir depuis le Louvre jusqu'à l'alignement de l'église Saint Germain-l'Auxerrois.*

Pour former une place décente vis-à-vis du Louvre sur les points donnés, lui ajouter une espèce d'avant-place, de belles, de commodes & de nombreuses entrées, qui annoncent la magnificence de l'intérieur, & orner cet intérieur d'un goût nouveau ; le sieur *le Noir le Romain*, Architecte, a imaginé un plan qui remplit tous ces objets.

Avant d'entrer dans le détail de ce plan , il est essentiel d'observer qu'il s'agissoit de construire sur des points donnés, un grand corps d'architecture de la hauteur & de la largeur du péristile, & capable de lui être opposé ; il falloit nécessairement composer ce grand corps d'architecture de cinq parties, à cause des trois rues qui coupent le local ; il falloit faire accorder ces cinq parties , quoique destinées à différens usages , & il devoit naître de leur distribution cette harmonie & cet accord qui ramènent tout à l'unité, en sorte que les cinq masses parussent ne faire qu'un seul corps de bâtiment.

Enfin il falloit symétriser avec décence le côté du quai & celui de la rue des Poulies, c'est ce que l'Architecte a eu en vue en composant son dessin ; il se trouvera très-heureux si l'on juge qu'il a rempli son objet.

En général, l'élévation, dans ce dessin, de la place projetée, représente un seul massif aussi large & aussi élevé que le péristile du Louvre.

Ce massif est composé de cinq parties ; celle du milieu est un arc de triomphe élevé à la gloire du Roi & servant d'entrée à la rue du milieu, qu'on nommera *la rue du Louvre* ; cet arc a vingt-cinq pieds de largeur sur cinquante de hauteur dans œuvre, il eſt terminé par une plate-bande dans toute ſa largeur ; celle de la droite ſert de frontiſpice à l'hôtel projeté pour le Clergé, celle de la gauche ſert de portail à l'égliſe Saint Germain-l'Auxerrois, & les deux parties des extrémités ſont deux façades de pavillons ſur les mêmes proportions & décorations, & rappelant la même architecture que celle des deux extrémités du périſtile.

On a cru qu'un hôtel pour le Clergé étoit le pendant le plus décent que l'on pût donner à la paroiſſe du Roi.

Il n'eſt aucune Compagnie dans le Royaume, ſoit de juſtice, police, finance ou commerce, qui n'ait un lieu d'aſſemblée fixe, & dont elle jouit en propriété. La moindre des Juridictions, ſoit à Paris ou dans les provinces, a ſon hôtel ; tous les Corps municipaux ont le leur : le Clergé, le premier Corps de l'État, eſt le ſeul qui n'en ait point, & qui ſe trouve obligé de louer pour ſes aſſemblées, un local dans un couvent ; local mal diſtribué, & par conſéquent incommode pour les divers objets que les Prélats députés ont à diſcuter.

L'édifice qu'on propoſe aujourd'hui les remplit tous, & de plus intéreſſans encore, en ce qu'il fait une magnifique décoration pour la Capitale, un pendant digne du palais le plus majeſtueux de l'Univers, & qu'il en réſulte une Place vaſte, commode & ſuperbe.

Tout ce qui peut contribuer à rendre un édifice auſſi majeſtueux que commode s'y trouve réuni ; de vaſtes ſalles pour les aſſemblées, des bureaux pour les divers objets, des logemens pour les Agens & même les Avocats du Clergé, avec leurs bureaux de correſpondance qui ſeront toujours en exercice ; une magnifique ſalle voûtée, deſtinée à ſervir de dépôt pour tous les titres originaux des bénéfices conſiſtoriaux, de quelque nature qu'ils puiſſent être, & les archives du Clergé de France ; de plus, une bibliothèque publique pour les Eccléſiaſtiques, qui ne ſeroit compoſée que d'Ouvrages relatifs à la Religion.

L'on n'entrera point ici dans les autres détails de la conſtruction de cet édifice, fait pour honorer la Religion & ajouter au luſtre de ſes Miniſtres ; il ſuffira de dire que l'Autel & le Trône ſe trouvant réunis, pour ainſi dire, en un même point, ſe prêteront un éclat mutuel & des ſecours réciproques.

Les détails en ſeront plus amplement fournis au Clergé de France par des plans géométriques & des mémoires, indépendamment de la façade ou élévation qui ſera miſe ſous les yeux de Sa Majeſté, & préſentée aux Prélats aſſemblés. Revenons aux détails de ce magnifique enſemble.

Les deux extrémités du deſſin ou façades de pavillons font face aux deux pavillons des extrémités du périſtile, & ſont jointes, l'une au frontiſpice du palais du Clergé, par un magnifique portique de vingt pieds en largeur & de quarante-trois pieds de hauteur dans œuvre.

C'eſt par ce portique que l'on entrera dans la rue des foſſés Saint-Germain.

L'autre façade de pavillon, eſt jointe au portail de Saint Germain-l'Auxerrois, & le portique qui forme cette jonction, ſervira d'entrée à la rue des Prêtres.

Au moyen de quoi, les cinq parties dont ce maſſif eſt compoſé, paroiſſent n'en former qu'une ſeule.

On a pratiqué dans les épaiſſeurs de ce même maſſif, une galerie qui rappelant celle du périſtile, ſervira à aller à couvert du palais du Clergé à l'égliſe, & des veſtibules qui mettront les gens de pied à l'abri de l'incommodité des voitures.

Le détail de chaque partie va achever de faire valoir l'enſemble.

On obſerve préliminairement que l'architecture eſt d'ordre ionique, il ſemble qu'il n'y ait que cette décoration qui puiſſe convenir au ſujet ; on a été obligé de placer une colonnade d'ordre ionique antique, pour faire décoration de portail tel que ſemble l'exiger la paroiſſe du Roi.

On a placé néceſſairement au milieu un arc de triomphe, comme l'unique moyen de lier ces deux belles parties, & pour faire paroître la rue du milieu plus large qu'elle n'eſt effectivement.

Cette rue, dans ſa plus grande largeur, ne peut avoir que ſoixante pieds, étant extrêmement gênée par l'égliſe Saint Germain-l'Auxerrois.

Cet arc de triomphe ſert en même temps à maſquer la partie de la rue du Louvre du côté de l'égliſe, qui ne ſe trouveroit point décorée, à moins que l'on ne fît un placage contre l'égliſe pour répéter la décoration de la face oppoſée ; mais ce placage maſqueroit les jours de l'égliſe.

L'arc de triomphe examiné en détail eſt, on l'oſe dire, une nouveauté en architecture ; on n'avoit pas encore vu un édifice de cette eſpèce auſſi élevé que la porte Saint - Denys, avec une ouverture auſſi large & auſſi haute, terminé en plate-bande.

On trouve dans celui-ci autant d'élégance que de ſolidité ; la plate-bande qui termine l'ouverture quarrée de l'arc de triomphe, a vingt-ſix pieds de portée ; elle eſt ornée dans ſes extrémités par des colonnes d'ordre ionique antique, de cinq pieds trois pouces de diamètre, & par comparaiſon d'*environ ſept pouces de diamètre & plus* que les colonnes d'ordre dorique du portail de l'égliſe Saint-Sulpice ; quelle majeſté ! quelle décoration doivent opérer des colonnes d'une pareille proportion !

La maſſe générale de cet arc de triomphe eſt auſſi haute & auſſi large que le principal avant-corps du périſtile, & offre une majeſtueuſe ſimplicité ; tous les membres de l'entablement de ce morceau d'architecture, & qui le couronnent, ſont de même hauteur ; les détails & profils ſont les mêmes que ceux du périſtile, ce qui a été une entrave de plus pour l'Artiſte, qui s'eſt toujours raccordé dans ce morceau d'architecture, avec les parties du Louvre pour lequel il eſt fait.

Le fronton eſt auſſi pareil à celui du Louvre.

Le tympan du fronton pourra repréſenter ou *la cérémonie du ſacre*, ou *tel autre ſujet qu'on voudra choiſir.*

Au-deſſus de la corniche qui couronne la plate-bande de l'entrée, eſt un très-grand bas-relief, repréſentant un ſujet allégorique.

Les

Les deux côtés de cet arc de triomphe préfenteront un fond liffe, décoré en avant de deux colonnes fur chacun des côtés, & entre ces deux colonnes on placera les ftatues de *la Religion* & de *la France*, avec leurs attributs & autres objets de décoration qui y feront relatifs.

L'Architecte laiffe à l'Académie des Infcriptions, le foin de compofer celles qui peuvent être analogues au fujet.

Le point de vue du milieu de l'arc de triomphe en annonce fenfiblement la hauteur & la largeur; on y découvre les rues de l'Arbre-fec & le percé de cette rue à celle de la Monnoie, dans le maffif où étoit conftruit l'ancien hôtel des Monnoies; on a tracé dans l'enfoncement, pour terminer la vue, l'idée d'un monument digne de faire face au derrière de l'arc de triomphe, qui aura de ce côté-là une décoration particulière. Si mieux l'on n'aime prolonger le pavé de la rue de la Monnoie jufqu'à la rue Thibautodé, même jufqu'à la rue Saint-Denys, ou placer dans le maffif de la Monnoie un monument public ifolé, qui rendroit ce quartier le plus beau & le plus intéreffant de Paris.

De chaque côté du maffif de l'arc de triomphe, font deux colonnades ou porches, prifes d'un côté dans la façade de l'hôtel du Clergé, & de l'autre côté dans le portail de l'églife Saint-Germain; les colonnes de ces porches font de même ordre & proportion que celles de l'arc de triomphe, & forment des galeries couvertes, furmontées feulement d'une corniche architravée; ces corniches fe raccordent avec la hauteur de la plinthe qui règne au-deffous des médaillons & des niches du périftile.

Ces galeries ou porches ont environ vingt pieds de profondeur, & le deffus fait terraffe; le vide que forment ces terraffes de chaque côté, fert à faire avancer d'autant plus & à faire dominer l'arc de triomphe.

Le fond des galeries jufqu'à la hauteur de la baluftrade qui règne dans toute la longueur du maffif, eft liffe & fans ornemens; on a feulement placé en avant & fur la corniche à l'aplomb des colonnes, autant de ftatues, qui au moyen du fond liffe qui eft derrière & qui les furmonte, ont un air de repos & de majefté qui fait un très-bel effet.

Sous ces galeries au rez-de-chauffée, font trois portes d'entrée de même proportion & entre-coupées par deux tables faillantes.

Au-deffus de ces trois portes & de ces deux tables, font des bas-reliefs qui feront analogues aux édifices.

On a cru devoir donner cette forme aux porches pour ne pas copier le foubaffement du périftile & donner à l'églife Saint-Germain le caractère qui lui convient, mais au moyen des entrées & des ornemens qui fe trouvent fous ces porches, l'Architecte s'eft raccordé avec le foubaffement du périftile.

A l'extrémité de chaque porche font deux grandes entrées formant avant-corps, pour communiquer aux rues des Foffés & des Prêtres; elles font ornées de chaque côté de trophées en bronze, fur des piédeftaux de marbre décorés de guirlandes auffi de bronze.

Les ceintres de ces arcs de triomphe font ornés d'anges, tenant des palmes & des couronnes de lauriers.

v

Au-deſſus de la corniche de ces ceintres, ſont des bas-reliefs analogues au ſujet; l'intérieur de l'entrée de ces deux morceaux d'architecture, eſt orné de médaillons & autres ornemens en relief.

On pourra mettre dans ces médaillons (& à la ſatisfaction publique), les buſtes des grands hommes qui auront contribué à l'élévation des ſuperbes monumens qui forment la Place.

Les points de vue qui ſont au milieu de ces deux portiques, en annoncent ſuffiſamment l'effet.

Ils étoient abſolument néceſſaires, puiſqu'ils ſervent d'entrée à deux rues; ils interrompent en même temps le genre d'architecture, ſervant d'entrée à l'égliſe Saint-Germain & au palais du Clergé, & rappellent deux pavillons qui leur ſont contigus, ceux du périſtile du Louvre dont les plinthes, corniches & entablement, ſont toujours les mêmes, & ne ſont point interrompus.

Pour diminuer le quarré long que formeroit cette Place, ſi on lui donnoit une largeur égale à la façade du Louvre, on lui a donné une forme plus gracieuſe, c'eſt-à-dire, *un quarré parfait*, en fixant ſa largeur aux angles rentrans des pavillons, du périſtile & du deſſin projeté, par une baluſtrade très-baſſe, percée de pluſieurs entrées.

Le ſurplus du terrein du côté du quai, c'eſt-à-dire, depuis les angles rentrans du pavillon du Louvre & de celui du deſſin, forme une avant-place dont la longueur & la largeur ſont égales à la Place principale qui fait face à la colonnade, c'eſt-à-dire, que cette avant-place forme également un quarré parfait.

Le paſſage actuel du quai ſe trouve préciſément au milieu de cette avant-place & de ce paſſage public, continuellement fréquenté; on jouiroit de la totalité du point de vue à droite & à gauche, & du périſtile & du nouveau deſſin.

Rien ne manqueroit à ce magnifique point de vue, ſi l'on conſtruiſoit dans l'enfoncement du côté de la rue des Poulies, au-delà de la principale Place, un magnifique édifice percé juſqu'à la rue Saint-Honoré, qui pourroit ſervir, ſoit d'Hôtel-de-ville, ſoit de tout autre monument public.

Et pour donner dans ce même endroit un point de vue unique dans tout l'Univers, ce ſeroit d'exécuter le ſuperbe projet, & très-peu diſpendieux, de faire arriver à Paris juſqu'au Pont-royal, les vaiſſeaux marchands, ſoit du Havre, ſoit de Rouen, ſans toucher aux ponts ni baiſſer les mâts; le ſieur *Paſſement*, ingénieur du Roi, & le ſieur *Bellart*, Avocat au Conſeil, Auteurs de ce projet, ont eu l'honneur de préſenter à Louis XV, le 2 Octobre 1765, un plan en relief & un mémoire, contenant des moyens de la plus grande ſimplicité pour l'exécution de ce magnifique projet; quel point de vue! du même endroit & à la même place, on appercevroit le Pont-neuf, l'île Notre-Dame, le nouvel hôtel des Monnoies, le collége des Quatre-nations, le Pont-royal, *la nouvelle Marine*, les Galeries du Louvre, le Périſtile, le ſuperbe Monument percé de manière à laiſſer appercevoir facilement la rue Saint-Honoré, le Deſſin qui fait face au périſtile, l'hôtel du Clergé, la paroiſſe du Roi, enfin l'Arc de triomphe unique, faiſant face à la principale entrée du Louvre.

L'avant-place au-delà du chemin public, eſt terminée par une eſpèce de demi-lune qui occupe le renforcement ſur la Seine que l'on aperçoit ſur le deſſin ; une baluſtrade pareille à celle de la Place principale en fait le pourtour, & les trottoirs actuels ſe trouvent prolongés tout autour.

Le milieu de la demi-lune eſt deſtiné à un monument public à la gloire de Sa Majeſté & de la Nation ; ainſi fixé ſur les bords du fleuve, il n'occuperoit point de place utile, ſoit pour le commerce, ſoit pour le public circulant en voiture ou à pied : la place du Louvre qui ſeroit en perſpective, ne ſeroit point embarraſſée d'aucun objet de décoration, en ſorte que lors des fêtes publiques qu'on pourroit y donner, l'on auroit un eſpace de plus de cinq cents pieds de long, ſur plus de trois cents de large, ſans y comprendre l'avant-place que formeroit le quai, qui eſt prodigieuſement large dans cet endroit. Le *Monument* ainſi iſolé, ſeroit aperçu d'une infinité de points, tant au-dedans qu'au-dehors de la ville ; & ſi jamais les maiſons qui ſont ſur les ponts venoient à être détruites, il eſt inconteſtable qu'on l'apercevroit encore de tous les quais qui traverſent la ville, ce qui rendroit ce coup-d'œil le plus intéreſſant, le plus riche & le plus impoſant de l'Univers, aucune ville ne préſentant un monument d'une ſi étonnante fabrique, ſoit par ſa compoſition & ſa grandeur, ſoit par le torrent des eaux qui iroient, en ſe précipitant à travers les rochers, ſe perdre dans le baſſin de la rivière, & ſembleroient en quelque ſorte groſſir le fleuve qui en baigneroit le pied.

C'eſt tout ce que l'on a cru devoir annoncer ici, tant pour ce qui concerne les bâtimens propoſés & deſtinés à former une Place en perſpective au périſtile du Louvre, que pour ce que peut comporter le *monument* même dont on vient de parler. L'on ſe réſerve de rendre inceſſamment publics les Mémoires inſtructifs ſur les deux objets importans relatifs à leur utilité particulière chacun dans leur genre, & qui contiendront également les moyens de ſe procurer les fonds de finance néceſſaires pour leur exécution.

APPROBATIONS.

J'ai lu, par ordre de Monſeigneur le Garde des Sceaux, un Manuſcrit ayant pour titre : *Diſcours ſur les Monumens de tous les âges*, &c. &c. Par M. l'Abbé DE LUBERSAC, Vicaire-général de Narbonne, &c. Nous ne pouvons nous empêcher d'admirer dans cet Ouvrage, la belle diſtribution, la méthode & la rapidité du ſtyle. On n'a pas renfermé dans moins d'eſpace, autant de grands objets, auſſi précieux par la beauté des formes que par la juſteſſe des proportions ; & par-tout éclatent avec un noble enthouſiaſme, les ſentimens vertueux & patriotiques d'un Citoyen eſtimable.

Quant à ce qui concerne le *Monument conſacré à la gloire du Roi & de la France*, ingénieuſement & ſavamment imaginé par le même Auteur, il m'a paru que tous les cœurs François votoient avec tranſport pour l'exécution d'un ſi magnifique projet. A Paris, ce vingt-un Janvier mil ſept cent ſoixante-quinze. *Signé*, CAPPERONNIER, Cenſeur Royal, Garde de la Bibliothèque du Roi, de l'Académie Royale des Inſcriptions & Belles-Lettres, Profeſſeur Royal de Langue Grecque.

J'ai lu, par ordre de Monſeigneur le Garde des Sceaux, un Ouvrage ayant pour titre : *Diſcours ſur les Monumens de tous les âges*, &c. &c. Par M. l'Abbé DE LUBERSAC, Vicaire-général de Narbonne, &c. A tous égards je confirme bien volontiers l'approbation qu'en donna feu M. *Capperonnier*, Cenſeur Royal, &c. en date du 21 Janvier 1775. A Paris, ce 29 Novembre 1775. *Signé*, BÉJOT, Cenſeur Royal, Garde des Manuſcrits de la Bibliothèque du Roi, de l'Académie Royale des Inſcriptions & Belles-Lettres, &c.

PRIVILÉGE DU ROI.

LOUIS, par la grace de Dieu, Roi de France & de Navarre : A nos amés & féaux Conseillers, les Gens tenans nos Cours de Parlement, Maîtres des Requêtes ordinaires de notre Hôtel, Grand Conseil, Prévôt de Paris, Baillifs, Sénéchaux, leurs Lieutenans Civils, & autres nos Justiciers qu'il appartiendra : SALUT, notre amé le Sieur Abbé DE LUBERSAC Nous à fait exposer qu'il desireroit faire imprimer & donner au Public un Ouvrage qui a pour titre : *Discours sur les Monumens de tous les âges*, &c. s'il Nous plaisoit lui accorder nos Lettres de Privilége pour ce nécessaires. A CES CAUSES, voulant favorablement traiter l'Exposant, Nous lui avons permis & permettons par ces Présentes, de faire imprimer ledit Ouvrage autant de fois que bon lui semblera, & de le vendre, faire vendre & débiter par tout notre Royaume, pendant le temps de six années consécutives, à compter du jour de la date des Présentes. Faisons défenses à tous Imprimeurs, Libraires & autres personnes, de quelque qualité & condition qu'elles soient, d'en introduire d'impression étrangère dans aucun lieu de notre obéissance : comme aussi d'imprimer, ou faire imprimer, vendre, faire vendre, débiter, ni contrefaire ledit Ouvrage, ni d'en faire aucuns extraits sous quelque prétexte que ce puisse être, sans la permission expresse & par écrit dudit Exposant, ou de ceux qui auront droit de lui, à peine de confiscation des Exemplaires contrefaits, de trois mille livres d'amende contre chacun des contrevenans, dont un tiers à Nous, un tiers à l'Hôtel-Dieu de Paris, & l'autre tiers audit Exposant, ou à celui qui aura droit de lui, & de tous dépens, dommages & intérêts ; à la charge que ces Présentes seront enregistrées tout au long sur le Registre de la Communauté des Imprimeurs & Libraires de Paris, dans trois mois de la date d'icelles ; que l'impression dudit Ouvrage sera faite dans notre Royaume & non ailleurs, en beau papier & beaux caractères, conformément aux Réglemens de la Librairie, & notamment à celui du 10 Avril 1725, à peine de déchéance du présent Privilége ; qu'avant de l'exposer en vente, le manuscrit qui aura servi de copie à l'impression dudit Ouvrage, sera remis dans le même état où l'Approbation y aura été donnée, ès mains de notre très-cher & féal Chevalier Garde des Sceaux de France, le Sieur HUE DE MIROMENIL, qu'il en sera ensuite remis deux Exemplaires dans notre Bibliothèque publique, un dans celle de notre Château du Louvre, un dans celle de notre très-cher & féal Chevalier, Chancelier de France, le Sieur DE MAUPEOU, & un dans celle dudit Sieur HUE DE MIROMENIL, le tout à peine de nullité des présentes. Du contenu desquelles vous mandons & enjoignons de faire jouir ledit Exposant, & ses ayant-causes, pleinement & paisiblement, sans souffrir qu'il leur soit fait aucun trouble ou empêchement. Voulons que la copie des Présentes, qui sera imprimée tout au long, au commencement ou à la fin dudit Ouvrage, soit tenue pour duement signifiée, & qu'aux copies collationnées par l'un de nos amés & féaux Conseillers, Secrétaires, foi soit ajoutée comme à l'original. Commandons au premier notre Huissier ou Sergent sur ce requis, de faire pour l'exécution d'icelles, tous actes requis & nécessaires, sans demander autre permission, & nonobstant clameur de haro, charte normande, & lettres à ce contraires : car tel est notre plaisir. DONNÉ à Paris le quinzième jour du mois de Novembre, l'an de grace mil sept cent soixante-quinze, & de notre règne le deuxième. Par le Roi en son Conseil.

LE BEGUE.

Regiſtré ſur le Regiſtre XX de la Chambre Royale & Syndicale des Libraires & Imprimeurs de Paris, Nº 102, fol. 49, conformément au Réglement de 1723, qui fait défenses, article IV, à toutes personnes de quelque qualité & condition qu'elles soient, autres que les Libraires & Imprimeurs, de vendre, débiter, faire afficher aucuns Livres pour les vendre en leurs noms, soit qu'ils s'en disent les Auteurs ou autrement, & à la charge de fournir à la susdite Chambre huit Exemplaires prescrits par l'article CVIII du même Réglement. A Paris, ce 17 Novembre 1775. DEBURE, fils aîné, Adjoint.

AVIS AU RELIEUR.

LE Frontispice & l'Explication doivent être placés avant le Titre.
Les deux grandes Planches entre la *Description du Monument*, page 128, & les *Observations*.
Celle où est le grand Médaillon du Roi, doit être la première.
Ces deux Planches ne doivent avoir que deux plis.